卷首语

洋风吹过，地产界又在兴起一股"中国风"。

从成都的"芙蓉古镇"、"清华坊"，到北京的"观唐"、"龙湾"，南京的"中国人的家"，深圳的"第五园"，武汉的"山水龙城"、"江南村"……这些带有明显"中式符号"的项目以星火燎原之势将中式住宅变成流行趋势。

业内很多人士将这些带有传统符号的新生住宅称之为"新中式住宅"。

从"新中式住宅"项目，一方面我们看到，在欧式建筑充斥中国大街小巷给我们带来视觉审美疲劳的同时，中式风格的复兴让我们看到了本土文化回归的曙光。

另一方面我们也看到，目前地产项目中的"中国风"在形式借鉴上化的功夫大于对本质的探索。形式只是一个躯壳，空间、行为方式和精神气质才是内核。所谓中国风，如果只是停留在表皮的符号变化而已，这种风都是"人造形式"，是毫无意义的，因为设计从根本上说是要解决问题的，居住建筑更是要满足现代生活的需求。

本期《住区》主题"地产项目中的中国风"，从不同角度对"中国风"进行报道：有专家、学者和开发商的评论，有专题文章的论述，还有实例的剖析。

其实不管"中国风"或者"洋风"，把握现代人居住的需求，真正提升居住建筑的品质，做到"此地、此时、此人"，这才是根本。

本期新设的栏目"地产视野"刊登了"完美有多美"文章，根据大家既往的经验，从理想中的完美到现实中的不完美，总是有太大的距离。在建筑技术领域也存在现实的可操作性与理论上完美的差距，文章对该论题进行了阐述。

欢迎广大读者和作者对《住区》改版后的形式和内容提出您宝贵的意见和建议，《住区》的进步有待您的关心和支持。

图书在版编目（CIP）数据

住区.2006年.第2期/清华大学建筑设计研究院等编.
—北京：中国建筑工业出版社，2006
ISBN 7-112-08452-0

I.住… II.清… III.住宅-建筑设计-中国
IV.TU241

中国版本图书馆CIP数据核字（2006）第074238号

开本：965X1270毫米1/16　　印张：7½
2006年8月第一版　2006年8月第一次印刷
定价：36.00元
ISBN 7-112-08452-0
　　　　　（15116）
中国建筑工业出版社出版、发行（北京西郊百万庄）
新华书店经销

利丰雅高印刷（深圳）有限公司制版
利丰雅高印刷（深圳）有限公司印刷

本社网址：http://www.cabp.com.cn
网上书店：http://www.china-building.com.cn

版权所有　翻印必究
如有印装质量问题，可寄本社退换
（邮政编码 100037）

目录

特别策划　Speical Issue

"中国风"向何处去？ Where to go of the trend of Chinese traditional style?

主题报道　Theme report　　　　中国风 The trend of Chinese traditional style

09p. 地产项目中的中国风　　　　　　　　　　　　　　　　　　　　陈一峰
The trend of Chinese traditional style in residential development projects　　Chen Yifeng

12p. 中式现代住宅的探索轨迹　　　　　　　　　　　　　　　　　　王受之
Exploration on modern Chinese Style in housing design practice　　Wang Shouzhi

20p. 现代合院住宅设计问题思考　　　　　　　　　　　　　　王丽方　白洁
Few thoughts on new courtyard housing design　　Wang Lifang and Bai Jie

22p. 情感的回归
　　——解读"中国风"下住宅空间的"中国意与中国情"　　　　　高莹
Back to tradition　　　　　　　　　　　　　　　　　　　　　　　Gao Ying
Interpretation on the traditional spirit in housing spaces

28p. 白马非马也
　　——浅谈北京大栅栏地区四合院建筑与传统北京四合院的异同　　郑天　王卉
Similar but different　　　　　　　　　　　　　　　　Zheng Tian and Wang Hui
Compare courtyard building in Dashilan area with traditional Beijing courtyard housing

建筑实例　Case study

36p. 深圳万科"第五园"　　　　　　　　　　　　　　　　　　　　王受之
Vanke Diwuyuan project, Shenzhen　　　　　　　　　　　　　　　Wang Shouzhi

40p. 北京龙湾　　　　　　　　　　　　　　　　　　　　　　　　　刘勇
Longwan project, Beijing　　　　　　　　　　　　　　　　　　　Liu Yong

44p. 北京观唐　　　　　　　　　　　　　　　　　　　　　　　　卜大芃
Guantang project, Beijing　　　　　　　　　　　　　　　　　　Bu Dapeng

50p. 市场的需求是创新的源泉
　　——浅谈项目的定位和规划建筑立意的关系　　　　　　　　　　秦剑
Market drives design creativity　　　　　　　　　　　　　　　　Qin Jian
Study on the relationship between project planning and architecture design conception

54p. 传统新思考
　　——武汉宝安·江南村设计随想　　　　　　　　　　　　　　　罗宏
Look on tradition from a new perspective　　　　　　　　　　　　Luo Hong
Few thoughts on the design of Bao'an Jiangnan Village, Wuhan

58p. 创新设计让传统民居"苏醒"
　　——论"武汉宝安·山水龙城居住区"的建筑及规划设计　　　　董都
Creative design revitalize the traditional folk dwelling　　　　　　Dong Du
Study on the planning of Bao'an shanshuilongcheng residential development project

住宅研究　Housing research

62p. "第三种态度"
　　——关于农村生态住宅的思考和实践　　　　　　　　　　　　　黄亮
The third attitude　　　　　　　　　　　　　　　　　　　　　Huang Liang
The theory and practice on ecological housing in rural area

住区
COMMUNITY DESIGN

CONTENTS

绿色住区 Green Community　　　　　　　　　　　栏目主持人：何建清

68p. 德国住区太阳能供热技术应用规划设计实例　　　　　何建清
Case study of solar assisted district heating for housing estate in Germany　　　He Jianqing

76p. 可持续城市社区的模式探讨　　　　　夏海山　黄荣荣
Study on the sustainable development mode of urban community　　　Xia Haishan and Huang Rongrong

地产视野 Real estate review　　　　　　　　　　　栏目主持人：楚先锋

82p. 完美有多美　　　　　楚先锋
Ultimate perfection　　　Chu Xianfeng

住区访谈 Community Design interviews

88p. 走进庐师山庄
——《住区》访谈　　　　　《住区》
Walk into Lushi Villa
Community Design interviewed Architects

98p. 城市与环境的再生
——日本设计六鹿正治社长访谈　　　　　《住区》
The revitalization of a city and its environment
Community Design interviewed Rokushika Masaharu

大师与住宅 Masters and housing

106p. 在北京"邂逅"扎哈·哈迪德
——体验大师的流线型设计　　　　　陈燕娟
Meet with Zaha M.Hadid in Beijing
Experience the fluctuation in her architecture design　　　Chen Yanjuan

建筑评论 Architecture critics　　　　　　　　　　　栏目主持人：方晓风

112p. 唐风之我观　　　　　方晓风
My point of view on the trend of Chinese traditional style　　　Fang Xiaofeng

OCLAA专栏 The issue of OCLAA　　　　　　　　　　　栏目主持人：俞沛雯

116p. 杭州湖滨地区城市景观设计　　　　　俞沛雯
Landscape design of Hangzhou waterfront area　　　Yu Peiwen

封面：庐师山庄
Cover: The photo of Lushi Villa

联合主办：中国建筑工业出版社　清华大学建筑设计研究院
编委会顾问：宋春华　谢家瑾　聂梅生
编委会主任：赵　晨
编委会副主任：庄惟敏　张惠珍
编委：（按姓氏笔画为序）
万　钧　王朝晖　白德懋
伍　江　刘东卫　刘洪玉
刘晓钟　刘燕辉　朱昌廉
张　杰　张守仪　张　颀
张　翼　林怀文　季元振
陈一峰　陈　民　金笠铭
赵冠谦　胡绍学　曹涵芬
董　卫　薛　峰　戴　静
主　编：胡绍学
副主编：薛　峰　张　翼
执行主编：戴　静
学术策划人：饶小军
责任编辑：戴　静　范肃宁
美术编辑：付俊玲
摄影编辑：张　勇
海外编辑：柳　敏（美国）
　　　　　张亚津（德国）
　　　　　何　崴（德国）
　　　　　孙菁芬（德国）
　　　　　叶晓健（日本）
编辑部地址：深圳市福虹路世贸广场A座1608室
编辑部电话：0755-83440553
编辑部传真：0755-83440553
邮编：518033
电子信箱：zhuqu412@yahoo.com.cn
发行电话：021-51586235　徐　浩
发行传真：021-63125798

特别策划
Speical Issue

"中国风"向何处去？
Where to go of the trend of Chinese traditional style?

- 孟建民：拿点儿过去的，用点儿现在的，掺点儿未来的，既承文脉，又含新意，用力小而效果好，何乐而不为？因此"中国风"的吹起也就自然而然了。

- 王 戈：对"中式"的理解与市场定位发生了转变，他们迫切需要"不一样"，需要对市场有更强的冲击和导向的风格。

- 周静敏："中国风"应该是符合现代中国人的生活方式和审美标准的，是实实在在让中国老百姓生活得舒适、温馨的地方。

- 林武生：主流文化远远不是从外来的文化中吸取营养，更多的是追本溯源，可以说，一个民族通过与外来文化的交流和交锋中重新认识了自我，看见了自己文化在世界文化中的地位和作用。这种伴随经济、政治、科技等的文化复兴正是中国风走向前台的强大后盾。

- 宋 涛：我们关心开发商是否通过建筑真正营造了对本土客户具有适用性的居住文化和建筑文化，还是本质上将营造生活和文化当作一个营销的噱头。

- 彭 蕾：一时间，左边一个"白墙灰瓦"的"清华坊"，右边一个"柱式+拱廊"的"中海名城"——像在成都出现的这种滑稽景象也在其他城市的"东风西风"的擂台上反复上演着，使本已相当混乱的当代中国城市面貌更加面目不清。

孟建民　深圳市建筑设计研究总院总建筑师

"中国风"因何风生水起？

近几年我国房地产开发正悄然吹起"中国风"，此风从微风徐徐，到风起云涌，大有强风劲吹之势。业内业外人士从开始冷眼旁观到当今热身其中，使"中国之风"由微涟而波涛，因而引发业内人士对这一现象的广泛关注与思考。

"中国风"的含义首先是一种形而上的思潮、意识与追求，然后成为一种物化的表达与"产品"。"中国风"物化的表达又以"形似"、"神似"或"形神兼备"而区分。

"中国风"起吹于房地产，正可谓是我国房地产业发展进程中的一种必然。之所以这样认为，是由于求新、求异、求变的市场需求所使然。当我国房地产业开发西式、欧式及现代型住宅产品多到令人习以为常时，职业性的忧患与敏感促使那些产品开发的研究者、策划者及决策者不得不探寻一些新的路径。这种探寻使之认识到：重复当前已失去市场竞争力，而创造未来又谈何容易？那么到历史故堆中洗沙淘金的确是一种创意的折中途径：拿点儿过去的，用点儿现在的，掺点儿未来的，既承文脉，又含新意，用力小而效果好，何乐而不为？因此"中国风"的吹起也就自然而然了。

如前所述，"中国风"物化的表达，有"形似"、"神似"与"形神兼备"之分。简单、初级的"中国风"以"形似"为主，而上升到较高层面则更强调对"神似"的追求。"形神兼备"更受建筑类型与体量之影响。比如"中国风"在房地产业中的兴起，多以小体量的别墅类建筑为先导，而大体量建筑鲜有表现，虽然上海金茂大厦在这方面做出奇思妙想，但难为面广量大的住宅类建筑所借用。中国传统建筑的体形与体量决定了它的局限性，因此借鉴、参考相对受限。当然在大体量建筑物中的装饰与局部采用"中国风"的神形之韵大有发挥之余地。

"中国风"的兴起是中国建筑创作或住宅类型开发的未来方向吗？我认为，从阶段性发展来看，"中国风"正成为中国建筑业回归文脉、寻求自我的重要切入点，这一"风潮"的兴起对丰富多元化审美需求及市场开发需求无疑是有助益的。但当这种风潮劲吹到一定程度或发展到一定阶段，则物极而必反，新的审美需求与新的思潮与样式又会呈现，这是事物发展的必然规律，只是时光周期的长短，影响范围的广狭不同罢了。

王　戈　北京市建筑设计研究院主任建筑师

深圳万科第五园项目的发起是一个充满矛盾的过程。

它缘起于深圳万科地产的一批开发商建筑师，做着满足最广大人民群众利益的"商品房"生意，内心又对中国文化充满了敬意和渴望。在造访了岭南四大名园之后，这种想法终于不可遏止地变成了行动，第五园的题目和主旨由此而诞生。

作为建筑师介入到这个项目，却是在赛程过半之后。前期的规划和建筑方案是赵晓东先生领导的柏涛建筑设计公司的设计组完成的：设计概念和定位简洁利索，建筑风格清雅秀丽，是一个相当不错的设计作品。但是此时在万科内部存在着更大的争论，对"中式"的理解与市场定位发生了转变，他们迫切需要"不一样"，需要对市场有更强的冲击和导向的风格。我也是抱着试试看的想法拿出其中一个户型作了一个草案，最终能被接受也是在意料之外的。

接下来的动作却没想到是如此的艰难：

风格的定位，既不是讨论过几十年的"大屋顶"，也不应是来路不明无可考据的怪诞形象；

形式的定位，面对深圳来自五湖四海的人们，什么样的房子才能够使大家都能联想起有中国意味的家；

商业的定位，过于高端的房子会不会导致销售上的惨败？

品位的定位，生活和文化本身就是米饭和点心的关系，雅俗共赏是一个不好达到的最理想的状态；

景观的定位，那种疏密有致的园林气息和茁壮成长的南方植物怎么协调？

技巧的定位，炫耀技巧的设计作品很可能带来气质上的损伤，可是极简的设计语言能告诉人们什么呢？

设计就是在创造问题和解决问题的过程中，带着些许遗憾一直到了项目的初步建成。

解决问题的方法具体并不复杂：

1. 谨慎选择一个中式建筑的代表。好在深圳没有太多的"依据"，选择徽派民居和苏州园林得益于电影《卧虎藏龙》的启示，更重要的原因是它最像现代建筑，有很大的发挥余地。当墙的角色如此之重时，时常用来表达传统建筑之特色的屋顶相对来讲被淡化了。一色的青灰色金属瓦棱屋面，平直而无起翘，配合墙脚灰色质感涂料，墙头的简洁压顶则可以游走在传统与现代之间。

2. 重新思量空间上的开合和趣味。单独的院落和房屋以村落的形态聚集，有其自身的空间秩序。由城到村——过巷——进院——入房，极大地延长了对中式居住空间的体验过程，这是单一建筑的传统空间所无法达到的，对这一脉络的梳理使设计慢慢找到了线索。

3. 仔细解决立面上不得不有的窗洞。这里的大部分表露的墙体并没有大宅围墙的自由度，其形态的纯粹性时常受到开窗开门的影响，因此立面的设计要充分整合窗墙之间的关系，这样墙体才能更加纯粹而富有表现力。

4. 反复考虑气质和形式的关系，将不必要的设计语言全部删掉。

建成后第五园的许多效果比建筑师想像的还要好些，这要归功于万科的实力和设计控制，还有其他设计师的通力合作。当然也有不尽人意之处，除了若干因为赶工出现的纰漏之外，大多都是因为成本因素而简化和丢失的，也有考虑到市场的反应而相应调整的，这一切成为事实之后，作为建筑师只有庆幸能碰到这样的项目和开发商，这样的"学生作业"式的习作才得以建成。

周静敏 五洲工程设计研究院副总建筑师

我刚刚回国半年,对这个话题讲不出太深刻的东西。在国外生活工作了17年后回到北京,所有的一切都很新鲜,就谈一点儿和"中国风"相关的感受吧。

我觉得能提出建设中国式的住宅是非常好的事情。这说明我们开始认识、重视我们的住宅是为谁而建的。我并不排斥"欧陆风",欧美的设计好的东西很多,但有些脱离了中国人生活的需要,也就变得没有意义,很难成为绝大多数中国老百姓的理想的生活家园。

我在北京参观了一些楼盘,作为一个新兴的产业,中国房地产的成绩是很骄人的、也是有目共睹的,在此我只谈谈一些问题。

有些"中国风"的社区还只是基于形式:有些项目只是围了几个院子,添了几个中式庭院就算是创造出中国式的住宅了。"中国风"应该是符合现代中国人的生活方式和审美标准的,是实实在在让中国老百姓生活得舒适、温馨的地方。

公共空间及绿化没有得到充分利用:这是很普遍的问题。一个楼盘宣传它有多少山水美景、小广场、甚至还有小河贯穿园区。可是身临现场,感觉这些本以为很出色的空间,从路线、视线到氛围设计得很不合理,居民根本难以享受这些大自然的美景。还有就是公共空间的尺度欠推敲。

建设的质量:还没有做到规划、设计、施工、管理完美的结合。参观过的项目中多多少少都会发现质量问题,这是我们在高度发展中需要重视的大事。

我个人认为,既然我们提"中国风",它应该代表绝大多数中国老百姓的取向。现在的好多所谓"中国风"的楼盘都是很昂贵的商品房。如果不把重点放在解决中低收入的居民住房发展上,"中国风"也是很难形成气候的。

做一件事,思维方向和定位很重要,目标明确了,具体的实施就好办了。希望能看到更多的名副其实的"中国风"家园。

林武生 招商地产策划设计中心总建筑师

在民族文化复兴中的居住建筑

中国城市化的速度是如此之快,建设量是如此之大,以至于我们的设计师还没有做好对建筑风格的确定和对建筑形式的提炼,大规模的建筑匆匆上马,在满足人们居住需要为第一位情况下,全国流行了所谓建筑"欧陆风",有不少是粗制滥造的建设项目,当然也有相当部分是精品,如果说建筑文化是社会文化的一部分,某种建筑形式的流行则必然受到当时社会文化的决定性影响,可以说,在打开国门的同时,我们本身固有文化,无论民族文化和建筑文化,其内涵都十分匮乏,都处于一个向外学习吸收的过程。在无论服装、艺术、哲学、科技、经济等方面都"言必称希腊",民族自信心的低落,国民对欧美文化的认同,以及对欧美生活方式的向往,这都促使了建筑文化十分轻率而功利地进行"欧美化",这以国际文化与本国文化的强弱不对等有着直接的联系。

然而经过20多年的建筑实践,也有大量的外国设计师来中国设计,建筑无论从理论上和实践中,我们都对国际流行的趋势有了较为清醒的认知,民族经济的逐步强盛,伴随之的民族文化则有了长足的进步,民族的自信心也有了较大的提升,因而民族艺术、文化等等都有"复兴"的现象。主流文化远远不是从外来的文化中吸取营养,更多的是追本溯源,可以说,一个民族通过与外来文化的交流和交锋中重新认识了自我,看见了自己文化在世界文化中的地位和作用。这种伴随经济、政治、科技等的文化复兴正是中国风走向前台的强大后盾。

正如世界上其他国家的建筑风格本国化相类似,这种风格的沉淀需要时间、实践和文化支撑,如日本和印度建筑风格的本国化,出现柯里亚和丹下健三等大师,都是经历了文化上的交流,经历了对现在建筑的反思和对现代生活与传统文化的融合之中的提纯,正如我们的传统民居,它来源于传统生活方式、传统文化理念和对这种形式的千锤百炼,才使之尺度宜人,清新隽永。

目前,无论从建筑的教育层面,建筑的文化评论和建构层面,建筑的实践层面,都出现了不少可喜的作品,其实这种对民族建筑文化的探索从来就没有停止过,只是几经波折,从梁思成、童寯等人对中国"固有形式"的研究开始,有着中山陵和中山纪念堂这样集现代工程技术和民族形式的天才作品,有着解放初期人民大会堂等大规模的实践,还有后来阙里宾舍、武夷山庄等作品,更有香山饭店、苏州博物馆等大师级的精品,然而在房地产领域大规模的"中国风"建设还是这十年的事情,最早是于北京的菊儿胡同和苏州的枫林苑等,均是中国设计师的"中国风"居住作品,近来的有成都和广州的清华坊,深圳万科第五园等等,我曾参观过广州的清华坊和深圳万科第五园,觉得其建筑的颜色、比例、尺度、空间的把握颇有新意,这种民族形式在国内大规模出现,总比老是建一些洋房好,毕竟是中国形式的建筑,但有几个地方值得商榷:首先,这两个作品,建筑密度过大,由于开发商追求利润,所以容积率相对较大,建筑间距过近,有非常密集的感觉,因此在里面行走显得压抑。其次,民族形式是有地域性的,清华坊是北方传统建筑,第五园是徽派的,这些建筑拿到广东来,不见得合适。我见过岭南四大名园中的三个,其岭南建筑和园林风格是一脉相承的,我看不出第五园与岭南四大名园有什么关系,应该说,第五园这个名字十分牵强,地方建筑当然应该找一些地域性的建筑语言。再者,不知道什么原因,第五园的建筑用料和施工质量较差,在细部总是不尽如人意。最后,第五园作为中式建筑,十分牵强的采用所谓美国的结构主义流派的园林设计,和整个居住区的风格不甚一致,连园林景观设计也"惟洋人马首是瞻",可谓中国化的十分不彻底。

总而言之,随着经济的起飞,随着国力的强盛,随着民族自信心的提升,民族文化的复兴和光大是大势所趋,建筑文化的本土化也将是必然,建筑评论和建筑审美标准等等也将随之而变,而建筑风格的中国化探索也将进入一个全面的阶段。

宋 涛 金地（集团）股份有限公司技术管理部总经理

地产开发商作为城市化的主要参与者，在其企业内部形成产品文化或者居住文化实际上是非常短的时间，也可能就是5、6年，有的甚至至今还没有。所以，房子的制造者很难推动建筑文化的进步，在逐利的过程中往往时间和效率是优先的，这种思想一定程度上影响了建筑师，结果是现代地产开发的成果很长一段时间内缺少本土的文化特征，基本上借鉴西方地产的成果，包括建筑的产品、营销模式和经营模式。

在2000年以后，随着中国经济实力的上升，国人居住文化自信心得以回归，导致传统文化的全面复兴，包括建筑文化的复兴一时成了热门的话题，于是产生了像清华坊、芙蓉古城、观唐、第五园等一批中式风格项目的尝试。

我们可以感受到，在商业环境下，学术滞后于产业的发展，地产文化走在了建筑文化的前面，并且在整体上引导着一个时期内建筑文化的方向。从20世纪90年代初开始，地产文化的很多概念，都被大家给予更多的关注和讨论。由于处在一个激烈的市场中，地产开发商不断推陈出新，开始体现在形式上，后来上升到创造生活和居住文化。在接受这个现实的同时，我们也要承认一个事实，那就是作为现阶段房屋建筑的主要策划者和缔造者，地产商所承担的已经不止是通过开发房子为投资者创造商业利益，同时也承担起了对建筑的内在价值、对本土建筑文化传承和改良的责任。换句话说，我们关心开发商是否通过建筑真正营造了对本土客户具有适用性的居住文化和建筑文化，还是本质上将营造生活和文化当作一个营销的噱头。

这几年一些传统风格的项目，试图建立一个跟中国人的居住模式和消费模式相吻合的产品模式，不再模仿西方市场的产品，这是积极的动向。实际上很多关于这方面的问题我们之前已经注意到了，但解决起来并非那么简单。譬如建筑文化要反映出适应性，适应性的一方面是要强调时代感，建筑应该是一种新的建筑，不可能盖出新的老房子让现代人住。这就涉及到如何把中国传统的居住文化、居住形式和现在的社会需求、建造技术、生活习惯相结合的问题。想处理好，需要把几方面整合在一起考虑，用一种有效的形式表达出来，这需要花时间。我曾经在成都看到一个很有启发性的实践例子，叫"皇城老妈餐饮大楼"，产品本身和其推敲的过程是值得很多开发商参考的。

彭 蕾 华中科技大学建筑与规划学院教师

"东风西风"何时了

"中国风"住宅的探索早在20世纪90年代即在一些城市悄然展开，那时的开发项目大多比较小，建筑师和业主都在默默地探索。而随着房地产开发广告效应的强化，为了与众不同为了吸引眼球，"中国风"住宅终于在本世纪初重新闪亮登场，意欲在市场上与"欧陆风"叫板。一时间，左边一个"白墙灰瓦"的"清华坊"，右边一个"柱式+拱廊"的"中海名城"——像在成都出现的这种滑稽景象也在其他城市的"东风西风"的擂台上反复上演着，使本已相当混乱的当代中国城市面貌更加面目不清。

我国第一代建筑师在其职业生涯中始终自觉地探索中国传统建筑与现代建筑相结合的问题。甚至早期来华的教会在中国的建设项目亦很重视地方特色的体现。在解放初期政府掀起"建筑设计思想"的大讨论，在当时的历史环境下将全国的"设计思想"统一为"民族的形式、社会主义的内容"。时至今日改革洪流使中国人生活在高速轨道上，"崭新的"、"转瞬即逝的"是这个时代的关键词，共同的文化价值体系的缺失亦是这个时代的关键词，连最先锋的当代艺术都在如此精彩的生活面前表现迟钝，更何况迟滞的城市规划呢。

政府的失语在反方向将开发商推上了他们本无力支撑的城市建设"运营"的舞台，他们各行其是甚至为所欲为。"中国风"住宅由于其空间处理的特殊性，使其主要在高端住宅市场上发展。而"高端住宅"如今却被误解为各不挨着的独立别墅，最好再有个高墙围个一统天下。开发商说这是目标人群的需求，目标人群说市场上别无选择，如此一来似乎陷入悖论，这"中国风"又与农民的一亩二分地有啥区别？我们的文化我们的传统在今天当真就如此苍白无力？是大众还是开发商更需要补上文化的课？然而前段时日重访了刘文彩的故乡——四川大邑安仁古镇，在那里笔者似乎看到了一丝希望（地主庄园又能给我们什么希望呢？）。

"刘文彩庄园"这个烙有特殊的政治意识形态的名词在笔者作为中学生前去接受革命历史教育的时候，它代表的是"恶贯满盈的地主恶霸残酷压榨劳动人民的血汗，为自己建造了一座不中不西的地主庄园，深刻反映了他极度奢侈扭曲的享乐生活。"尤以那著名的"收租院"泥塑和对家奴进行施虐的"水牢"为参观的高潮。文革时期的"恶霸"刘文彩拖累了大邑刘氏一族。时隔十几年后，今次再访安仁才更加全面地认识了它：清末民初，以武崛兴、为蜀之冠的刘氏家族富甲一方，刘文彩的侄子大军阀刘湘在抗战的危难关头及时顺应时代潮流，由一名封建军阀转变成为爱国将领，带领30万川军出川抗战。民国时期安仁古镇出了省主席两人、军长二人、旅长九人、团长十八人，有"三军九旅十八团，连长营长数不完"之称。与此辉煌相并行的是民国时期古镇上陆续修建了几十座公馆、庄园。走在疏朗大气的古镇老街上，随处可见一座座彼此相联、中西合璧的老公馆。以刘元瑄公馆为例，占地5000m²，建筑面积2000m²，既有中国封建豪门府邸的遗风，又吸收了西方建筑造型特色，整个公馆由五进院子组成，门屋、轿厅、明堂、大厅……空间层次丰富。正院内一棵150年的桂花树为整个庄园平添历史的沧桑。原来豪宅是可以墙挨墙的，原来豪宅就在这几进院落中从容展现。踯躅在老镇古街上我亲身全面触摸到民国时期的历史；流连于天井庭院中我沉醉于川西民居空间疏朗转和的韵律之中……

近年来国内掀起了一股不可小觑的"古镇游"热潮，甚至在僻远的乡村亦经常看到手拿"旅游攻略"的游客仔细研究老街老房，重新认识中国的文化和历史。这一股民间的力量或许将是今日大家争论不休的"东风、西风"的最好解决者，他们正在自觉地温故而知新，他们的学习或许影响会改变中国人文化审美缺乏自信的现状。或许我们最急迫需要解决的是共同的民族文化价值体系的重建，我们最需要做的就是把那断了的文化传承的链条重新接上。如此，在21世纪的中国我们自会自信地去甄别、去选择、去实践！

主题报道
Theme report

中国风
The trend of Chinese traditional style

　　设计从根本上说是要解决问题的,形式只是一个躯壳,空间、行为方式和精神气质才是内核。所谓中国风,如果只是表皮的符号变化而已,要跟风也很简单,但它没有解决问题,这种风都是"人造形式"。中国人传统的住宅建筑的核心价值是塑造一个自足的环境,在家中排除外界的纷扰。

　　标签是毫无意义的。

地产项目中的中国风
The trend of Chinese traditional style in residential development projects

陈一峰 *Chen Yifeng*

[摘要] 文章阐述了在地产界兴起"中国风"的原由，并分析了中国传统建筑在空间与形式两方面对现代居住建筑的启示。

地产项目中的中国风折射出人们心理的价值取向。

[关键词] 住宅、商品、中国风

Abstract: This article discusses the causes of the trend of Chinese traditional style in real estate industry, and analyses how can we learn from the space and form of the traditional Chinese architecture.

The coming up trend reflects people's new thoughts on tradition.

Key word: housing, commodity, and Chinese style

就中国风这个现象实际上能扯出一个庞大的议题，关于建筑的传统与现代，东方与西方的争论，从改革开放到现在已经三十年了，既不新鲜也不会有结果。随着代际的交替、外国建筑师的涌入以及新新建筑师渐成主角，此话题已逐渐淡化，再谈论中国传统仿佛是那样的不合时宜。现实世界里从南到北的城市，从东到西的建筑也已变得一模一样，俗不可耐，羞于面对世界。在丰富多彩的全球城市面前再也不敢称自己是有五千年历史的文化之都。好在《住区》编辑部给这次讨论加了"地产项目"的"中国风"之定语，既然住宅作为商品，那我们就在"商"言"商"，抛开那些自命不凡的"精英感觉"和"文化使命"之类的瞎扯，从商业角度来说一说中国风，会轻松自如得多。

说来也巧，当初汹涌而来的一切以商业利益为先导的房地产开发浪潮袭来时，击溃了文脉一派的最后防线，如今中国风的兴起也是始于商业的房地产开发，是商人的需要，而不是学者的选择。那么这是否预示着某种新的方向与趋势呢？让我们首先看看为什么会兴起中国风。

前几年国内房地产流行所谓的原汁原味的欧美建筑风格，越纯粹越地道越好，发展到极致的是直接将国外的房子从设计、材料、室内全部搬来，的确产生了一批制作精良、异国风情十足的高质量产品，其中以上海万科蓝桥圣菲为代表的迎合城市知识阶层的小资情调的乡村地中海风格，以深圳观澜高尔夫为代表的迎合老板阶层露富心态的西班牙贵族风格，以杭州几个别墅项目为代表的迎合大众对别墅定义的北美风格，由于这些建筑风格在历史上早已成熟并成为经典，加上开发商用心的品质追求，品味纯正，一下子从那些不伦不类不太成熟的建筑中脱颖而出，受到市场的追捧是理所应当的。但如果从一个长远的历史角度来看，这股风必定是一个过渡时期的暂时现象，居住建筑和地域、气候、风土、民俗、生活习惯关系太密切了，在当今世界上各个国家和地区的民宅都有其鲜明特

1. 北京香山清琴别墅沿道路一侧是中国式的围合院落空间
2. 北京香山清琴别墅沿景观一侧则为典型的西方开放式布局

征，除了个别项目，我们几乎看不到这种大规模照搬异域风情的奇怪做法，不论是西方各国之间，还是东方的日本、韩国甚至东南亚，各地都有各地的特点，有着悠久文化传统及历史的中国，当然也不应例外。出现上述怪现象的原因在于我们传统文化断层，从鸦片战争开始的文化断裂到20世纪50年代的文化传承者的灭亡，传统的审美、传统的手艺近乎毁灭，以至于我们今天大江南北的民宅皆呈现白瓷砖、蓝玻璃加琉璃瓦的恶俗，在这种文化状态下，那种典雅耐看的国外经典风格必然会带来巨大的视觉冲击。近年来，随着我们国力的增强，国人的自信心渐长，传统文化正在回归，你会看到名人雅士在各种庆典上开始以中山装、唐装作为品位的象征，新开的高档餐厅大多以具有东方风韵的情调为时尚，且渐成主流。作为在文化上从来都是赶末班车的建筑艺术也开始表现出中国风的追求不是一件很正常的事吗？

那么为什么现在别墅项目中刮起了中国风而没有像很多建筑师希望的那样刮起现代风呢？我们看到美国的地产项目99％都是传统式样，现代风格的住宅多作为名人郊外的第二居所。作为人类的最基本要求，住宅也像服装一样，传统住宅如同正装，经典而永远不过时，现代建筑如同时装几年一过时。作为居住一辈子的私宅，多数人自然愿意选择更能体现价值感的具有永固、稳重、温馨的家的感觉的传统式样。从目前中国风的项目看，各自在不同的方向探索，有成功，有失败，也有似是而非的炒作。在中国，不像西方传统住宅与现代人的生活经过上百年的磨合演变而结合得浑然一体，如今中国传统形式与现代生活在隔绝了百年之后，被硬性地叠加在一起，自然是需要认真加以探索，在此期间，鱼龙混杂不足为奇。

那么什么是中国传统住宅的优势与劣势呢？这几年我在设计一些项目中也常常对一些问题进行思考，从建筑的表征来看，无外乎空间与形式两个方面。

首先，中西式传统住宅的本质的不同是表现在空间上，前者房包院，后者院包房。中国的传统住宅从北方的四合院，南方的内天井，到西南的三房一照壁，莫不是内向围合形的住宅，它的最大的特点是私密性好，自家的一个小天地完全不受外人的干扰。而欧美住宅多是开放式的，院中间是一幢房子，如果密度大了，左邻右舍间便会一览无余，特别是西式Townhouse，完全无私密性可言。中式传统建筑空间是比西式空间高明、高尚、高档得多的居住空间，毕竟是五千年文化的演进。在人口稠密的今天，比起西方的Townhouse更适宜作低层高密度住宅。但它的缺陷也显而易见，以院落为交通中心，只适合于气候温和的地区，如果不以院落作为串连，则内部流线过长，容易穿堂房，走廊面积过多，很难出现合理户型。因此，有些项目进行了改进，如上海的浦江城等将传统的口字型及C字型改为L型，以使平面更紧凑，以适应现代起居的要求。而西式别墅的优点则是空间集中紧凑，比较符合现代人生活的流线，视线通透，适于在风景比较好的、密度非常小的别墅项目。

从空间本质来讲，目前几个典型的中国风别墅项目，如上海的九间堂、北京的易郡、观唐，深具中国传统庭院之特性，它们都有内向的院子、不受外界干扰的私家空间。而在本人设计的香山清琴是中西式相结合的空间形式，临街一面是一个半围合的院子，而临景观一面则采取开放的空间，建筑对街道保持私密、对风景则保持开敞（图1～2）。人们通过门洞首先进入小院，绕过影壁，穿过有甬路、水池的庭院，进入宅内，室内空间则完全按照现代生活方式布局，而房子的另一端则为典型的西式空间，以利于观赏

3.4. 无锡高山御花园建筑的色彩和材质有浓厚的中国特点，但空间组织及构件的组合则完全按照现代手法

西山景色。目前市场上的另一类也称中国风的项目，如运河上的院子，则是典型的西式别墅空间，即宅基地中间是一幢房子，除了用了灰色、种了点竹子，没有什么中国建筑的精神与内涵。

至于Townhouse，无论是成都的清华坊，还是深圳第五园，都是在西式的联排住宅的基础上增加了一些中国的门墙及装饰，使之带有一定的中国风。相比之下，第五园的公共部分做得更加精彩，建筑景观既表现出浓郁的中国风情又不失时尚的色彩。万科的建筑师本身又是开发者，他们在创造、把握、实施一个作品时所具有的条件是大多数设计院建筑师所不具备的，非常令人羡慕。在许多地产项目中，我们对产品的细节是无法控制的，往往经历一个充满激情、到逐渐失望、再到听之任之的过程。

至于中国风涉及到的形式问题，更是一个说不完的巨大的话题，还是在"商"言"商"，我们还是把握其作为商品的属性更容易讲。其实在上述中国风的作品中，我最喜欢的还是九间堂，但它更多的是作为作品而不是商品，只能作为1%而不能作为99%，那种通透与空灵绝成不了终年居家过日子的栖身之所。而如果真按节能规范及生活需要，把样板间的那些大玻璃墙面遮住，恐怕其现代感就要大打折扣了。因此并没有地产项目中的普遍意义。另一个极端是北京的观唐，完全的清式营造，地道的中国传统，这里面也存在巨大的风险。中国的二层的古建筑，会令人联想到古代园林中的阁楼，那里狭窄的楼梯、昏暗的光线、透风的窗墙带给人以不舒适的联想，即使内部结构已今非昔比，但仍无法产生品质感，而人们对于别墅的想像正是来源于西方电影中那种明亮、高大、宽敞的空间体验。市场反馈也多以外籍人士为购买主体，抱着很大的猎奇心理。同时，传统建筑的开间模数与单元会为现代的平面布局带来限制，难以做出合理户型。但它的好处是有成熟的古典建筑的细部可以照搬，这些成熟的比例、色彩、法式，让你的产品更顺眼更耐看。从实际的效果来看，在此项目的立面设计中凡不遵从古典法式，按新的方式做的细部都是那样的不协调与突兀。

相对来说，新中式把握起来困难要大得多，由于没有繁琐的装饰遮丑，它需要精良的做工，精致的材料，才能体现简洁流畅的线条，否则简约就变成了简陋，这也正是国外纯正传统风格别墅始终占据主流的原因。因此，我在几个作品的实践中渐渐体会到，在目前的技术条件下，中式低层建筑应以现代时尚的语言创造完全符合现代人生活的空间，以传统色彩和经过抽象的细部去体现中国的文化特色，使其既有时尚感又有价值感，往往会有比较好的效果。

目前，还没有开发商敢于在高层建筑中尝试中国传统风格，这是因为历史上从来就没有一个令中国风格运用在高层建筑上、并使之成熟的时代。西方古典建筑从低层到多层，再到高层，经历了几百年、几十代建筑师的探索才日趋成熟，在他们历史上最强盛的帝国时代留下了一座座恢宏的城市，以致今天仍然有大量的地产项目运用古典风格。但并不是中国建筑不适于高层建筑，20世纪50年代几位修养极高的前辈设计的民族风格的高层建筑，至今仍是北京最美的建筑，可惜昙花一现，也许这个时代永远不会有了。现在，我们的城市到处充斥着粗陋伪劣的"现代建筑"，只有画境才中出现过的巍峨的、飘逸的东方都市的神韵永不会出现了，这就是我们的现实、我们的命，好在从低层住宅的中国风中，我们还能幻想有朝一日远离大都市的丑陋，躲在遥远的乡间，去体验中国的情感、情调与情愫。

作者单位：中国建筑设计研究院

中式现代住宅的探索轨迹
Exploration on modern Chinese Style in housing design practice

王受之 *Wang Shouzhi*

[摘要] 文章介绍了20世纪初期以来中式现代住宅的探索轨迹，论述了北京四合院、上海石窟门以及广州西关大屋、东山别墅这些独特的传统民居类型的优缺点。

现代中国风不是简单的复古，而是需要加入现代的生活理念，并应用最新的工艺材料和技术。新中式住宅前进的动力来自对传统大胆的革新。

[关键词] 现代住宅 中国传统民居

Abstract: *This article documents the approach to revitalize traditional Chinese housing since the early 20th century, and discusses the advantage and disadvantage of various traditional housing types, including the courtyard housing in Beijing, Shikumen housing in Shanghai, Xiguan housing in Guangzhou and Dongshan Villa.*

The trend of Chinese traditional style is much more than the reuse of traditional form. Contemporary living mode and new building material and technology should be integrated in the design.

The revolutionary creation based on the tradition is the major drive to keep new Chinese traditional housing alive.

Key words: *modern housing, Chinese traditional folk dwelling*

在加利福尼亚住了近二十年了，习惯了这里的住宅形式，无非是没有特殊风格的现代住宅，或者稍微有点欧洲不同类型风格作为提示的住宅，或者具有比较强烈地中海风格特征的所谓"加州殖民风格"住宅这几大类。这个月比较忙，先去法国南部的普罗旺斯、意大利北部的科莫湖区，瑞士南部的卢加诺，后来又去澳大利亚的布里斯班和黄金海岸，之后再去加拿大的温哥华。所看住宅，也大多类似，其中以现代和稍有欧洲风格这两种居多。

我们都知道，现在住宅基本是在西方国家发展起来的。工业革命以来，为了解决日益激增的城市人口的居住问题，好多国家都集中力量研究集合型住宅的设计和规划，产生了许多不同类型的住宅，如"城市屋"（Townhouse）、联排住宅（Condominium）、公寓住宅（Apartment）、双拼住宅（PUD）、独立住宅（Single house）等等，种类相当多，并且功能也越来越完善。但是在住宅形式上，却并没有太大的跳跃性发展，国内来美国考察的朋友总是问我：现在最新的流行住宅风格是什么？我说基本还是这几大类型，西方不像国内，有这么快的建设发展，他们是平稳而缓慢的发展着，就是有变化，这个变化大概也要用上个一、二十年时间才看得出来。好像后现代主义流行于20世纪70年代，到20世纪90年代开始式微，用了二十年的时间。而国内发展太快，因此发展商出国找新鲜的风格，作为开发的噱头，这种对住宅风格的多

1. 苏州山塘街的翻新民宅
2. 苏州新建的居民小区
3. 苏州新建的居民小区

元化需求，其实并不健康。我总是以为，一是要走比较稳健的现代住宅设计方向，住宅是给人住的，不是给人欣赏的，因此功能要力求完美；第二点是我们都是中国人，对居住有与西方人不同的要求，对空间布局、对建筑形式、对景观和园林、对邻里关系的处理，都与西方人不一样，因此，未来的住宅，应该是兼顾到这两方面的，走自己的住宅发展道路，是中国住宅开发未来的方向，我倒不是提倡要复古，但是在建筑设计上探索一种既是国际的、又是民族的形式，对中国人来说，不但是应该的，并且也是必然的。

中国式的现代住宅其实早在20世纪初期以来就一直有人尝试和探索，但是总是有几个困难，一个是私密性和容积率高之间的矛盾，一个是中国缺乏传统高层建筑这个类别，传统建筑的大屋顶在现代建筑上仅仅是个负累，并没有功能作用，而传统的飞檐斗栱因为现代建筑构造而完全没有功能作用，这些问题一直没有得到很妥善的解决，导致这类探索一直处在很低调的情况。

我们看早年上海的石库门住宅的确注意了私密性，自然是一时之选，但是却并没有公共空间的考虑，绿化园林部分还是要依靠租界中的公共公园，如上海的淮海公园，原是法租界的公共园林。石库门也谈不上是园林住宅，因为缺乏公共空间，因此里弄内一堆人在说八卦是上海民风之一。

北京的四合院虽然有很好的私密性，但是单门独户，容积率低，并不解决大量的居住需求，现在难以复制；北京"菊儿胡同"住宅小区的设计，的确是力图把四合院的一些内容发展到集合住宅中去，但是私密性问题却难以解决，住在楼上的可以看见楼下家里，楼下的只有整天拉起窗帘，实在是不方便，因此也就很少再有后续了。问题还是没有得到很好的解决。

广州的西关大屋可以是独居住宅，也可以是集合住宅，却采用了封闭围合方式，所谓园林，仅仅在天井之中，缺乏开畅的气氛，也并无法提供邻里沟通的空间。百年以来，中国式的现代住宅和园林结合的成功例子乏乏。

20世纪90年代以来，开始有人再尝试，把现代住宅建造成传统的形式，周围辅以公共绿化带，有所斩获，虽然并非完善，但是却很有新意。

传统住宅形式，内容庞大，如果选择比较典型的类别，我看还是江南民宅、北京四合院、上海的里弄建筑、广州西关大屋为比较典型的类型。

江南的民居给我们什么启示呢？

统一的布局规划，相对独立的住宅单位，与自然协调的设计。这三个方面，自是一种设计的原则，并且具有普遍的意义，无论是古还是今，我们在住宅品质上的需求基本如此。形式上未必重复江南民居，但居住的品质精神是可以借取的。

4．北京后海边上的四合院大门
5．冬日的北京胡同
6．上海里弄实景

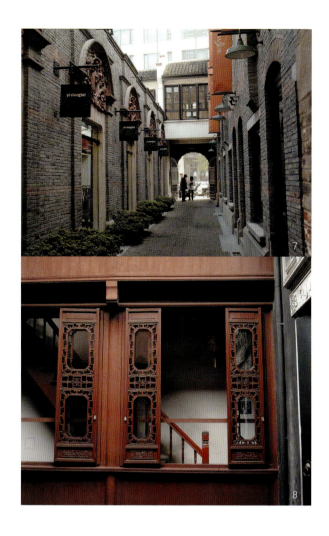

7. 上海新天地
8. 同里民居的木楼结构
9. 上海江阴路的石库门住宅

北京的四合院是谈得最多的住宅类型了，其实是最难现代化处理的一个类型，因为这种住宅采用单元围合形式，占地大，也不注意外部公共空间，单门独户，关门成一统，和现代居住形态是有矛盾的。这也就是为什么现在北京一个劲拆的原因，因为实在难以改造，拆了拉倒。

其实所谓的四合院，早在西周时期就已经形成基本格局，但不知为什么就像跟北京有缘似的，一直是北京民居的代表建筑。在其他的地方，虽然也有四合院的基本结构，比如江南民居，但是后面住宅建筑两层楼，形成了四水归堂的天井，就不像四合院了。

四合院是以正房、倒座、东西厢房围绕中间庭院形成平面布局的传统住宅的统称。主要特征是对称式的平面和封闭式的外观，由于各地自然条件、风俗习惯不同，派生出各种各样的平面和立面。其历史之悠久，分布之广泛，在中国民居中占据首位，堪称我国汉族居民住宅区的正宗典型。我们说中国的住宅的最基本的形式是四合院，大约不会差太远。

经过长期的积累，到明清两代，以北京为代表的四合院形成了一套成熟的结构和造型。其主体布局一般为"一正两厢"："一正"即正房，也称上房，为宅主或老长辈的住所，坐北朝南，位于中轴线上，其开间、进深、高度和装饰均为全宅之冠；"两厢"指南北轴线相向对称布置的东西厢房，为晚辈的住处。

王国维认为，四合院的布局与我国封建宗族制度有关，它不仅创造出舒适的日常起居条件，而且能满足大家庭共居下长幼有序、内外有别、主尊奴卑的使用要求。

四合院是封闭式的住宅，对外只有一个街门，关起门来自成天地，具有很强的私密性，非常适合独家居住。院内，四面房子都向院落方向开门，一家人在里面，天伦之乐，十分融洽。由于院落宽敞，可在院内植树栽花，饲鸟养鱼，叠石造景。住房舒适，也依然有浓缩的自然空间。

北京现存的四合院其实新的少，建国以后基本没有人再盖四合院了，因此，都是古董文物，住在四合院里，就是住在历史里，的确，每次走进北京的四合院，好像时间就停滞了一样。现在住高楼易，住四合院难。

比较具有现代住宅感觉，又能够保持中国民间传统感觉的集合住宅类型，最典型的应该——是上海的里弄建筑了，这几乎被认为是上海所独有的建筑形式。我在上海书店中买到同济大学建筑师教授罗小未的一本关于石库门的书，内中有详尽的图和说明，有些建筑还在，但是大多数已经被拆除了，看得有点伤心。好在"新天地"的建筑给拆除派一种新的信息，旧石库门可以营造商业气氛，也对城市面貌有所帮助，拆迁的匆匆自然放慢了，上海的各个区开始作新的计划，设法保护石库门。

其实，类似上海里弄建筑住宅区在其他有租界的城市中也还有少许，比如湖北武汉汉口江汉路与中山大道交界处，有些里弄就与上海的里弄相似，也有些类似石库门的住宅，可惜在上海之外，石库门就完全得不到重视，拆多留少，等到那些城市知道这些建筑的意义的时候，可能已经全数拆光了。无知，可惜。

石库门里弄，是外面人的叫法，上海人简单称之为"弄堂"。

石库门的历史，就是上海的联排住宅、住宅小区发展的历史。

这些里弄建筑与上海的殖民地历史密切相关。从1845年起，英、美、法、日相继在上海划定自己的势力范围，先后建立了英租界、公共租界和法租界、日租界，而老城厢一带则为华界，看看上海旧地图，可以看到外国人对于城市的观念与中国完全不同，老城厢完全是城门围合，与黄浦江没有关系，最早的英租界，以黄浦江为依据，开设与江边垂直相交的街道，道路方格布局，讲究运输方便，是现代上海的基本规划模式。

第一阶段：

早先的租界各自为阵，互不干扰。但受到1853年上海小刀会起义和1863年的太平天国运动的影响，中国人纷纷迁居租界，致使租界的人口急剧增加，住房问题日益突出。房地产商见有利可图，乘机大肆建造低价位的住宅。为了防火，上海租界取缔简易木板房，租界内开始出现用中国传统的"立帖式"木结构加砖墙承重的方式建造起来的新式住宅。这种住宅比起早期木板房要正规 耐久得多。它的平面和空间更接近于江南传统的二层楼的三合院或四合院形式，更适合于中国居民的永久性居住。为了容纳更多住宅单位，设计师将欧洲的联排集合住宅和中国传统的三合院和四合院相结合，创造出这种中西合璧的新建筑样式的里弄住宅。

从整体看，"石库门"单元被联排在一起，呈西方联排住宅（或者说"城市屋"）的布局方式。一排排石库门住宅之间，形成了一条条"弄堂"。这种石库门的早期形式，虽然无法跟过去传统民居几进几出的天井相套比，也无法营造庭院氛围，但它毕竟还保持着中间规整的客堂，楼上有安静的内室，还有习惯中常见的两厢，是具有现代形式的中国人的集合住宅，基本保持了中国传统住宅建筑对外较为封闭的特征，位居闹市，关起门来自成一统。于是这"门"也就变得愈加重要起来。石库门总是有一圈石头的门框，门扇为乌漆实心厚木，上有铜环一副。也正因为这个石头门框，被上海人取来称这种类型的住宅，叫"石库门"。

最早的弄堂住宅大多分布在黄浦江以西、泥城浜（今西藏路）以东、苏州河以南、旧城厢以北，即今黄浦区范围内。如建于1872年，位于北京东路之南、宁波路以北、河南中路之东的兴仁里；位于广东路的公顺里等等。至20世纪初，仍有大量老式石库门弄堂在建造。如位于浙江中路、厦门路的洪德里；位于汉口路、河南中路的兆福里；位于广西路、云南中路和福州路之间的福祥里等等。在思南路的老渔阳里和新渔阳里可以说是典型的早期石库门里弄建筑（建于1918年前后）。

第二阶段：

19世纪末20世纪初，在沪东一带，还出现了另一模拟较简陋的弄堂住宅。这种弄堂平面一般为单开间，高二层，外型类似广东城市的旧式房屋，被称为"广式里弄"。典型如建于1900年左右的通北路八埭头。

上海的石库门弄堂有了一些变化。弄堂的规模比以前增大了，平面、结构、形式和装饰都和原有的石库门弄堂有所不同。单元占地面积小了，平面更紧凑了，三开间、五开间等传统的平面形式已极少被采用，而代之以大量单开间、双开间的平面。建筑结构也多以砖墙承重代替老式石库门住宅中常用的传统立帖式，墙面多为清水的青砖或红砖，而很少像过去那样用石灰粉刷，石库门本身的装饰性更强了，但中国传统的装饰题材逐渐减少，受西式建筑影响的装饰题材越来越多。

这种弄堂被称为"新式石库门里弄"或"后期石库门里弄"。其分布范围也较老式石库门弄堂为广。较典型的例子有淮海中路的宝康里（1914年），南京东路的大庆里（1915年），北京西路的珠联里（1915年），云南中路的老会乐里（1916年），淮海中路的渔阳里（1918年）等等。

第三阶段：

到20世纪30年代，上海的房地产业进入了它的黄金时期，上海经营房地产者已在300家以上。日益高涨的房地产业刺激了上海建筑业的繁荣，也带来了弄堂建筑的又一个建筑高潮。由于地价上扬，建筑向高发展，传统的两层高的石库门住宅开始向三层发展，室内卫生设备也开始出现。典型新式石库门弄堂如尚贤坊（1934年）、四明村（1928年）、梅兰坊（1930年）、福明村（1931年）等都有相当大的影响。

此时期演变出一种新的弄堂住宅形式——花园式里弄。在新式里弄中，石库门这一住宅形式被淘汰了，住宅由长条式变成了半独立式，注重建筑间的环境绿化，封闭的天井变成了开敞或半开敞的绿化庭院。室内布局和外观接近独立式私人住宅，形式上更多地模仿了西方建筑式样而较少采用中国传统建筑式样。更为突出的是水、电、煤、卫生设备已较为齐全，有些新式里弄住宅还有煤气和散热器等设备，生活的舒适度不言而喻。其分布也由市区东部向西区发展。如建于1936年的福履新村、1934年的上方花园和1939年的上海新村等。

还有一些花园里弄，不是每家一栋或两家和为一栋，而是和公寓一样，每一层都有一套或几套不同标准的单元，这种花园弄堂又称为"公寓式里弄"。如建于1934年的新康花园和建于20世纪40年代的永嘉新村等。花园式里弄与公寓式里弄，除了整体布局还有些类似于传统弄堂的成片式布局特征外，其建筑单体已很难再视之为弄堂住宅了。

上海在石库门里弄的现代化过程是显而易见的，并且在中国的住宅发展上具有很前卫的意义，比如考虑到小汽车的通行和回车，因此有了总弄和支弄的明显区别。

由于上海弄堂住宅身处大都市上海的中心，使用对象为城市中产阶级，受地价、房价的限制，弄堂住宅作为一种高密度住宅出现。建筑间距狭窄，缺少大面积室外空间。而小小的天井也就充当了传统住宅中庭院的作用，使紧凑局促的空间增加了一些通透感，使房屋不觉拥挤，室内外空间交相辉映，在心里感觉上建筑密度被大大降低了。

石库门中的天井分前天井与后天井两类。

前天井的基本功能是改善室内的通风与采光，并提供住宅内部的露天活动场所，同时也使弄堂的公共室外空间与住宅的内部空间之间有一个过渡。它虽然很狭小，对于门外弄堂的公共空间来说又显得开敞、"公共"得多。它面积不大，却巧妙地达到了空间循序渐进的效果。

后天井则主要用来满足后面房间的通风与采光要求。同时也使由于进深过大而带来的室内空间过于沉闷的局面有所打破。

天井提供了住宅生活中不可缺少的室外活动场所。这种露天但又封闭的空间既很好地保持了住宅与自然——阳光、雨水、绿化的联系，又有别于户外嘈杂的公共环境，是一种亦内亦外的特殊过渡空间。

对内来说，天井是一个"外部空间"：没有屋顶，阳光和雨水可以渲泻而下，花草树木可以茁壮成长；对外来说，天井又是一个不折不扣的"内部空间"。进入天井，客堂间落地的通长格子门，两厢大片的花格窗，都使天井与室内空间保持着最密切的联系。在这里，室内室外被真正有机地统一起来了。

广州的西关大屋和东山别墅是两种很独特的现代住宅类型。国内现在很少有人把岭南的民居、广府民居单独拿来讨论，讨论的热点不是北京的四合院，就是江南水乡，岭南是外化之地，蛮夷之邦，现在虽然开放了，也是西式的天下，好像岭南就没有过自己独特的住宅一样。我曾经陪同过一些建筑界的朋友看广东的民居，他们虽然客气地说好，我知道，在他们心目中，这里的民居是二流的，无法与江浙民居、徽派民居和北京四合院相提并论。

我自认为岭南居所自有特色，并且也不逊于江南民居。

在岭南地区建造住宅，气候条件首先是一个大的约束因素。

岭南民居自有套路，并非与江南一样。因这里气候炎热，潮湿多雨，长夏无冬，气候特征形成了独特的民居形式。广州与上海一样，有最早的把现代住宅和中国传统的精神结合起来的探索，在上海就是石库门，在广州就是西关和东山的住宅。

广州这两种住宅最是值得研究和学习的。

广州西关的深宅大屋，是围合封闭式的，是灰色的青砖的房子。

广州东山的西式洋楼别墅，是开放西洋花园式的，是红砖的房子。

二者虽有明显的区别，但是在适合本地气候和城市文脉方面，异曲同工，都是很值得研究的。

西关大屋是清代同治、光绪年间，富商巨贾和洋商买办等新兴豪富在"西关角"，即今天的荔湾区宝华路、多宝路、逢源坊、华贵坊一带兴建的豪宅。在民间的传闻中，西关大屋的兴建是很夸张的，青砖墙铺砌所用的不是水泥，而是以糯米饭拌灰浆，所以砌出来的墙没有一丝缝隙，砌好砖墙之后还须在外面再贴一层水磨青砖，这种面砖贴上去之前要先用人工打磨，所以西关大屋的青砖墙永远是平滑的。西关大屋的装修异常讲究，家具都用华贵的酸枝台椅。屋内有木石砖雕、木雕、陶塑、壁画、石景和铁窗花、满洲窗等装饰，整个大屋显得吉祥和典雅。恣意的奢华、追求富丽是富贵人家共同的特点吧？

西关大屋的门是独特的设计，所谓"趟栊"已成了外地人认定西关大屋的一种标志，然而，这还不是完整的"西关大屋的门"。西关大屋的入口必备三件头，即第一道屏风门，也叫矮脚吊扇门或花门。花门上端通花，一般用木雕雕花作装饰；第二道门是独具岭南特色的趟栊门，"趟栊"顾名思义，开为趟，合为栊，全用13条直径8cm粗的圆木横架做成；第三道门才是真正的大门，多用樟木或坤甸木制造，门厚约8cm，门钮是铜环，门脚旋转在石臼中，内有扣门。跨过三道门，就是门厅，然后到茶厅，第三间才是正厅，再到头房（长辈房），然后是二厅（饭厅），最后是二房（尾房）。三门三进，使得封建等级制在西关大屋中表现得淋漓尽致。在厅与厅之间有小开井，靠天窗采光，大屋两侧为挂廊，屋内两条青云巷，左边是书房，右边是偏厅客房，最后是厨房。有的西关大屋还有小花园，栽种花草，设置假山鱼池以供玩赏。

西关大屋以其门庭高大，装饰讲究而称着。典型平面为"三边过"（三开间），正间以厅堂为主，从临街门廊——门官厅——轿厅——正厅（神厅）——头房（上有神楼祀天神及祖先）——二厅（饭厅）——尾房，形成一条纵深很长的中轴线。两旁偏间前部左边为书房及小院，右边为偏厅和倒朝房（客房），俗称"书偏"。倒朝房顶为平天台，供晒晾、赏月和七夕拜七姐等用。书偏中后部为卧室、楼梯间和厨房等。相邻大屋常有青云巷（小巷）隔开。特大型还带有花园、戏台等。立面青砖石脚，色调清雅，正间檐口有木雕封檐板，放口处有脚门、趟栊和大门组成的"三件头"，别具特色。剖面坡屋顶高低起伏，利用小院、天井、敞口厅、青云巷、天窗、侧窗以及可活动的屏门、满州窗等组织穿堂风，夏日特别阴凉。西关大屋室内装修集工艺美术大成，木石砖雕，陶塑灰塑，壁画石景，琉璃及铁漏花、蚀刻彩色玻璃等应有尽有。西关大屋可以说是清末时期广州传统民居中的代表作。

有些外地来广州的朋友问我，现在在哪里可以看到西关大屋呢。我说：现在是看见少，逐年拆毁，已经存世不多了，如果不好好保护，可能很快会消失殆尽。

广州东山区小别墅的建筑基本是欧洲风格的改良型建筑，从风格上看大体有两种：

一种是花园别墅，别墅前后有庭院；

另一种为线条简练的洋楼，有点像现在说的"城市屋"，红砖外墙，线条简洁，主楼前一般没有庭院，人居密度大。

这两种洋楼，基本都是西洋风格，形态各异，多有柱式门廊；规模也各不相同，有单家独户的大宅院，也有公寓型洋楼。设计各具不同，不仅仅是有西方新古典主义的一些风格特征，并且还结合了岭南气候特色，加以融合。与上海的石库门的设计，有异曲同工之妙。

东山别墅中有不少是很杰出的设计单体，特别是那些把园林结合起来的别墅，珍品更多。不过由于历史的原因，好多建筑遭到改造，甚至拆除的厄运，现在去东山看看，有些面目全非了。

我们总是在念叨中国人和西方人的居住方式，把它们往往视为对立的，其实，在对自然的热爱、对家庭的期念、对私密的追求上，我看东西方并没有绝对的区别。现代人对于家与自然的关系，家的私密性，天伦之乐的期望，与古人也没有什么本质的区别。

仅仅是到现代，人们的生活心态由于都市化的影响而变得逐渐物理化、物质性量化了，室内空间越来越大，而室内与自然、室内与人文因素的隔绝也越来越大，居所原本是人和自然、人和历史文化的一个连接点，现在却变成了把人与自然、与历史人文截然分开的物化空间了。

近些年来，我们造了好多好多的住宅，把城市建得水泥森林一样，虽然房地产开发商给他们的商业住宅冠以各种华贵的名称，但是绝大多数是名不符实的，看了以后感到徒有虚名，无法和那些奢华的名称联系起来。因此，心中总是期望找到一种更加接近我们理想生活环境的空间，或者拥有，或者仅仅是感受一下。

大约因为自己在国外生活接近20年了，对外国的生活形态已经有些熟视无睹，因而更加期望看到一种能够把陶渊明的《归去来兮辞》中描述的家的感觉提炼出来的住宅。我知道西方人的现代居住环境比东方的更科学，但是东方住宅形态和东方建筑形态中却有一种西方住宅所没有的人文的因素，它可能不是物理性第一的，但是绝对是心理性的，能够使你感动、喜悦、忧伤、悸动，中形西态的住宅是否有发展的可能呢？

这个问题现在显得越来越有点迫切，随着中国大规模的城市建设，在过去短短的20年内，全国各地建造起大量的住宅建筑，完全改变了中国城市的面貌，而建筑的民族性、城市的地域性却在迅速地消逝之中。

我感到忧虑的是：有些青年建筑师对于传统建筑和传统文化采取不屑一顾的态度。一旦说要探索和设计具有中国风格的住宅，他们总是嗤之以鼻，好像对传统的东西不屑一顾。

我倒是有种怀疑：是否现代化必须建立在否定传统的基础上，是否传统文化必须成为一个国家现代化的牺牲品？这个问题已经摆在我们面前，而从全国范围来看，探索现代化和民族化结合的例子依然是极为罕见的。

肯定地说：现代生活方式是一个不可阻挠的发展方向，现代建筑随着城市化的高速发展而出现，完全改变了现代人的生活方式。

什么是现代住宅形式？

现代住宅的居住空间比较大，室内空间布局比较自由，不再用大量的墙面来分隔室内空间，现代住宅讲究居住与环境的关系，并且与城市的其他功能住宅部分，比如交通系统、商业、就业配合。

住宅建筑或围合，或组群，形成小区，住宅区有自己的公共绿化空间，有住宅小区的配套设施，包括英语中叫"方便点"的餐馆、超级市场、医务所、邮政局、零售商店、其他各种社区服务设施、学校和幼儿园等等，如果有条件，也尽量围绕原来的自然景观设计一些景观点，比较大的居住区还设计了类似健身房、游泳池、网球场这类的运动设施。尽量提供住户足够的停车空间，或者采用集中式的停车场设计，比较新的设计在每户的附近设计停车房。

这种住宅区主要是在第二次世界大战结束后在美国发展起来的，作为美国当时郊区化的主力形式，很快蔓延全国。在中国，也是一种日益主流的住宅形式。

由于是郊区开发的住宅区，一般都依靠私人汽车作为通勤工具。在美国，大型一点的住宅的停车空间发展到可以停两部、三部，甚至四部汽车。随着开放越来越快，部分客户的要求越来越高，购买力能力也越来越强，集合住宅的户型也越来越大，从200m²达到300m²，之后还有类似400、500m²的大户型出现。

在室内设计方面，厨房趋向比较大，并且成为了家庭的活动空间，起居室成为室内设计的一个主要的节点，卫浴的数量越来越多，表明人们对私密化的要求越来越高，等等。这些居住的内容，是从20世纪初以来，通过好几代的建筑师的设计、通过发达国家好多大开发商的探索而逐渐形成的，现在则变成了标准化的设计内容了。

由于现代化居住的内容符合现代人的需求，因此这一套标准也就成为了国际住宅的主要内容之一。虽然每个不同的住宅都有自己不同的处理方法、不同的设计、不同的建筑立面，但是在现代生活形态方面，倒是趋同的因素占了上风。

自从1950年以来，东亚地区，特别是在日本，有一些建筑师一方面接受上面的这些现代化生活的内容，在设计上也突出这些内容，改变了传统的生活方式。与此同时，他们则希望把民族的生活习惯添加到国际现代化的住宅中去。

民族化的现代住宅一直在探索，在日本，开始的时候，还是采用纯粹现代化的住宅结构和内容，稍许把民族传统建筑的某些符号和建筑形式加在现代住宅上，比如屋顶、建筑立面等等。这种类似"穿衣戴帽"的手法虽然会令住户和业主有来自传统习惯的温暖感，但是却没有把民族生活习惯结合进去。到20世纪70年代、80年代以来，有些设计师开始从民族传统居住形态入手，把一些既是传统的、也能够与现代化结合的部分加以演绎使用。日本传统居住空间的多功能开合形式，比如与现代居住空间的敞开形式结合，而使用日本铺地席"塌塌米"的大小作为模数单位，能够比较容易把传统的居住空间和现代化的居所结合起来。这些探索开始摸索出一个民族现代化的新方向来。

中国在住宅民族化方面还处在比较早期的阶段。

一个国家的经济发展处于快速发展期，民族心态容易比较浮躁，也容易走全盘崇洋的极端。我们在日本、韩国，东南亚屡见不鲜。

因此民族现代居所的探索并不顺利。

中国早在20世纪50年代就有类似梁思成大师等人在北京提倡国家部门的宿舍建筑采用民族形式的屋顶的提议，在少量采用了之后，基本被放弃，1957年前后，批评铺张浪费，民族化建筑的探索，成为被批评的典型。除了1959年北京的十大建筑是民族形式的之外，基本停顿。直到"文化大革命"结束之后，才又出现了少数的探索。

清华大学教授吴良镛设计的北京菊儿胡同住宅，企图在四合院的空间上通过交错迭加形成多层的传统现代住宅群，完成之后褒贬不一，但探索是启动了；苏州在改造拙政园旁边的桐芳巷住宅区的时候，采用了江南民居的形式，采用逐步退台的方法，建造了很温馨的小巷中的集合住宅群，建筑界给予比较高的评价。

这种探索，从规模上讲，的确微乎其微，但是从意义来讲，却是开创了民族现代化住宅规划和设计的探索先河，对后代一定具有很大的影响。

我始终无法理解为什么对某些人来说，在现代建筑发展过程中，中国式的民族因素必须否定，为什么东方建筑就一定是现代化的对立面。

远东国家的确在现代建筑发展上比西方国家迟好多年，对于大部分亚洲国家来说，现代建筑仅仅在第二次世界大战之后才开始，在东亚的各个国家和地区中，我们可以看到两种不同的建筑现代化形式，一种是比较多国家和地区采取的完全西化的现代建筑进程，其背景是急速的经济成长，许多国家和地区在这个背景之下采用完全西化的方式，放弃传统建筑精神与形式，拥抱西方现代建筑，急于追赶西方建筑最新潮流，最后在建筑上形成亚西方形态，没有了自己的独立面貌，比如韩国就是很典型的例子。

中国在现代建筑开始出现以来的100多年中，也不乏探索现代建筑和传统风格的尝试，一些外国的、中国的建筑师早在百年前就开始设计中国式的现代建筑。随手查查，这类型的设计就有1904年建造的保定淮公祠，1905年建造的成都华西协和大学，1907年建造的天津广东会馆，1908年建造的福建福州女子文理学院，1912年在济南建造的齐鲁大学和同年在河南开封的河南大学，1919年建造的南京金陵大学北大楼，1921年建造的北京协和医学院，同年在山西建造的祈县乔家大院，那是一个相当大的社区住宅群，还有1923年建造的厦门大学群贤楼群，1926年建造的北京燕京大学。

在广州，大家熟悉的中山大学校园，是在1930年建造的广州岭南大学，那个具有浓郁中国特点的现代建筑群，是由贾斯.小爱德蒙斯（Jas R.Edmuns Jr），R.A.菲利普（R.A.Philip），N.约茨（N.Yovtz）等几个外国设计师设计的具有中国民族形式的建筑群。现在去中山大学走走，那种建筑文化的氛围还是非常浓郁的。1931年兴建的国立北平图书馆，1931年开始的武汉大学规划与设计也都是杰出的典范。

这些设计是中国式现代的探索，无论从功能还是形式来讲，这些建筑并不亚于那些同时期在中国兴建的西式建筑。可惜民族形式的探索在20世纪40年代至60年代以来基本处于停顿状态，而外国的一些突出的借鉴东方形式特征和空间特征的建筑运动，包括"工艺美术"运动都没有在国内引起足够的重视。

即便现在，大部分青年建筑师对于传统民族形式的设计的兴趣，也远远不如对西方风格的兴趣来得浓厚。历史上古怪现象是：西方热衷中国传统，特别是西方知识分子中的精英们，对东方传统抱有极大的兴趣，而中国人却崇拜西方风格，包括西方的精华和糟粕，真是一个很令人费解的情况。我想这应该视为一个发展中国家在经济发展过程中的暂时的情况吧？

最近看到建设部住宅产业发展促进会的一个报告，讨论了现在中国住宅发展的六个方向（其中一个就是探索中式现代住宅）。这份报告说：随着越来越多的楼盘尝试中国传统建筑风格，2006年中国楼市的现代中国风格将更加成熟。中国近年来的很多住宅楼盘把殖民风格当作高档的标志，把奢华作为美观的前提。这些建筑形象作为文化的载体所反映出社会心态的媚俗，新消费主义倾向和文化上的不自信。民族文化受到冲击时，自然的产生了一种回归民族性的反抗，表现在住宅建设方面就是中式风格的回归。

新中式住宅前进的动力来自对传统大胆的革新。时代的发展使中式建筑有一定的弊端。首先传统建筑与现代住宅在功能要求上和现代人的生活方式有较大的矛盾。其次，技术手段落后，结构形式、物理性能、建筑材料和施工工艺上均有先天不足。最后，传统建筑以低层为主，现代住宅为多层甚至是高层。因此传统中式建筑不能简单地套用在现代建筑中，需要革新。

建筑是本土文化的重要载体，越是本土的就越是国际的。现代中国风不是简单的复古，而是需要加入现代的生活理念，并应用最新的工艺材料和技术。日本同中国一样，具有悠长的建筑文化历史和成熟的传统建筑风格，但是日本形成了现代的日本民居风格。而中国目前民族文化的建筑载体仍然是传统的建筑形式。虽然有很多项目试图尝试"唐风"，但仍未形成现代中国建筑风格和现代中国民居风格。但可以确定的一点是2006年现代中式民居的发展脉络将更加清晰，而产品形态更多姿多彩。

我不认为循序渐进地发展是惟一方法，但是，缺乏循序渐进的发展，却会在发展中事倍功半地走弯路，最后还要用多倍的代价来改正，既然如今，何必当初呢？

期望中国的具有自己民族特点的现代住宅能够早日探索到一条比较顺畅的发展道路。

作者单位：美国洛杉矶艺术中心设计学院

现代合院住宅设计问题思考
Few thoughts on new courtyard housing design

王丽方 白 洁 Wang Lifang and Bai Jie

[摘要] 本文从设计的具体问题展开，探讨传统合院住宅与现代住宅的有机结合，从而创造出新颖的适合现代生活的合院住宅。

[关键词] 传统合院住宅　现在住宅　现代合院住宅

Abstract: Based on the study on specific issues of housing design practice, the author researches on the design method to integrate modern housing design with traditional courtyard housing ideas, thereby to create a new type of courtyard housing that can fit modern life.

Key words: traditional courtyard housing, modern housing, new courtyard housing

合院是中国传统居住建筑形式的一个代表，即使在今天也表现出很多不可替代的优越性。我们当然想要把这些优越性吸收到现代住宅中来，使合院住宅与现代住宅有机地结合在一起。但是，到具体设计时，在很多环节上都会发现，好似有一堵看不见的墙，阻挡设计者达成一种理想的结合。其结果，常常不得不放弃一部分内容，要作一定的妥协。本文完全围绕设计的具体问题展开，所要探讨的是如何通过认真的思考和分析，打破一些"墙"，达成一定的结合，从而创作出新颖的合院住宅。

一、总平面设计的"变地法"

如果把传统四合院连片地区与开发新建的住宅区相比，就可以看出存在的差异。以北京旧城四合院连片地区为例，从高处俯视全景可以感到，建筑群在整体上有非常强的统一性，同时又充满了细致的变化。仔细观察旧城，找不到多少四合院像我们学习的那种完全标准的四合院。构成连绵不绝的旧城景象的大多数四合院都是不标准的。有的长、有的扁，有的不规则，有大有小，紧紧挤靠在一起。它们的形式看起来差不多，但是，几乎你推开每一扇院门都会看到不同的景象。大量的四合院就这样处于一种有趣的地位，它们既不是标准四合院，又不是非四合院。我们可以说是四合院的"变体"。百变不离其宗的是一个原则：以简单的单体建筑围合院落空间。院落的变化构成"变体"的基调。"变体"的形态之多、就形成了无处不在的丰富性。

用现代的设计方法进行设计，无法达成如此有机生动的局面。因为有两种"现代的"观念左右着设计者：一是用标准的、批量化的所谓现代的方法进行设计；二是人人平等的观念导致每套住宅要求"均好性"。用现代的观念设计出来的住宅区，建筑体量差不多大小，建筑间距差不多远近，建筑的层高也基本不变，用材也是批量进货互相差不多，是一种均匀排布的匀质区域。在这种现代观念下做成的总平面，如果再把标准四合院原样搬来，加以重复摆布，可以想像仍难于摆脱单调无味的总体局面。

要在新的设计中提高总体的丰富性，一个新的方法值得尝试，那就是首先把每户的地块划分得不很规则，有的缺角、有的咬合，有大有小。以这个不太规则的用地为框架，引导设计不同的户型。

这种方法对西式的别墅设计不会有效果，但用于中式的合院设计就会很起作用。前面说过大多数四合院都是一种"变体"。究其原因，来自于四合院的一种特点，就是寸土必争和精心利用。把用地全部包在墙内，然后根据地形精心安排建筑和院落，以得到最有利的布局。当用地形态不规则时，自然就引出了不规则的四合院。历史上形成的四合院住宅区域，各家的用地各不相同。造成的院落也各不相同。事实上这也是旧城的一种深刻的的历史积淀。提取这个原理用于今天的规划，不规则的地块就能引导出富于变化的群体。这是分析了旧北京四合院的用地情况，从中提炼出来的方法。我们姑且命名为"变地法"。

二、标准单体法

变地法与现代设计程序结合，带出了另一个问题：就是设计的标准化不够，导致设计量过大的问题。我们通过进一步分析旧四合院区，清楚地看到，四合院变体虽然千变万化，但是四合院建筑单体却很简单，是适合标准化的对象。为了简化施工图的工作，可以试着把每一户所涉及的建筑单体分为几种标准大小，用到各户去进行组合。当然不可避免地仍有较多的特殊部位要画详图。但是从传统四合院中提炼出了一种逻辑可以与"变地法"较好地配合运用，我们姑且命名为"标准单体法"。

三、合院核心与起居室核心的矛盾

中国传统住宅中最吸引人的，就是它的院子，这是传统中最有价值的一部分。中国人深藏于心的对中国传统建筑的情结，在很大程度上与院子相联系。中国传统住宅中的院子，与一般的围合空间不同。它是一种合院，由建筑围合而成。而且围合的建筑都朝向院子开门开窗，院子居于非常中心的地位。如果把中国传统住宅与西方的住宅相比，在生活的方式上，可以说西方是以起居室为核心，中国是以院子为核心。在中国合院住宅中，所有房间朝向院子开门，人们进出出，生活的场景在院中展开。即使有时房间狭小，因为有了院，生活的空间仍是悠然而适宜。

但是院的设计现在遇到了困难：过去院子是被房子围着，房子之间可以不连着。现代的生活水平要求房间之间必须在室内联系，这使房子趋于紧缩成一个体块，院子则偏在一边。院的另外两面或三面都只能是墙，没有生活的内容。这样，院子变成是房子旁连的一个附属地，有点像花园的味道。虽然也很不错，但花园和合院显然不是一回事，不太可能真正如传统合院那样是住宅的核心部分。这使院的中式魅力打了大折扣。

如果追求以房围院，则房间之间容易变得分散。硬要把四周的房子联起来，会出现三种情况：一是房间面向院子的一圈界面都是走道。这对一些房间的使用或与院的联系造成影响。二是如果院子比较大，比如10m×10m（是并不算大的院子），用来围合的建筑就拉得很长。建筑造形不容易做，功能安排也受到很大限制。三是如果为了达成比较合理的建筑形态与功能，就可能会把院子缩小。但院子过小变得像天井，合院那种闲适淡泊的生活趣味就难以体现。

四、双中心格局

妥协的方法可以分两步：一是做成三合院。这可以使建筑的布局得到很大的改善。以笔者已经封顶的实例来看，三合院的格局使院落获得了较充分的核心地位，是一种可取的方法。第二步就是将住宅的少量次要房间从主体中分离出来，布置在与主体相对的位置，形成三合院的一个边。用分开的建筑单体进行围合。这样主体建筑的位置在院落的两个边上，其内部的功能可以相当紧凑，流线也很便捷。次要房间则通过室外相连。事实上，以我们的理解，如果所有日常居家的流线都无需穿过室外院落的话，院的魅力也会不足。应该有意地安排人的流线时时穿过院落，体会自然的空气和阳光，体会从室到院、从院到室的空间层次转换，院才能真正溶入人的生活中。如果把室内外截然划分开，即使是三合院，也有可能像是花园洋房的花园一样，成了摆设。根据这种对合院趣味的理解进行设计，而不是死守室内连通的教条，但愿能换起中国使用者的认同。

这样，除了合院这个核心以外，住宅主体内可以组织出较好的起居室核心。合院和起居室两个核心都同时形成。互相之间的关系相辅相成，有如传统四合院北房和合院的关系。这样的格局可以说是双中心格局。

五、形式与空间的结合

在传统与现代的结合之中，一个最为显著的冲突来自于建筑形式。不可否认，形式是中国建筑传统的一个最为重要的内容。它最容易被百姓认知，因此最适于变成一种符号。为了与现代建筑结合，过去几十年对传统建筑形式作了三个方面的改变：一是简化，二是材料替代，三是尺度变大。这样的改变以后，再与现代建筑进行结合。这是把一种形式与另一种形式进行结合。这种结合使不同形式的冲突弱化，对古城保护有很好的价值。但是如果从建筑逻辑深究，是比较勉强的。本文认为可以在合院式住宅中尝试用现代的形式与传统的空间格局相结合。采用亲切宜人的两坡顶形式，但是用现代造型、材料和构造去做，使合院住宅显出新颖和现代的风貌。这样的结合应该是一种比完全仿古更富于生趣的结合。

六、外立面变成内表面

接下来的问题是：合院住宅的生活中，人在院里常常近距离地接触和观看建筑的外立面，要求建筑拥有精美的细部和亲切的材料质感。这恰恰是我国现代建筑的致命的弱点：细部苍白。仿古建筑在这方面有很大优势。它的细部与材料虽经一再简化，仍比现代建筑强。而且建筑师可以很省事。而我们大量使用的现代外墙材料质感粗糙、单调、冷漠。用于大建筑还勉强过得去。用于别墅，因为进家后就不再看外墙，只看内装修了，所以外墙的冷漠也能忍受。但是，用于中式合院，就成了问题。缺乏细部会使合院的魅力大打折扣。怎样使用材料和构造形成好的细部是一个富有挑战性的内容。

七、高标准保温系统

合院式住宅还有一个问题就是建筑的体形系数比较大，这是把建筑伸开包围合院的格局带来的一个基本特征。体形系数大，外墙多，散热面大。因此需要以很高的保温标准设计外墙和屋面的构造，甚至设计地面保温层，少开大玻璃窗。这样来平衡体形系数的影响。

合院住宅好处显然不是低成本高效益，而是基于人内心需求的一种优雅自然的生活品位。这是无价的。但愿我们能够在现代建筑的条件下部分地再现这样的生活方式。

作者单位：清华大学建筑学院

情感的回归
——解读"中国风"下住宅空间的"中国意与中国情"
Back to tradition
Interpretation on the traditional spirit in housing spaces

高莹 Gao Ying

[摘要] 在"中国风"日渐盛行的今天，众多楼盘都力图营造具有中国传统意境，体现中式情结的居住空间模式，本文针对这些应运而生的诸多楼盘力图以其对传统院落空间中"中国意与中国情"的营造为切入点进行空间解读，论述如何在全球化过程中避免民族特色与传统精神的文化缺失，以期做到将传统精华与现代生活创新性的融合，真正体现"中国风"下住宅空间的"中国意与中国情"。

[关键词] 传统　院落　意境

Abstract: *When the new trend of Chinese traditional style coming up, numerous real estate projects attempt to fill with Chinese traditional atmosphere, or even to integrate with traditional housing spaces. Based on this phenomena, the author reminds us to avoid the lose of traditional spirit under the globalization process, and concludes that the real traditional spirit in modern housing can only be achieved by the creative integration of the essence of tradition and modern life.*

Key words: *tradition, courtyard, artistic conception*

引言

洋风吹过，地产界又在兴起一股"中国风"，何谓"中国风"？我们很难给它一个准确的定义，只是它看似不经意的吹过，却带给我们些许惊喜和欣慰。因为终于在欧式建筑充斥中国大街小巷给我们带来视觉审美疲劳的同时，中式风格创新性的复兴让我们看到本土文化回归的曙光。或许大家还记得，2002年3月，筹建3年的成都"清华坊"正式动工，项目开盘15天即完成销售3.93万m²，销售率一举达到73.28%。随即，"中国风"劲吹南北，北京的"观唐"、"紫庐"、新北京四合院"易郡"、上海的"九间堂"、成都的"芙蓉古城"、南京的"中国人家"、万科的"第五园"、苏州的"寒舍"、杭州的"颐景山庄"、西安的"群贤庄"、安徽的"和庄"、天津的"唐郡"……这些带有明显"中式符号"的项目以星火燎原之势将中式住宅变成流行趋势。业内很多人士将这些带有传统符号的新生住宅称之为"新中式住宅"，以区别之前横向移植过来的西式住宅。

为什么"新中式住宅"会将地产界的"中国风"愈吹愈烈呢？与其说它是一些具有探索和创新精神的开发商试图使现代住宅回归本土建筑文化的试金石，毋宁说是一种大势所趋下的自省与追本溯源。在经济全球化的大趋势下，民族身份和文化认同是一个普遍问题，在欣欣向荣的房地产市场中，地域文化的失落，居住"同质"现象日益加剧以及城市大建设高潮中对传统文化的破坏，都使我们看到作为民族身份证的中国建筑文化在今天面临着多方面的危机。将西方住宅模式完全复制的道路究竟能够走多远（图1）？如何挖掘传统民居富有人文内涵的居住空间形态，使之适应现代生活模式并保持地方特色，具有十分重

1. 将西方住宅模式完全复制的道路究竟能够走多远？
2. 中国传统庭院空间
3. 新中式住宅多重庭院空间
4. 竖向庭院空间

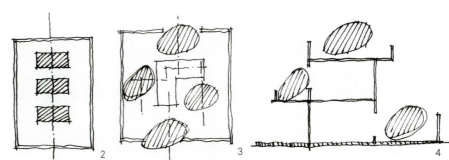

要的现实意义。

传统

人类学家豪泽·朔伊布林（Hauser Schaublin）说过，"建筑传统就像语言甚或音乐一样，是一个种族的非常特殊的文化遗产。"要理解传统，首先就必须理解人们如何在建筑中生活以及他们为什么要按特定的方式去建造房屋。为什么一个地方的建筑会有别于别处？部分原因是气候及适用的建筑材料的变化，而更主要的原因则是拥有不同文化的人们拥有不同的历史、信仰和观念，它们与材料资源融合在一起，自然而然地营造出一种与众不同的地方建筑传统。传统的本质究竟是什么？是不是意味着要回到过去？传统的含义是相当丰富的，也是十分复杂的，同时还带有明显的连续性特征。形式上的东西相对来说是最容易掌握的，这也是"形似"的观点得以维持的原因之一。而怎样才能做到"神似"呢？这里所谓的"神"，也就是对传统文化的继承与延续。

院落

中国传统院落得以存在与发展的很重要的因素之一是它契合了中国传统的价值观、宇宙自然观和审美观。院落的发展史就是城市文明的发展史，因而也可以说是人类思想的发展史。对中国历史发展影响比较大的儒家思想、道家思想以及佛学思想都不可避免的渗透到院落的设计理念之中。传统住宅的精髓所在就是"院"空间。传统院落既能反映所处时代的社会文化背景，同时也受到社会文明发展的推动。

当前城市土地资源有限、人口密度较大、机械的复制传统院落已经不太可能。我们应该更多地从设计上继承其空间内涵。传统住宅院落空间大多在水平面上展开，因为要反映尊卑有序的等级制度，庭院在纵深方向沿中轴线层层递进，"庭院深深深几许"就是上述描述的真实写照（图2）。而在当代纷繁复杂的建筑设计领域，我们当然不必再拘泥于严格的中轴对称布局模式，城市人口的日益膨胀而带来的用地紧张更使我们看到传统院落单层水平布局的不合时宜及局限性。新中式住宅利用前院、侧院、内院、后院等多样院落空间将中心轴线起承转折，在继承传统多重院落的同时，空间也更具有趣味性（图3）。其次可以试图将水平方向上的院落空间转到垂直方向，通过露台、屋顶花园等可以营造更加立体化的多重院落空间（图4）。成都清华坊联排别墅无论在水平面还是垂直方向都秉承了传统多重院落的精神内涵（图5~7）。拾阶而上，穿过绿树遮掩下的院门，就进入了自家的一方天地，前院空间（图8）通常以小见大，一块青石板，一弯浅水，几颗卵石随即会营造出自家宅院的诗情画意。后院（图9）则比较开阔，堆山叠水，借景寄情，江南私家园林的种种造园技法在此体现得淋漓尽致。三层高的天井（图10）是对传统江南民居形式的经典提炼，几颗翠竹伸向天空，抬头仰望，近处斑斑点点的竹叶映衬着远方的天空更加透彻，仿佛回到孩提时代的老宅老院。北京观唐中式别墅（图11~

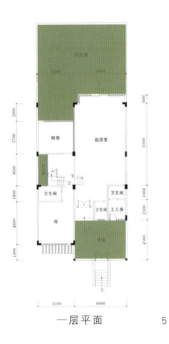
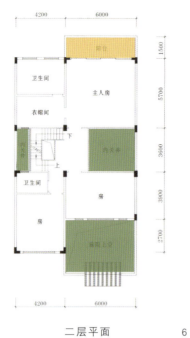

一层平面　　5　　　　二层平面　　6　　　　三层平面　　7

5~7.成都清华坊联排别墅平面图
8.成都清华坊联排别墅前院空间
9.成都清华坊联排别墅后院空间
10.成都清华坊联排别墅三层高的天井
11~13.北京观唐中式别墅庭院空间
14~17.北京优山美地C区中式住宅庭院空间

13）以及北京优山美地C区中式住宅（图14～17）都秉承了多重院落的设计理念。

交往

交往是人们情感生活中不可获缺的一部分，现代生活使人们对交往有着更深层次的需求与渴望。人们需要一个驻足、观望、聆听、谈心的情感场所。"院落"居住模式可以给人们提供极富领域感和认同感的空间。在向心、内聚的院落中，仿佛又置身于传统合院住宅的街头巷尾，在这样的邻里空间，扬·盖尔所提倡的"自发性活动"和"社会性活动"的发生率会大大提高。万科东丽湖联排别墅（图18～19）最基本的合院单元由四户组成，每户占据院落一角，以建筑、围墙、露天平台来围合一个半公共的庭院，并把它作为每组建筑的核心。由于不单纯是凭借实体墙来形成院落界面，多种围合要素的使用使公共庭院界面软化，室内外空间因为"灰空间"的生成而互相交融流动。

街道

中国传统的院落式住宅非常注重私密性，并不直接与道路（胡同）相连接，多半是有高高院墙分隔，从街道上看不到其内部的"别有洞天"，房屋围合而成的院子是封闭式的，属于家庭内部的私人领地。而美国常见的独立式住宅，通常修建在风景较好的地区，庭院与道路浑然一体，视线通透，庭院便成为道路景观的一部分。现代居住小区内部应该具有一定的开放性，"新中式住宅"改传统的封闭式庭院为半封闭式，通过半通透型院墙和篱笆，与院外风景相呼应，内外互相衬托。在保证内园视觉外向和纵深的前提下，把握园景视觉的定向性。从视觉上保持中式庭院的内部私密性，做到通而不透。北京优山美地C区在处理围墙时就将完全封闭的实墙体转化为半封闭的围合材料，融合现代建筑材料与工艺表达传统院落的气韵，将其特征借用到现代住宅设计中。在保证住宅内部视觉私密的基础上，内外园景视觉交互渗透，空间层次更加丰富（图20）。

意境

对现代建筑而言，继承传统院落表面形式的意义不大，对庭院意境的再现才是最为重要的。如何做到"得其意而忘其形"？如何让继承中国传统民居中深厚的人文内涵？居住空间反映生活方式，任何居住形态的形成都与其深厚的社会文化根源密不可分，都是其所处时代背景下人民生活方式的反映。中国人的审美向来是轻对象而重意境，客体对象只是情感表达的载体。如中国画只重写意而轻写实，画上画的是什么并不是最重要的，重要的是画家的真情流露。黑格尔说过"每种艺术品都属于它的时代和民族"。中国传统建筑意境总是讲求诗情画意，空间的虚实过渡，内外渗透，通过山水片断，以小见大来抒发内心的情感情趣。很多"新中式住宅"楼盘在每一个细节都充分体现传统住宅的情与意。清华坊与优山美地的入口（图24）处理即是传统语汇在现代建筑语言中传承接。清华坊大门入口的抱鼓石（图21）形态丰富，寓意深厚，院内的雕花石池（图22）兼具"蓄水聚财"的吉祥征兆，叠立在路边的草坪灯用现代建筑材料传达古典韵味（图23）；优山美地小区道路的铺地十分考究（图25），路的两侧将传统街巷的铺地形式引入作为道路与绿化的分隔和过渡，前院铺地则精心选用一些图腾纹样配合碎鹅卵石（图26）烘托意境。

结语

在全球化背景下，"越具有地方特征的建筑文化越具有国际性"已经成为业内共识。因此挖掘具有强烈地方性建筑文化对丰富当今建筑设计手法具有非常重要的意义。对于建筑设计而言，创新是永恒的主题。面对当今国内某些建筑作品"文化失语"现象，追本溯源并不意味着完全克隆传统符号，也不意味着某种风格和流派，它应该是对建筑本体问题的深刻的思考，更是对时代特征的准确把握。从新的角度看当代"新中式住宅"，用新的途径理解传统文化，不断变化的外表始终蕴含着不变的精神内涵。寻找中国传统居住文化的精髓同时吸纳现代生活流线，营造具有中国情与中国意的居住空间，创造真正属于中国人的中式情感庭院空间。

作者单位：大连理工大学建筑与艺术学院

18. 天津万科东丽湖联排别墅庭院空间
19. 天津万科东丽湖联排别墅平面图
20. 北京优山美地C区空间层次丰富

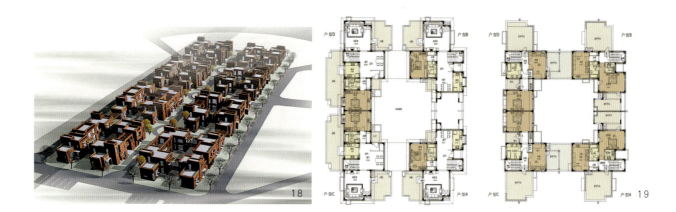

21. 成都清华坊大门入口的抱鼓石
22. 成都清华坊院内的雕花石池
23. 成都清华坊路边草坪灯
24. 北京优山美地的入口
25. 北京优山美地小区道路
26. 北京优山美地前院铺地的图腾纹样

白马非马也
——浅谈北京大栅栏地区四合院建筑与传统北京四合院的异同
Similar but different
Compare courtyard building in Dashilan area with traditional Beijing courtyard housing

郑天 王卉 Zheng Tian and Wang Hui

[摘要] 合院是中国最有传统和特色的形式意义上的建筑类型之一。大栅栏地区位于北京前门地区，地处城市中轴线的西侧，是北京旧城重要的城市片区，具有悠久的历史、丰富的史迹和独特的商业文化。长期以来这一地区发展的滞后使得传统城市元素得以基本保留，传统商业、民俗、文化内涵特别是以四合院-胡同系统为代表的传统建筑与街巷肌理保留之多之完整在北京现代化大都市中绝无仅有。本文试图通过大栅栏地区四合院建筑的普遍特征的归纳总结，发掘该地区特有的四合院样式，为今后保护该地区特有的胡同四合院肌理提供一个参照。

[关键词] 大栅栏 四合院 原型

Abstract: Courtyard (Siheyuan) is one of the most traditional and characteristic Archtecture types in form. DASHILA Area is located near Qianmen, Beijing. And it just lies to the west of the central axis of Beijing. This area is a very important one in Beijing old city. It is famous for its long history, plenty of relics and unique commercial cultural. As the long-term backwardness here, the traditional social elements has been mostly kept, such as the traditional commerce, the folk custom, the Beijing culture, especially the traditional buildings and street texture, which is called Siheyuan-Hutong system. All above are kept so many and so integrated that it is unique in modern Beijing. We try to summarize the common character of the Siheyuan in Dashila Area, and to find the unique type of Siheyuan there, so that there can be a reference to the conservation of Siheyuan and Hutong in this area.

Keywords: Dashila, Siheyuan (courtyard), Archetype

引子

"马者，所以命形也；白者，所以命色也；命色者非命形也，故曰：白马非马。"（《公孙龙子·白马论》）

"白马非马"是春秋战国时期著名辩士公孙龙一个有名的辩论。所谓"白马非马"并不是指"白马不是马"，而是指"白马异于马"。马之名的内涵是马的形；白之名的内涵是一种颜色；而白马之名的内涵是马的形及一种颜色。此三名的内涵各不相同。所以"白马非马"，此马非彼马也。

北京大栅栏地区位于北京前门地区，地处城市中轴线的西侧，是北京旧城重要的城市片区，保存着大片完整的胡同-四合院系统，但是这里的四合院由于历史上的各种原因却异于常见的北京传统四合院，有着自身独特的特点，正所谓"白马非马"也。

1. 大栅栏地区区位图
2. 大栅栏地区影像图
3. 北京四合院

"白马"与"马"求同——北京四合院的原型及特征

北京四合院的布局与北京城的规划密切相关，院落的进深，房屋的朝向等均决定于大街与胡同的分布和走向。

清代是北京古民居发展的高峰。四合院发展到清代，基本形式已成定制。合院的基本形式由坐北朝南的正房、坐南朝北的南房（又名"倒座"）和东、西厢房围成的南北稍长的矩形封闭庭院。宅门一般开在东南角（八卦的"巽"位）。四合院的占地面积一般为两三千平方米，小的占地六七百平方米。

北京四合院以"间"作为最基本的平面组合单元。一进院落是最基本的四合院形式，院落的正房一般为三间，两侧各有一间耳房，成三正两耳的五间式。正房南面两侧为东西厢房，各三间。正房对面是南房（又称倒座房），间数与正房相当。这就是北京四合院最基本的原型。两进、三进、四进等形式的四合院，是在一进院落的基础上本着纵向优先的原则进行的纵向扩展。相对来说，两进院落是比较小型的四合院；三进院落属于中型住宅，也就是人们常说的标准四合院；四进及以上院落则属于大型住宅了。如果住宅的规模还要扩大，院式组团还可横向发展。

北京四合院院落式组团与间在尺寸上具有内在的关联，我们称之为"间—合院体系"[1]。本质上北京四合院是由这种体系复变与拓变而形成的。

"白马"与"马"存异——大栅栏地区的四合院与北京常见的四合院之异

光绪时震钧的《天咫偶闻》中记载："内城房屋，异于外城。外城式近南方，庭宇湫隘。内城则院落宽阔，屋宇高宏。"寥寥数句，一语道破大栅栏地区的四合院与北京常见的四合院之异。总的来说，传统北京四合院特别是内城的四合院有着自身一套完整的形制与法式，受传统宗法制度的制约；而大栅栏地区的四合院则相对自由得多。

大栅栏曾经是金中都与元大都之间的近郊。清代大栅栏地区是北京最繁华的市井商业区，琉璃厂则是最著名的文玩古籍和民间工艺品的市场。1900年大栅栏遭火灾，其后约10年时间又重新修建，商业更加繁荣。新中国成立后，大栅栏一直是北京最主要的商业中心之一。近年来随着经济和社会的发展和时代的进步，由于其道路交通、市政设施改造滞后以及人们生活方式、消费观念变化等多种因素的影响，大栅栏地区失去了往日的繁荣景象，正被已经习惯于现代生活的人们所遗弃和忘却，沦为生活环境恶劣、商业品质低下的"都市乡村"。

然而长期以来这一地区发展的滞后却使得传统城市元素得以基本保留，传统商业、民俗、文化内涵特别是以四合院-胡同系统为代表的传统建筑与街巷肌理保留之多之完整在北京现代化大都市中绝无仅有。这也正为我们的研究提供了充实的基础。

4. 以院落为单位的北京四合院基本平面原型
① 一进院落 ② 两进院落 ③ 三进院落 ④ 四进院落
5. 大栅栏地区的胡同—四合院
6. 大栅栏地区历史上的繁荣景象
7. 大栅栏地区街景现状

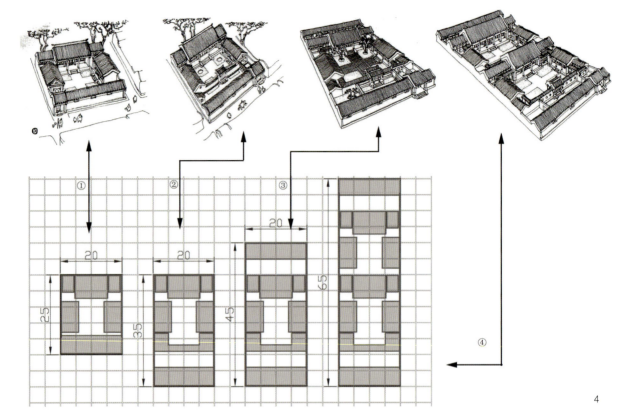

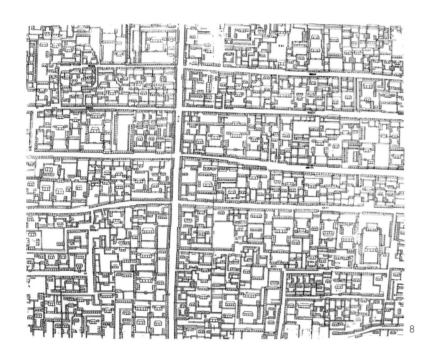
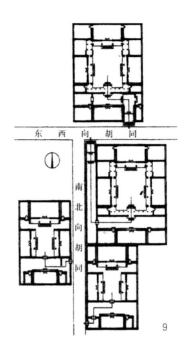

8. 乾隆京城全图局部——内城规整的四合院
9. 常见四合院方位示意图

具体说来，北京大栅栏地区四合院建筑与传统北京四合院建筑的区别主要体现在：

1. 方向——朝向与方位

传统常见的北京四合院建筑院落方位为正南北方向，大栅栏地区的四合院建筑院落方位则趋于自由呈现出多样化的类型。

正如马炳坚先生在《北京四合院》一书中所指出的，四合院是排列在胡同两侧的，胡同的走向与四合院的方位有直接关系。

北京的胡同是以东西走向为主，这在北京内城尤为明显。所以常见的北京四合院住宅分列在东西走向胡同的南北两侧，形成坐北朝南的街北院落和坐南朝北的街南院落。而连接这些东西向胡同的直胡同（即南北向胡同）两侧的四合院，就成为坐西朝东的街西院落和坐东朝西的街东院落。这样，传统北京四合院就出现了以街北、街南为主，街西、街东为辅的四种方位。

明朝的时候北京城为适应人口增加及加强防卫，在城南加建外城，今天的大栅栏地区就是其中重要的一部分。地处外城的一些居住区，四合院形式相对自由，大多在历史上未经过规划，是自由发展形成的，街道杂乱无序，胡同形式有斜胡同、直胡同、短胡同、窄胡同等等，因此，也就造成这些地区出现大量的"非标准"住宅，院落的方位也呈现出多样化，情况较为复杂。

据统计，大栅栏煤市街以西地区共有大小胡同九十余条，其中在内城占绝对主导地位的东西向胡同绝大多数没有经过规划，不像内城胡同那样宽阔而规整，而且无论是在数量上还是总长度上都不过半数，仅46条，总长八千多米；南北向胡同则达40条，占近半数；更有此地区特有的东西向斜街，不但贯穿整个地区之核心地带，而且寥寥数条即在总长度上占得超过一成的比例。分布于这些胡同两侧的四合院，朝向自然是跟着胡同的走向来的，这种非正南北方位的四合院虽未有数量上的统计，亦可从胡同走向的统计中可见一斑了（表1）。

大栅栏煤市街以西胡同/道路走向统计表　　　　表1

胡同走向	数量(条)	数量比例	总长度(m)	长度比例
东西向	46	49%	8599	47%
南北向	40	43%	6878	38%
东西向斜街	6	6%	2361	13%
南北向斜街	2	2%	274	2%
总计	94	100%	18111	100%

以会馆建筑为例，大栅栏煤市街以西有记载的会馆建筑历史遗存三十余处中，有1/3分布在斜街的两侧，余下的2/3也不全是规整方位，还有五六座位于南北向胡同两侧。因为胡同的不规则形态特别是横贯东西的斜街的出现，限制了院落兴建时房屋院落轴线方位的选择，而这个地区的主要建筑类型诸如商业、书院、茶室甚至会馆等，都不需

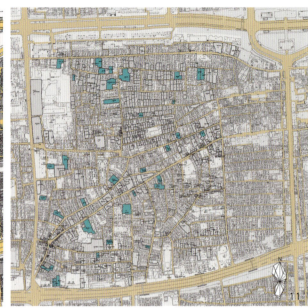

10. 大栅栏地区街巷现状图
11. 大栅栏煤市街以西地区会馆分布现状图

要遵循严格的封建礼仪形制，加上外城相对于内城而言远没有那么"森严"，所以大栅栏地区院落群组的配置并不完全遵循背北面南设计主轴线的原则。

2. 尺度——开间与院落规模大小

传统北京四合院院落近似方形，开间和规模较大；大栅栏地区的四合院相比较而言则院落狭长，开间和规模都要小得多。

从总体上看，内城的宅院较大，等级较高；外城的宅院较小，等级较低。现有的北京四合院和胡同是在元代"坊"的历史框架下逐步演变而来的，传统北京四合院形制比较规整，其尺度恰与北京的胡同之间的间距非常契合。

元代大都的胡同整齐划一，两胡同之间的距离约60～70m，均呈东西走向。东西北城一带的内城，一般为标准五间的四合院，精美的小四合院却不多见。借助高毅存先生的研究，我们可以把四合院的原型数字模数化后来比较。以5m×5m的模数来研究，一个标准的一进四合院进深大约25m，面宽五间连院墙约20m，整座院占地500m²左右。两进院的面宽与一进院相同，而进深尺度增加10～12m，总长达到约35m左右。三进院是四合院较完备的形式，标准的三进院进深约为45m。而胡同与胡同之间60～70m的间隔，则正适合有三进发展而来的四进院，这不仅能够满足内城豪门大户所需要的足够的主仆空间、内外空间，而且能够保证大家庭的私密性和各项功能空间的完备性。[2]

而大栅栏地区则不然。历史上，大栅栏地区是元朝的外城，没有经过类似内城的规划；清朝时这里也是属于临近内城的外城区域，既是商业集中的地方，又是外省官员集中的地方，人口密度大，地皮值钱，因而建房用地就相对比较讲求节约。这个地区的四合院面宽一般只有三间，15m左右，小的12m左右，大的也很少超过18m。虽然面宽窄，但是进深很大，然而因为毕竟只有三开间，长度可能有25～45m，而宽度只不过12～18m而已，这样两面的厢房，就不能盖得深，俗名"入浅"，一般只有两米多深。

"庭宇湫隘"，虽然院子不大，而且多为狭长条，可是大栅栏地区的各种类型建筑却都因需要大多把南北房建得很高。以会馆为例，旧时大栅栏地区多会馆，由于会馆为地方集资而建，财力雄厚，加上会馆里往来人多，官绅、客商、赶考的贡生，没有大量的客房不行，所以北京的会馆一般都屋宇轩昂。这种院子，虽狭长，但南北房仍然很高，光线自然不够明亮爽朗，不过夏天也很阴凉，很像南方民居中的小天井。这正应了震钧所说的"外城式近南方"了。

3. 形制——建筑功能与平面组成

传统北京四合院主要是居住用，大栅栏地区的四合院则兼容了各种功能类型。这种功能上的差异导致了二者平面形制上不同。

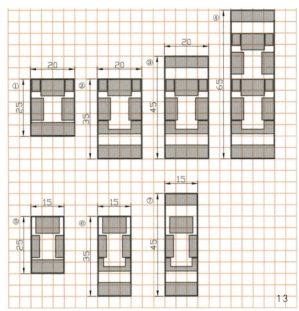

12. 大栅栏地区现状斜向四合院肌理示意
13. 四合院数字模数化平面原型
⑤大栅栏地区一进院落 ⑥大栅栏地区二进院落 ⑦大栅栏地区三进院落

作为传统的住宅，北京四合院经历了数百年的历史，至今它依然是北京旧城居民的主要居住形式之一；而大栅栏地区则因为其特有的历史原因，导致这个地区的四合院建筑功能类型十分复杂。

经调查，大栅栏地区现阶段用地功能基本为商业和居住两种性质，而经各种渠道考证该地区有记载的历史遗存类型多达十余种（表2）。仅煤市街以西的大栅栏地区的历史遗存中就有寺庙22座，会馆36座，茶室39处；而普通的居住性质的建筑仅有一半左右。这说明，历史上这个地区的四合院建筑除了肩负居住的主要功能以外，还演绎着诸如商业、教育、行政、娱乐等等其他各种不同的角色。

虽然，四合院"万变不离其宗"的以它极大的包容性承载了几乎中国历史上绝大多数的功能类型建筑，但是"功能决定形式"，建筑功能的不同，必然导致大栅栏地区四合院在建筑平面的组成上或多或少的不同于常见的居住性传统北京四合院。这亦所谓"白马非马"也。

还是以会馆为例，会馆的外观常常是一个用墙围成的四合院，看上去和普通住宅没什么明显区分。但是，会馆在功能上绝对不是一座住宅那么简单。王贵祥教授在《老会馆》一书中提到，会馆在建筑类型学的分类范畴中是最难归类的一种建筑形式。"……这不仅因为会馆作为一种建筑类型，是在明代以后才出现的，而且因为会馆在使用功能上，远比一般建筑要复杂、多样，而且富于变化。""……我们把它归之为居住建筑，但它的主体建筑，往往是一座供祭祀用的庙宇、殿堂；我们把它定义为宗教建筑，但其基本的功能是聚会与住宿；我们把它设定为旅馆建筑，然而，会馆中最引为注目的建筑，很可能是一座戏台。但是，我们也不能将它归类为演出建筑，因为，会馆中即使有戏台，也不具有公共演出的性质。"[3]所以，会馆无论在平面布局或建筑结构上，还是环境氛围方面，都与传统的四合院住宅有所区别。

至于会馆四合院建筑到底和普通四合院有什么区别？这恐怕不是一句两句能够说得清的了。侯仁之先生在《北

大栅栏煤市街以西地区历史遗存建筑类型一览表　　　表2

文物类型	院落面积(m²)	数量(个)	院落面积%	数量%
学校	7873	1	4.6%	0.2%
寺庙	16866	22	9.8%	5.3%
商业	22697	78	13.1%	18.7%
居住	61501	203	35.6%	48.7%
剧团	943	4	0.5%	1.0%
会馆	26936	36	15.6%	8.6%
故居	21342	29	12.3%	7.0%
单位	2464	3	1.4%	0.7%
茶室	10835	39	6.3%	9.4%
其他	1429	2	0.8%	0.5%
总计	172889	417	100.0%	100.0%

普通四合院与会馆的形制区别　　　　　　　　　　　　　　　　　　　　　　　　　　　　　　　　表3

普通四合院	会馆
每一套院落都是用墙和门来割断或封闭，喜欢用影壁或屏风来遮挡视线，保持自家的隐私	大多数院落都是打通的，人们可以自由的来往，也不必使用影壁或屏风来阻挡外人窥视的目光
南北主轴线上的正房作为主人的居室，北墙壁不开门	主院落轴线上的正房不住人，或是乡祠，或作为公议堂，有的北墙也打通，参仿南方民居的过厅形式，正中布置乡贤牌位，牌位屏风背后的北墙正中开一门；更有把主轴线上的房屋前后墙皆打通开门，所谓'九门相照'者
大门方向固定，有严格形制	大门方向较为随意，受制于所在的街道走向。更多的大门在设计时着眼于气派宏阔，或适于进货进车，直贯而入，而不是方位
封闭、家庭式，讲究宗法礼教	开放、乡里乡亲的，注重情义交往
气氛含蓄、幽雅	气氛热烈、甚至喧闹
家族色彩浓重	地域特征极强

14

15

《京城市历史地理》一书中有较详细的论述。

表格3就是根据侯先生的论述简单整理出来的[4]：文中的四合院主要是指内城常见的四合院住宅，而会馆则指的是外城的四合院会馆建筑。由此可以看出大栅栏地区会馆建筑独有的平面特征。不但会馆如此，该地区其他各类型四合院建筑亦然，限于篇幅，不一一赘述。

总结

综上，我们可以初步得到一个表格（表4），它可以反映出大栅栏四合院最基本的建筑特征。

虽然，这些特征粗浅且并不全面，但若以抛砖引玉论，则也聊以慰藉，期望这些研究为今后保护该地区特有的胡同四合院肌理能够提供一个合理而有效的参照。归纳出其特点，却并不是惟一之模式。如果该地区的四合院形制永远简单套用惟一之所谓该地区四合院的原型，则与本文之初衷背道而驰也。把握其本质特征，在更新的同时不忘保护，在保护的同时寻求发展，才是我们所期望看到的。

愿今日积累旧城研究之每一小步，合成明日旧城保护进程之一大步！

传统北京四合院与大栅栏地区四合院特征对比　　　　　　　　　　　　　　　　　　　　　　　　　　　　　　　　　表4

		传统北京四合院	北京大栅栏地区的四合院
	平面原型示意	(20 × 25 示意图)	(15 × 25 示意图)
方向	院落方位	正南北	沿街道各异
	建筑朝向	正南北	尽量正南北，但不受制约
尺度	开间	5间或以上，20m左右	一般为3间，15m左右
	院落	近方形	狭长型
形制	功能	居住类私密性质	商业等公共性质
	平面组成	遵守严格的等级制度的规整合院	根据用地尽量规整

注释

1．参见陆翔，王其明《北京四合院》．北京．中国建筑工业出版社．1996

2．参见《北京四合院民居尺度——北京历史文化保护区规划问题系列谈（之二）》《北京规划建设》2000.5

3．引自王贵祥《老会馆》

4．参见侯仁之《北京城市历史地理》

参考文献

1．王世仁．宣南鸿雪图志．北京：中国建筑工业出版社，1997

2．吴良镛．北京旧城与菊儿胡同．北京：中国建筑工业出版社．1994

3．陆翔　王其明．北京四合院．北京：中国建筑工业出版社．1996

4．马炳坚．北京四合院建筑．天津：天津大学出版社，1999

5．邓云乡．北京四合院．北京：人民日报出版社，1990

6．侯仁之．北京城市历史地理．北京：北京燕山出版社，2000

7．王贵祥．老会馆．北京：人民美术出版社，2003

8．高毅存．北京四合院民居尺度——北京历史文化保护区规划问题系列谈（之二）．北京规划建设，2000，(05)

9．张杰，霍晓卫．北京古城城市设计中的人文尺度．世界建筑，2002，(2)．

10．朱文一．跨世纪城市建筑理念之一——从轴线（对称）到"院套院"．世界建筑，1997，(1)．

11．陶春春．北京传统院落空间的继承与创新．北京规划建设，2004，(2)．

12．清华大学建筑与城市研究所，清华大学建筑学院．北京大栅栏煤市街以东地区保护整治复兴规划设计．2005

13．清华大学建筑与城市研究所，清华大学建筑学院．北京大栅栏煤市街以西及东琉璃厂地区保护整治复兴规划设计．2006

作者单位：清华大学建筑学院

深圳万科"第五园"
Vanke Diwuyuan project, Shenzhen

王受之 *Wang Shouzhi*

2003年我参与了万科开发的一个探索民族形式的现代住宅区"第五园"的概念策划工作,虽然并不尽人意,还是有些感触的。

2003年末的一个清朗的冬日,我和深圳万科公司几个负责人到深圳北部的梅林考察两块土地,其位置在深圳边防线的外面,当地人称为"关外"。几年前,万科在这里建造了一个住宅区,叫"四季花城",市场定位是深圳的职业阶层,也就是比较年轻的中产阶层,定位比较准确,因此很受欢迎,短短时间内居然销售一空。万科在这里又买了两块地,期望通过开发,把三块地连成一体,形成一个城市的形态。他们的确是雄心勃勃的。

那天天气很好,甚至有点热,我们弃车徒步看地,起伏的丘陵,绿树环绕,在这样一块很大的土地上构想未来开发的形态,有点像小时候上语文课做作文一样,感到有点恐慌。

我望着那边的山峦,青葱璀璨,渴望亲情、渴望归去的感觉油然而生。那种冲动是期望建造一个虽然是完全现代化的生活环境,但是也拥有中国情调的家。

说实在话,中国情调在珠江三角洲已经是越见越少了,珠江三角洲那里丘陵地貌,水网纵横,桑基鱼塘比比皆是,能够营造成很好的住宅环境。不过这些年以来,随着大量住宅区的开发,在崇洋的肤浅风气中,大量形式恶俗的建筑已经使地貌发生了很大的变化,中国情调接近荡然无存的境地。站在那里想一想:我们还能够把园林和住宅联在一起吗?能够把主要在西方发展起来的现代居住形态和中国传统的建筑、传统的园林感觉融合在一起吗?是不是有点近乎梦想呢?有些人说,要把中国园林、家居的方式与现代住宅融合在一起,简直就是狂想了。他们说:中国园林与现代住宅本身就不是一个类型,结合固然好,但是空间的处理,成本的核算,也就会令人打消这个念头。但是,难道这样的住宅形态就绝望了吗?

什么是我们的家,难道仅仅是一个偌大的、与自然、与社区生活、与邻里完全隔绝的居住空间吗?城市之所以让人喜欢,除了交通方便、消费方便、就业机会多之外,现代化的生活形态应该也是一个因素,什么是现代化的生活形态?仅仅是大住宅面积吗?是否应该包括生态空间、良好的自然环境呢?英国人100年前提倡的"花园城市"是否应该是现代化生活空间的一个比较前卫的构想?这些具体的内容,其实也是我们在好多年以来不断探索的对象,期望建造真正宜人居住的都市环境。

我站在那片葱翠的土地上,那是一个冬日下午的时分,太阳很暖,南国的冬天的风是温馨的。

我喜欢中国园林,也希望有一天自己的住宅能够是在一个中国式的园林里,在苏州去网师园的时候,就曾经遐想当年张大千在这个私宅中的浪漫时光,当然知道现代人并不太可能拥有这样奢侈的空间,但是却始终是个期望。

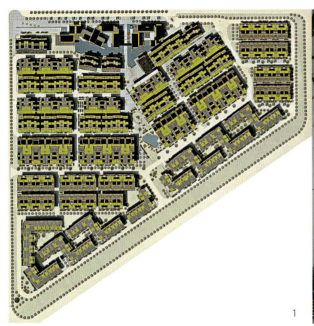

我们广东地区的私人园林远不如江浙多,但是也并非绝无仅有,清代的"岭南四园"虽然在"文革"期间被破坏得很严重,这些年以来也都逐渐修缮一新,难道我们的住宅建筑就不能从那里找到一些启示吗?既然广东已经有百年没有再兴起私宅园林的营造活动,但是并不是说就没有了再造的可能。在这块土地上,如果能够有一个既拥有现代生活内容,又具有中国的,特别是江南的、岭南的私人园林的形式特色的住宅区,那有多好啊!

我建议万科是否追寻"岭南四园"的一些形式和精神特色,建造一个完全另类的新住宅和园林区,就叫岭南"第五园"吧!权且当作我们在中国园林和居所、西方现代生活形式之间找寻结合可能性的一个探索和尝试。

随便到中国的那个城市,必会看见的就是各种各样的"花园小区",这种封闭式的住宅公寓遍地开花,无所不在,高墙大门,警卫森严,内部组团分区,分割清楚,错觉中好像很豪气,好像很讲究,其实却是隔绝了人际交流,也更加隔绝了与外部的交流。

自从有了郊区型的住宅小区之后,住宅就走向了封闭小区的形式,也就形成了现代居住形态。其必然结果,就是邻里关系的淡漠。住同一公寓楼的人,大都只是见面是点点头打打招呼,有的甚至是"鸡犬之声相闻,老死不相往来"。人是社会性的动物,一旦没有了社区、没有了邻里关系,人是极为孤独的。

在某方面来说,城市屋(Townhouse)比较容易为人们接受,还不仅仅是户型比公寓大,而且还在于不同的住宅形式。与公寓相比较,城市屋因为密度相对低,因此容易形成邻里之间的交往和互动,邻里街坊意识的强化是新的生活形态的组成部分。

有人做过实地的调查,一般人在一个密度比较低的、建筑单元比较靠近的社区,比如北京以往的大院、上海石库门里弄、广州西关大屋区等等,或者是西方流行的城市屋住宅区,居民在这些区域中住了几年之后,大约会认识左右邻居的一部分,具体平均数字是认识15个人左右,会见到的时候打招呼并叫出他们的名字,逐步成为朋友,在这个社区居住了一段时间之后,大部分人还能认识多至30个邻居家的成员。早年北京胡同大院、上海石库门里弄和遍布全国的宿舍楼大院里,这种比例都比较接近。

目前遍布全国的住宅小区中,因为居住密度太高,反而使传统的街坊意识逐渐泯灭。规划良好的城市屋是能够比较好的部分恢复这种传统的邻里关系的。在这方面,城市屋比独立住宅、公寓都有它的优越性。

"第五园"是一个城市屋、公寓为中心的、中国形式的现代住宅区,设计师从各个方面把中国庭院的组合、分隔、重复、叠加的方式融入建筑之中,因此有种很强烈的社区感。庭院深深,在一个社区中,就是民众可以休闲和聚集的去处了。

"第五园"的建筑设计集中在突出具有中国特点的现代住宅上,既要是中国的,又要是现代的,在中国的住宅设计史上是没有多少范例可以借鉴的。

讲到中国形式,我想院落的安排和设计应该是最突出的了。

在这个住宅区包括了独户的别墅、城市屋形式的联排别墅和高层公寓三大类型。在单元设计中,以联排别墅为主,比较大多数以高层住宅公寓为核心的住宅区,"第五园"的住宅是比较讲究的,在空间上也比较富裕。

联排别墅(Townhouse)又称排屋(Row house),是比较容易被社会认可的"传统中式民居"的衍生体,在"第五园"中,联排别墅的类型有好多种,运用了多种组合的院落布置方式,对中式住宅形态进行充分的演绎。

在"第五园"的联排别墅的设计中,对于面积大的户型,如A型Townhouse,采用独立的中间内院,又相互并联,通过巧妙的设计手法,使其拥有院宅建筑的前庭、内院、宅前绿地,形成一家三院,同时与公共绿地间形成相互渗透和穿插,为业主提供更大的活动空间,为住宅组合融入更多的活泼因素。

对面积较小的户型,如B型、C型、D型Townhouse采用独立前院,几户组合,形成半公共前庭方式,将几个相对独立的院落共置一起,对室内外进行完整的构置,通过将半私密空间公共化,提高了院落建筑的实用性,对人文景观进一步合理诠释,对院落空间进行充分表达,是利用现代生活观念及现代生活方式对原始合院空间的进一步重塑。

我很喜欢设计师在院落设计中的细节处理。他们充分利用中式民居传统的建筑符号,或许是深山小镇里的青石板,或许是江南水乡的水磨石墙,也许是北方农村的牌坊门楼,也许是蜀道驿站的斑驳台阶……分别抽取传统院落的语言符号,重新融合到全新的建筑组合中去,构置成全新概念的院落形式。从而达到人文氛围的营造,自然感的强调。

在建筑的单体设计中,也突出了传统因素,造就了中国式的现代住宅形式。

在单体设计中,设计师突出于中式民居的庭、院、门的塑造,采用中国传统民居的建筑符号,如安徽的马头墙、北京合院的垂花门、云南的"一颗印"、广东的"镬耳屋"、江南的"四水归堂"天井……再仔细推敲,进行重新组合和构置,通过寻找空间的对比和共性,在碰撞中寻求一种共鸣,从而形成一种打破时间、空间维度限制的全新建筑环境。

在建筑材料的应用上，也突出了传统和现代两方面的要素强调。适当采用现代建筑材料，使之与中国古典主义的元素互相相融合，钢、玻璃、大面积开窗及室内空间的合理重构，为现代生活方式提供良好的适应性。

在色彩上，采用素雅、朴实的颜色，穿插少许亮色，使整个社区给人一种古朴，典雅又不失现代的亲和感觉。白色、灰色传达了非常民俗的中国气氛，而它们同时又是很纯粹的现代主义的色彩词汇，因此，中国传统美学因素和西方现代住宅形态得到很好的结合。

"第五园"称为"情景洋房"的独户住宅，或者叫洋房别墅，在这里是一种独特的建筑形式，又称叠复式住宅。在"第五园"中有特殊的设计理念，它们都有单独的院落，充分利用地形高差，形成前入人，后入车的现代居住形式。在设计中采用退台式处理手法，通过花池的合理布置，有效地解决了目前人们普遍提出的视线干扰问题。同时退台也是生态建筑设计手法中的重要组成部分。首层设有半地下室，供业主自己利用，可做健身室、放映厅等，是现时非常流行的所谓"BOBO"（"小资"型，是波希米亚和布尔乔亚两个词的结合）空间，立面色彩朴实典雅，非常好地融入到整个社区当中。

商业带也很有特色，商业自然首先是为这里的居民提供服务的，同时也可以成为附近居民的商业中心。这里的商业街突出了传统街铺的特点，很有趣味和氛围感。

在商业街的设计中，设计师因地制宜，并且重视传统商铺街道的特征，对商街的尺度和形态着重处理，采用内街与外街，内院与外院的无缝转换，在整条商业街中衍生出数条支巷，这些小巷相互汇通，将相对独立的院落串联起来，对室外空间合理地整合，提高了商业空间的有效性及实用性，同时也实现了商业人流的引入，为经营服务活动创造了更多的附加值。商业街与联排住宅之间，围合成一组水体景观，颇有几许江南水乡的味道。共同编织成一道既有传统色彩，又有现代商业功能的商业风景带。

"第五园"在设计上吸收了富有广东地区特色的竹筒屋和冷巷的传统做法，通过小院、廊架、挑檐、高墙、花窗、孔洞以及缝隙，试图给阳光一把梳子，给微风一个通道，使房屋在梳理阳光的同时呼吸微风，让居住者时刻能享受到一片荫凉，提高了住宅的舒适度，有效地降低了能耗。

这最后一个设计特点，我十分喜欢，特别是他们提出的"给阳光一把梳子，给微风一个通道"的说法，实在有种通透的气氛，"阳梳风道"，简直可以作为这个设计而形成的一个专用名词了。

在环境处理上，他们努力营造"幽"的氛围。

江浙、安徽一带、四川盆地一带都是中国民居最杰出的地方，而这些居所的特点之一就是幽，浓密的竹林，清清的小河，安静的庭院，曲径通幽，因此也就非常中国。苏东坡说：宁可食无肉，不可居无竹。对传统建筑来说，在庭院环境的营造上如果少了竹子这一元素几乎是不可想像的，甚至是不能容忍的。但是，在设计上也要注意竹不可滥。一片竹海，联想到的则往往与大熊猫有关，而非幽静的住宅了。

竹子在设计的位置上因此非常重要，竹子不是简单的背景，而是点景，具体的设计位置要突出而不张扬，比如像实墙前，花窗后，小路旁，拐角处等等"要害"部位，万创的建筑师都设计种植竹丛或竹林。

南方采用植物作为降温手段，也在"第五园"中有所体现。在"第五园"的步行系统中乔灌木配置突出其纳凉的作用，而富于广东特色的美人蕉和芭蕉等植物则点缀期间，体现着浓郁的热带风情，使整个社区环境在窄街深巷、高墙小院的的映衬下更显得深邃与幽远。

在"第五园"的规划处理上，建筑师突出表达了"村"的形态。

整个社区的规划是边界清晰的由不同形式的住宅所组成的一个大的"村落"。联排别墅组成了两个方向略有不同的主要"村落"，相邻的由情景花园和多层住宅以及小高层区又分别形成了不同的小"村落"，通过一条半环形的主路连接起来。各"村"内部都有深幽的街巷或步行小路以及大小不同的院落组合而成，宜人的尺度构成了富有人情味的居住空间。

"第五园"的设计和建造，包含了对区域城的理解，以及对人文气息营造的承认。

作者单位：美国洛杉矶艺术中心设计学院

北京龙湾
Longwan project, Beijing

刘 勇 *Liu Yong*

中国到底需要怎样的居住？

越来越多的人开始思考这样的问题。

可以肯定的是我们不能够再盲目地照搬西方的别墅，虽然欧陆、地中海、北美风情的别墅还能找到市场，还被部分人追捧。

复古，修建中国古代建筑或四合院也明显不合时宜，毕竟传统的生活状态、观念都已经改变，传统的别墅难以满足当代中国的居住需求。

其实，这并不是一个问题。

民族意识开始觉醒的当代建筑师已经认识到盲目地借鉴西方的风格和潮流只会丢失中国建筑的根本，那些在西方转瞬即逝的风格和潮流只有融入到中国的建筑文本中，并在其中脱胎换骨才能获得前所未有的历史性。这种历史性来自于当代中国具体的经济、政治、社会、文化现实，而不能简单地理解为复古，或抽象的传统文化标识。

我们所面临的问题不是传统与现代是否可以两分的问题，而是在传统和现代中寻找第三条道路，在两者的基础上实现在创造，建造出适合国人需求、真正的、中国的别墅。

中国的建筑师和开发商为此正在进行着有益的尝试。

北京龙湾别墅于2000年开始启动。该项目在探讨和思考当代的中国人需要什么样的别墅。

北京龙湾项目的开发商认为自20世纪后50年起，中国民间就不再有别墅这种建筑类型，中国当代建筑师近5~10年才有别墅居住体验，这让他们的建筑设计更多的是纸上谈兵和对西方别墅的完全复制，因而注定无法避免残次的命运。

最让开发商沮丧的是别墅市场的欧风化，客群选择趋同化，是顺应这种市场潮流，走上一条低风险的攫富之路，还是坚持自己的理想，拒绝照搬复古建筑，拒绝克隆国外建筑，构建自己最初梦想中的中国别墅？龙湾项目的开发商选择了后者，但同时保留身为开发商的审慎和智慧。举了个例子，100个别墅消费者中，有90个接受欧美风格，只有10个接受中式风格，而100套别墅中有99套是欧美风格，但有90个人来挑，中式别墅虽只有1套，却有10个人抢，所以龙湾做成中式体验的别墅，是有很大市场需求的。

传承，不是一种符号

中国建筑文化的缺失反映在设计上，表现为乏而无味、千篇一律，或妄自尊大、以怪异标榜创新。如何在延续传统文脉的同时，融入新的、科学的设计理念和设计思想，是开发商面临的首要问题。

由加拿大BDCL建筑设计公司主持完成的龙湾别墅项目，在此方面进行了有益的尝试和探讨。尤其是他们在创作实践中，对于文化的传承，并非刻意追求一种传统符号；并不是盲目地厚中薄西，或厚西薄中；而是吸收中外文化之精华，将"中国传统文化的内涵和精神"与别墅舒

1. 北京龙湾项目实景

适的生活的空间相叠加，突出别墅的适用性、当代性和中国性。

龙湾别墅并不是着意去表达一种传统文化，在温榆河地区建造一栋栋仿古别墅与在皇城根地区建造传统建筑是有区别的。在这里主要表现别墅的传统生活空间和中国人的精神。在建筑中，中国传统文化是隐约可见的，不是那种明显的表现形式；这种表现是一种感觉，是本土建筑师的一种觉悟。龙湾别墅的开发公司董事长蓝春说"我喜欢传统文化，按现今的观念也算是保守的人，但我不希望是复辟式的回归，而是要在传承中创新，同时吸收外来的优秀文化。中西方文化有着明显的不同，以龙湾为例，中国人喜欢花园在房子中，而西方人则将房子建在花园中。外国设计师认为龙湾别墅的庭院应该是开放的，但是中国人喜欢有自己的思考空间，他们更热衷庭院深深的感觉。龙湾别墅的庭院是封闭的，部分采用了木栅栏的形式，效果也很好，客户很喜欢。所以，不论中西文化，只要表现恰当，又符合建筑的实际需要，就属于上乘之作"。

人本主义的规划

龙湾别墅的规划是鱼骨形行列式格局，以贯穿用地南北的中央"情景大道"为轴，将33.3hm²建设用地分为4～5块，每块用地均可形成相对独立的生活组团，组团内道路结构清晰，方向感、识别性强。人车流线规划紧贴新城市主义的脉搏，让居住者充分体验"人车混行、步行优先"的新理念所带来的便捷和享受。序列明晰、路网有序的居住空间是现代人快节奏生活的有力保证，同时18m的卫生行距也足以满足前后栋住户对于私密的要求。

有别于曲线形和环状型道路规划的夺人眼目，龙湾别墅的行列式规划横平竖直的的朴实作风其实对于居住者更具经济性和合理性。实际上，实景的道路空间平面形式对于人的心理和视觉冲击远远小于效果图上的构图表现，所以人本主义的平面总体规划不应以追求奇异构图为设计出发点。鱼骨形行列式规划能使土地得到最有效的利用，能够保证规划的高容积率，从而产生低总价的别墅；同时，每一期行列式规划都有独立完整的路网体系，既保证了居住区分期规划、施工、销售的独立性体系，又给入住者提供了相对安静的居住空间。龙湾别墅正是试图站在使用者的角度为客户提供入住后最真实的便捷。

创新设计

中国的四合院居住空间是房子围合院子，西方的独栋住宅是院子围合房子。而当院子和房子的面积没有足够大时，传统的设计方法使院子的利用率降低。基于龙湾别墅的建筑面积和占地面积，设计师创新性的提出中国别墅居住空间的新理念——新院宅式居住。

庭院位于房子一侧，院与宅一分为二的空间设计使各

2. 北京龙湾院、宅空间关系

3. 北京龙湾新院宅式居住

自的面积最大化。占满一侧的庭院使室内外休闲空间完全私有化，使外围的干扰止于庭院的墙外。这种建筑与庭院关系的处理手法，既有效节省了两户别墅间狭窄又不便于利用的空间，又符合人们对于院落完整性、私密性的心理追求，这是"院宅"式居住的核心所在。其实，这也是吸取国外早期"围墙运动"的经验，再融入中国院落文化而创新的中国别墅设计的新观念（图2～3）。

1. 立体跨院

立体跨院也是龙湾别墅建筑设计空间极具特点的创意。立体的院子包括有地上的院落和下沉的园林。从跨进门的一刻，生活就不再是一个平面上的表演。地面、内凹院、下沉式庭院和地下室构建起的立体园林让住户在有天有地的庭院中穿行，生活的丰富性在这里得到了极大的支持；同时，室内外空间的交融和互动使真实感受的建筑面积远大于实际面积。而且下沉庭院设计提升了地下室的采光与通风品质，也创造出具有私密感的户外温泉休闲区。

2. 三进别墅

三进别墅是指经过带门廊的庭院进入家门为"一进"，经过饭厅来到中庭院为"二进"，经过客厅来到后庭院为"三进"。三进别墅也是沿承中国传统院落精神的创新之作，真正让居住者在家中的生活不再是单一的直线型运动。"三进"意味着行走节奏的变化、视觉景观的层次化和生活内容的丰富性。仰望各层的退台，竖向处理既保证了日照的充分又提升了建筑空间的开阔感。站在露台上，挥手与刚进院门的亲人问候，可谓建筑给生活创造了更多的情境，建筑真正的和生活融于一体。

3. 停车室外化

传统的地下车库或室内车库一直是业主的"头疼处"，不论是客户买房时为其付出高额的资金代价，还是入住后90%的住户将其挪作他用，都表明大部分别墅设计对于车库处理的不当。龙湾别墅的开发商提出"停车室外化"，解决了这一难题，同时增强了停车入位的可达性和方便性；还为相邻两院间的无效空间（不便使用的空间）做出了有效的解释，实现了土地利用的最大化。

人性化的细部设计

游走于落成不久的龙湾别墅一期工程中，常常不禁被小区中的种种细节所感动。

当进入别墅区组团小路，住户会远远就"认出"自己的安乐窝，因为除了门前和墙内养着DIY的翠竹，建筑外立面及院墙的差异化设计都增加了使用者的可识别性。同时院墙内外的高差体现了人性化的设计，使主人在院内的活动得到最好的私密保证。

在车行道和人行道交接的地方，路缘石的断面形状由原来的方形变为坡形，即给行人带来交通上的心理暗示，又给驾车者创造了一定的舒适度，同时还保证了人行道的完整性。这种看似简单的构造手法，留给使用者的永远是设计本身的魅力（图4）。

别墅下沉庭院内设有独特的双排水系统，是防备住区不能正常供电时的第二套排水设计。

利用建筑的色差调节行列式呆板单调的形象。龙湾别墅院墙的墙砖拼接方式是普通建筑的拼砖方式，称为1/2拼

4. 山墙间的停车空间
5. 立体跨院和墙体拼装
6. 立体跨院水体设计

法,此种拼法能够满足基本的承重要求,但美观程度一般。

在承重墙的墙砖拼法上,龙湾别墅采用了素有"皇家拼法"之称的1/4拼法,此种拼法一直应用于传统皇家建筑的建造上,拼法近乎完美,纹理厚重平缓,承重美观具佳,但费时费料。远远望去,砖墙纹路细致,尊崇气息流露无疑(图5)。

外墙8种不同规格的石材进行着自然肌理的组合,提高了建筑外观的细节表达。

对于别人而言,墙只是支撑,框架,而在龙湾,墙也是一种设计。3.5~4.0cm厚的天然花岗石能够让墙体放射出怎么样的美感?在一年的反复试验之后,龙湾终于确定以10种规格的石板为模数进行拼贴,并用专业粘合剂与墙体固定。

"墙的价值不只在于结构和围合"。这是龙湾别墅赋予墙的理念。

住区整个建筑的外墙立面采用了瓦、石材、涂料、砖材、木材、玻璃等多种材料饰面,但多种材料的有序配合并不显凌乱,反而是材料间难得的"和谐与友好"体现出别墅尊贵的价值感。

"大统一、小变化"的建筑形象

龙湾别墅的建筑虽然在造型和材料上都极为现代,但传达出的却是古典的东方表情。建筑师在设计中根据北京气候条件和地理特征,确定了材质坚硬、色彩灰暗的建筑基调,从而使建筑外观具有历久弥新的品质。同时吸收国际科学地造型理念利用本土材料和先进的施工工艺,基于对人的心理和实际生活需求的研究和尊重,以最为本质的设计手法勾勒出一幅具有文化和生活场景的建筑速写,这也正好阐释了龙湾别墅基于本土却不乏现代情怀的设计初衷。

眺望已建成的龙湾别墅一期,建筑统一的造型和有序的阵列让人产生对其细部形象的期待。别墅之于人的感受随两者间距离的变化而异同,近景的丰富细腻比远景的和谐对于观者更具吸引力。建筑外形"大统一、小变化"的设计可以让居住者在回家路上找到乐趣。

龙湾别墅的成功应该归结于其在传承中国居住与生活哲学的同时充分考虑到当代中国人的生活习惯。

"西方的手法,东方的文化",在两者的结合上,龙湾有更多的探索、沉淀和升华。龙湾别墅跨越了中、西式的文化界限,追求别墅生活的本义。人本主义的规划、人性化的细部设计、注重环境、建筑、人三者的交流和融合,摒弃复杂的符号性装饰,以内庭院为设计主线;同时,院墙、独立厨房、入口的隆重和空间配置的长幼有序,融合了东方人的居住理念,注重私密感。所有的努力只是为了给现代化的住户提供更加方便的生活。为当代的中国人提供一个适用的生活空间。

作者单位:英国《绿色建筑》杂志社

北京观唐
Guantang project, Beijing

卜大芃 Bu Dapeng

占地面积：48.277hm²
建设用地：25.3651hm²（地上建筑面积：119922m²）
容 积 率：0.47
产品类型：地上2层，全独栋别墅
总 户 数：320套
户型面积：主力户型地上面积：340m²，地下面积：110m²；
　　　　　最大户型地上面积：990m²，地下面积：260m²

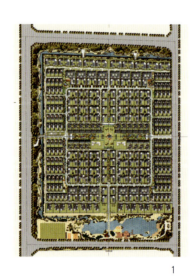

1

北京"观唐"项目，地处北京朝阳区，位于CBD地区及机场之间，交通便利，为了寻求市场差异性，在对目标客户的需求调研的基础上我们最终确定，将产品定位为"街巷式布局，院落式空间，中式建筑风格"。

一、街巷式布局

在整个总体规划设计过程中，采用街巷式布局，充分体现对土地的有效利用，加大绿化、私密空间和半私密空间(图1)。

"十字形"中心绿轴东西向26m宽，南北向10m宽，形成小区气派的对称式布局。通过街巷式布局，形成空间层次三环相套：50～100m带状绿化形成的绿色屏障；宽5～10m护城河形成的第二道潜在的围挡，使小区远离城市的喧嚣；主街环路将小区均匀划分为几个地块。

整体布局遵循"街道分割原则"，本项目街道采用棋盘式端直布置，小区内道路分两级，主街宽14～18m是小区的交通动脉，路板6m宽的中心方形环路；四个组团内也各设有一条4m宽次一级的方形环路并与中心环路相接(图2)。同时四个组团内主力产品南北向之间设有东西向4m宽的消防通道。

建筑布局遵循"方块居住原则"，中国城市居民区，东魏、北齐以前以"里"相称。从东魏、北齐邺南城起，主要以"坊"相称。即"方块式的居住单元"，通过街道，将地块划分为均匀的方形或矩形地块，每个地块布置基本单元"BLOCK"（图3～4），形成具有极强的稳定性的邻里空间。

街巷式布局，明确表达着邻里、街坊的半私密空间。主街宽，胡同窄，内庭院又豁然开敞；空间序列处在连续的变化之中，一层层地变得更私密。街巷在这空间序列中起着由开放到私密的过渡作用，担负着由内而外的双重身份，连接着宅与宅，宅与自然，形成了人与人交往的空间场所。

二、院落式空间

院落式空间是观唐花园最大的产品特色。

提取中式民居"院落式"空间设计精髓，并以该种设计手法为主题，使户户拥有封闭式院落空间。

"院落式"空间作为别墅设计手法其优势在于以下

1. 总平面图
2. 小区主街效果
3. block一层平面图
4. block二层平面图

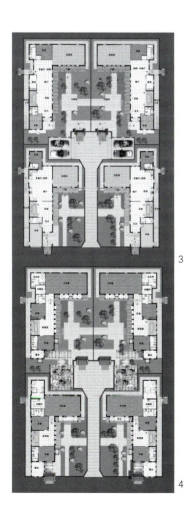

几点：

1）院落式空间设计是内敛型的，户与户间干扰较少。本项目由于较高的容积率，使户与户间间距较为接近，而内敛型院落的生活中心及视觉趣味中心均为内向型，可以巧妙地回避户间干扰的问题，加强了居住的私密性；由于室外空间无论从用地范围及视线均有较强的界定，从而加强了每栋别墅的领域感。更加符合东方人的生活方式，并突出强调了别墅生活的特质。

2）院落式空间设计增加了空间的层次感。院落式别墅设计将内院室外空间与室内空间更紧密的联系在一起。由于内院具有较强的私密性，使其自然而然地成为一个室外起居室。这就使别墅生活多了一层空间层次，再加之抄手游廊等灰空间的设计，使别墅生活增加了多重生活内涵，生活情趣更丰富。

3）院落式空间设计提高了单栋别墅占地的效率。由于院落式空间设计手法是将建筑占满整个用地的外围，而将院落空间置于中心，院子可以充分利用，有的客户还可设计电动遮阳顶，扩大建筑面积。而通常采用的独立式别墅由于用地被居于中心的建筑一分为四，尤其建筑两侧的院落空间利用率较低。当今购买别墅实质上很大一部分付出是在购买别墅的占地，院落式空间设计给了购房者一个更有吸引力的理由。

4）中式院落式空间设计讲求"小中见大"、"别有洞天"小空间设计是得体的，同时更增加趣味性。而欧式风格更讲究大尺度的空间设计，本项目用地较为紧张，显而易见更适于前者。

5）院落式空间设计可以联排布置，可提高整个小区的用地效率 而不降低小区的定位。可将Town House类产品升级为联排别墅的档次而不降低容积率。

6）大户型设置两进式或多重院落，实际上加长了户型的采光面。

5. 园区景点之春园
6. 园区景点之夏园
7. 园区景点之秋园
8. 园区景点之冬园
9. 沿街立面
10. 观唐公园实景拍摄

涵碧春霁

香洲夏雾

7）院落式空间设计给使用者更多体现自身审美价值及表现自我的空间和机会。

北京观唐在具体的院落空间的处理方面，注重以下几个方面：

强调尺度适宜的院落空间。从场所概念而言，过大或过小的空间均不适宜人的停留，本项目主院基本尺度控制在80m²～100m²左右（8m×10m），是最适合人居家停留的空间。

讲究室内外的交流、庭院的有机利用（图5～8）。内向型院落空间，3.00m高的围墙设计，使私家院落更为充分利用，成为名副其实"室外起居室"。

多重院落空间，每户院落分为：入户前庭、主院、侧院（下沉庭院）、后院。含轩户型还多出前院。多重院落划分出多重空间层次，视觉通透性和防干扰性大大增加。由于建筑布局均延用地周边布置，主要房间均朝向内院采光，故而，相邻两户间距左右在20m左右，前后在20m以上，具有无以伦比的优势。

三、中式建筑风格

主要创意为：北方传统民居建筑风格融以现代设计元素，恰当的点缀皇家建筑的富丽色彩，即以北方建筑色调（灰色墙体）为主体，结合北京传统民居双坡筒瓦屋顶造型，在院门、檐口等处适当配以红色等富贵色彩。制式门楼、带有传统花窗的围墙、传统北方民居双坡筒瓦制式屋顶、略带弧度的屋脊、灰色为主的墙面等传统住宅的经典符号，明确体现着中式宅院的风格。

材料与细部：外墙材料为灰色高级石材及面砖，局部白色略带质感涂料，附以木色构架其余均采用中国传统建材。屋面瓦以筒瓦为主体，配以灰色带中式风格的木窗。木百叶则为增加空间层次，减小视线干扰而设置。材料使用高贵、典雅、充分满足高尚社区的品质要求。细部处理注重传统建筑符号的运用，门头、抱鼓石、花窗、灯饰、木作、屋檐、制式围墙，显现传统的原汁原味（图9）。竖向条窗的设计体现了中式庭院建筑对意境的追求，长条窗寓意画卷或画轴，重复运用增加艺术感染力和视觉冲击力。从室内透过成组的长窗看内庭，季节交替、自然变化、宛如山水画卷；从室外透过长窗看室内，内饰加上人的活动又像是一首生活诗。

山房秋霜

冠云冬雪

四、施工管理难点

观唐项目是一个古今融合的创新之作，从方案设计落实到真正的建筑完成，我们遇到了各种各样从未遇到的困难，无论从施工图绘制、施工过程管理还是建筑材料选择等等角度，我们都遇到了颇具"观唐"特色的现实问题，公司技术人员、设计单位、施工单位群策群力，共同攻克了一个又一个难题，虽说有的细节处理还尚未经历时间的考验，有些做法也并未成功，却也留下了不少的经验与教训，在这里，我也就其一二与业内各位同仁作一个简单的沟通。

1. 关于施工图设计阶段

我时常戏称"观唐"是近年来北京屈指可数的居住特性的"古建筑群"了。在一二期施工图设计阶段出现了一个最为突出的问题——如何在施工图纸上表达中国古建制式做法以及内部钢筋混凝土结构如何与外部制式做法的装修面层相结合。由于观唐定位在"中式别墅"，我们在建筑的屋顶、门楼的做法、围墙顶部的处理上，均选择了纯古建制式的外装修做法。另外，外墙材料为了符合中式建筑的特点，也选用了仿古面砖；外装饰柱为了达到古建的质感，我们采用中式大漆的做法。以上等等与中式做法相关的内容，使设计单位十分头痛：因为，在现代的设计领域，一般设计院很少涉及古建部分，而专业的古建设计院又很少，所以木质结构的古建设计如何与混凝土相结合，就成了一个难题；我们花费了大量的时间和经历，请来古建设计专家以及古建施工专家逐一节点、逐一细节地进行研究，当然其间也走了一定的弯路，终于创建了一套专属于观唐的古建外装、现代施工工艺的节点细节构造做法。在这里颇为值得一提的是，在一般的工程中，施工单位一般均处在被动的角色，即设计院完成设计图纸，施工单位照图施工，但在"观唐"项目中，由于有部分重要部位的制式做法，施工单位提供了大量具有价值的建议，所以，"观唐"项目能够一如设计所希望的结果落成，并得到客户的认可，这是多方面共同努力以及集体智慧的结晶。

2. 关于制式做法与现代材料及施工工艺结合的难题

中式做法，完全出于美观的考虑，实际上其原有的功效性的作用，已经不能符合现代的要求了。

A. 屋面排水问题：古建做法为无组织排水，雨水通过瓦面的瓦垄间经瓦当及滴水排至室外地坪；现代建筑多为

有组织排水，雨水排放较为科学、周密；但为了满足整体美观的要求，我们继续保留了制式做法的无组织排水的做法，追求"雨帘"从檐下飘坠的意境。首先，屋檐问题，我们在有坡屋顶的部分大多选用了面砖，而避免了使用外墙涂料，这样，即使有部分雨水洒落到外墙上，也不至于造成墙面明显的污染；其次，尽量避免屋面雨水直接排至下沉庭院，并减小下沉庭院的汇水面积，避免造成下沉庭院的过大的雨水负荷；第三，在瓦面下预埋小指粗的导水管，将渗入到瓦面下的雨水通过导水管排至室外，避免溢出的水污染封檐板；

B.窗户问题：根据市场调研，本区域对实木门窗比较认可，但这里的实木门窗绝非古代简陋的木窗，而是双层中空、带平开下悬的德式实木窗。而窗的立面设计上又有棂条花格，如何将这几点统一到一起，我们作了大量的研究，和门窗厂一次一次地研究节点，做样窗的气密性、水密性的试验。尤其是棂条花格如何解决的问题，我们经过了几次研究：市面上有几种做法，一种是将棂条花格置于窗户玻璃内侧，这样的好处是不与双层中空玻璃发生技术上的矛盾，但从室外的建筑效果来看，由于原中式建筑棂条花格就设在窗纸的外部，从而形成窗纸上的阴影效果，如果放在内部，就没有原中式建筑的神韵了。但是放在外部，会有如何处理涨缩问题，连接问题等等一系列门窗厂从未接触过的新问题。观唐工程选用了美驰门窗厂作为材料供应商，作为富有经验的厂家，接触这种门窗做法也是头一次，为了解决这一"科研难题"，厂家专门就此事与德国方面技术专家分析、探讨，着重解决了棂条花格与双层中空玻璃之间的结点问题。最终，我们设计了内外两层棂条花格，即将棂条花格夹在双层中空玻璃两侧，同时，为了保证内外视线的连续性，我们在双层中空玻璃的中部，加置了与棂条花格同样形状的铝合金隔条，这样，即保证视线连贯，又保证建筑立面的美观要求。

C.关于建筑外观上古典制式元素的做法：在观唐外立面的设计中，有几点采用了了中式古典制式做法。主要有：阳台处红色木构架、起囊的坡屋面、屋檐下的椽子、院门、围墙顶部等。对于这些制式做法，采取何种材料，我们进行了区分。关于木作，可以从内到外选用全部制式做法，即里面为实木，外部按照中式大漆做法，但众所周知，这种做法，势必造成极高的成本代价，所以，在这个问题上，我们经过反复论证最终确定，近人部位选用纯制式做法，如：院门。观唐的院门采用的是"广亮大门"的做法，门扇做法由内置外做工均按制式做法完成，包括每一个部件及细节，其中门鼓石也采用了真正意义上的门鼓石，即由门枕石及鼓子石两部分组成。前部鼓子石采用圆形鼓子，图案选择了常用的转角莲、麒麟卧松、犀牛望月、松鹤延年、狮子滚绣球等图案，材料选用惯用的青白石材料，经石匠细雕而成。关于屋面，屋顶结构仍由钢筋

混凝土浇注，只是基本按照举架的坡度做成折板，上部再根据制式做法起囊。屋面做法选择了中式的筒瓦屋面，瓦当和滴水均选择了传统的吉祥纹样。至于屋面下的椽头，有几种做法，一种是直接现浇，但施工工艺复杂，施工难度大，另一种是全木作，成本势必很高。还有是预制，但由于预制完的椽子较为笨重，其与主体如何连接，如何确保与主体间不出现裂缝是一个较难解决的问题。再有一种方式就是采用挤塑板，外包玻璃丝网面，再按中式地仗油漆做法完成。虽然这种做法成本也相应较高，但效果与纯制式做法一致，耐久性也越强。

3. 施工过程的监控与管理上的难题

一般的建筑工程，从结构主体到外檐装修施工一般都由一个施工单位完成。但观唐项目具有特殊性，以上曾经讲过，观唐很多地方采用了制式做法，这是一般施工单位不会做的，应该属于"特殊的技术工种"。这种"手艺"一般只有具有古建修缮施工的单位才具有。好在位于北京，具有这种水平的队伍还稍微多一些。但是，这种队伍大部分不具有土建施工能力，这就意味着一个单体至少有两个施工单位完成，一个仅做土建施工及内部初装修，另一家仅做外檐施工。这样，就存在着大量的施工工序及施工交叉问题，造成施工管理上很大的难度。同时，由于部分古建施工单位原来多为做古建修缮工作，有的甚至第一次做房地产项目，所以对房地产施工的一些具体问题存在着理解不够深刻等差距。但是这些施工单位却对古建施工有着很强的施工经验及施工水平，如何利用好其经验和水平，又对其存在的问题能扬长避短，这一点也应算完成观唐施工过程中遇到的一个较大的难题。对此，我们充分利用好了总分包的方式，通过明确不同阶段的总分包关系，即明确了不同阶段工程控制的主次关系，这样对工程交叉及进展的控制起到了较为实效性的作用。

五、结语

观唐项目应该成为一次创新，但创新是要付出代价的。我们有一个好的设计立意，有一个精彩的思想主题，但是我们还必须找到一条达到目的的捷径。对此，我们付出了大量的努力，也付出了很大的代价。但结果是成功的，随着一二期的入住，随着良好的销售业绩及客户的好评，我们对曾经付出的也深表欣慰。

作者单位：博华紫光置业有限公司

市场的需求是创新的源泉
——浅谈项目的定位和规划建筑立意的关系
Market drives design creativity
Study on the relationship between project planning and architecture design conception

秦 剑 Qin Jian

目前国内房地产企业越来越清晰地认识到在激烈的竞争中无法在整个领域内建立优势，也无法用有限的资源去全面满足每个人的需求。因此，只能在某个特定的领域内建立自己的优势，去用已有的资源尽全力来满足特定的人群的需求。于是就有了不同定位、各具特色的房地产开发企业。

武汉宝安地产在武汉的发展经历是中国地产企业成长的典型原型。在日趋完善的市场中寻找着自己的目标，并根据自身的资源条件和对未来居住模式的判断，将企业定位为走中高档的路线的特色地产开发商，并为中产阶层打造高档住宅、商业的房地产企业。

鉴于以上考虑，通过市场调查和研讨，发现社会上存在一批这样的人群，他们既向往拥有自己的一片土地、天空和比较大而灵活的生活空间，又向往拥有城里人无法获得的闲适，还需要城市里提供的繁华生活。他们的住所既要贴近自然，又要接近城市，这一要求决定了项目的地理位置在一个成熟区域里或是在城郊，但它本身足以形成一个大社区；所以，能满足这类人生活需求的产品形式以TOWNHOUSE和其变形产品最为恰当。TOWNHOUSE是一种低层低密度产品，低容积率会使建设成本相应提高，它的销售受总价影响非常大，而提高容积率成为降低成本的首选，这样就带来了容积率与环境之间的矛盾，解决这个矛盾的一种做法是层数较高但楼间距较大，这样可以保证良好的视野，较大的院落以及中心绿地，它着重在营造外部的环境，类似西方别墅概念，但层数高了，户型面积就会变大。另一种解决方法是层数低，户型面积易受控制，但楼间距小，看起来显得很密，通过营造内向性院落，在单体建筑内部做一个内院，类似于中国式的四合院空间，这种看似密集的规划带来的是中式内敛的建筑风格和温馨的家庭气氛，它较好地处理了密与疏、私密性、面宽与进深及层数的矛盾。这样的产品形式与宝安公司的理念和目标非常吻合，也与人们传统思想的回归相符合。因此宝安地产决定打造中国民居或江南系列的人文住宅产品。

要做江南系列产品，首先要研究中国传统民居，"中国传统民居"之于现代居住建筑的意义，对建筑理论研究而言，可谓博大精深，但当将它为一种产品切入点推向市场的时候，给开发商和建筑师的命题是极具挑战性的。一方面传统居住空间与现代生活方式不可否认地存在着一定的错位；另一方面那怕最普通的国人对中国传统建筑的认知也存在极大的差异。绝不可能像贴"异域风情"标签那样易于得手，但因时因地从众多传统居住建筑组群和单体中吸取要素，再加以重构是基本方法。吸取要素主要体现在以下几个层面：

1. 村落形态——依据自然环境形成建筑群体

传统的自然村落是根据功能需要或依据自然地形逐渐形成的群体，时间的磨砺使它与自然完全融为一体，我们要捕捉和再现的是充满生机活力和生活情趣的村落形态，是格律的追求与自然的应变相互交织，高墙窄巷的井然与村头间的有机性体现了遵循与挑战的共存。

2. 院落空间的布局——围合空间的利用

自古以来，中国建筑的平面布局便是以院落式的方法来组织室内外空间，上至宫殿，下至民居，并以此营造宜人的居住环境，此一设计原则在多方面体现了一些历久常

1. 武汉宝安·江南村

新的建筑原理，保护隐私功能分区明显，调节小环境中的气候条件，合理的采光通风，冬暖夏凉等等。特别之处是维持着人和自然的关系，院落跟房屋一阴一阳，相互补充，给人们带来一个平衡的居住环境。对中式居住形式中的空间体验过程是我们塑造的重点。营造出村→巷→院→房或进而再入院，进房的空间序列。对联排而言要形成前院→厅→天井→房→后院的空间体验。

3. 江南民居的建筑形态——黑白灰的色彩体系

雪白的墙体，青色的屋面，高耸的封火山墙，自然流露的木材本色，粗旷的石材，起翘的飞檐，所有这些构成江南民居独特词汇。以黑白灰的色彩为主线，着墨于中式民居。特别是庭、院、门、墙、廊等重要部位利用原汁原味的传统材料用现代的手法进行重构，以期使居者产生重拾民居的认知体验。

4. 传统庭院的特色——自由布局的园林空间

中国古园林妙就妙在只是半类型，多附于各类建筑，与另一半主要功能区合而为一或系统优化。中国古建筑两半合一的结构就似琴瑟夫妇和阴阳八卦乃至万物，其半为园，独树一帜，生机益然。这背后的深层结构是双重生活合一：劳累与休憩、严谨与随意、入世与出世……。中国古典园林的优点是功能丰富，双重生活空间结构的有机性强，还可以造景；缺点是绿化与水体尚需推敲，生态功能削弱。所以在保持基本的功能内容的基础上，应当适当降低观赏性建筑比率，尤忌堆砌亭榭，以增益生态。叠石为一大特色，作用多，成就高，但是相对而言，建造纯粹的山石往往争夺绿化及水面用地，不利生态与小气候，不如植被土山稍加缀石，既浑然一体又利绿化。在构成园林的基本元素中，庭院水体也是一个重要的环节。无论是滋养生命、寓刚于柔、提升活力，还是招引灵气、启迪智慧，水的作用都是不可替代的，它既有观赏价值，也有环保价值，甚至可调控小气候。作为庭园里的重要装饰品之一，植物也起着非常特殊的作用。植物通常都具有旺盛的生命力，种植大量的健康植物，会创造一个清新而充满活力的环境，有助于消减现代家具中各类日用品产生的辐射和静电，也可通过光合作用，释放氧气，为居者提供新鲜空气。而许多植物因其特殊的质地和功能，对居住起着保护作用，有人称之为建筑的保护神看来亦不为过。

通过吸取和舍弃，我们重构这四个要素并运用到宝安江南村和宝安山水龙城项目之中。

宝安江南村位于武昌南湖花园城南端，北边为已建成的居住小区，东西两侧现状为农田（靠近城区），用地东、西、北三面由三条城市规划道路围合。一条南北向20m宽的城市规划道路将用地分为东西两个独立的村落。

产品类型：低层联排别墅、叠拼户型、多层住宅 沿街为商铺，用地180亩（102731m²），容积率为1.17（一期为0.9），层数为3~5层，结构形式为框架结构。总建筑面积120636m²。

空间特点：私密空间的扩大及庭院的延伸（组团→中心景观→组团景观→庭院景观→天井空间），景观空间序列化。完成了前院→厅→天井→房→后院的空间体验的塑造。

造型：吸取江南传统民居的造型和黑白灰色彩特点，重点部位采用原汁原味的传统材料（院门等）提炼中国传

统建筑的精神。创造新的江南风格。

户型：叠拼户型为联排别墅与多层叠拼之间的过渡产品，底层庭院为主要特色（立地），带独立车位，享有别墅的条件。上层有屋顶露台作为补充室外空间（顶天）。联排别墅以前庭、后院、天井、露台等不同性质的室外空间为支撑使封闭的室内空间与半封闭的室外空间相互交融。单层带檐廊大厅让传统成为现实。入口、小天井让人感觉到原汁原味的江南风格。

宝安山水龙城：本项目地块位于武汉市黄陂区滠口经济开发区，总用地2000亩（一期开发190亩，二期326亩，三期150亩），东西隔盘龙大道与具有3500年历史被称为"武汉市之根"的盘龙遗址相望，南面是府河，西紧邻汤仁海（1500亩），北面是滠口开发区主干道刘宋路。距天河国际机场3km，距武汉市汉口中心地带汉口火车站8km。

产品类型：商业街、独立别墅、联排别墅、花园洋房。一、二期用地519亩（346017m²），容积率为0.46，层数为2～4层，结构形式为框架结构和薄膜轻钢结构。总建筑面积158000m²。

利用自然环境中的湖，原生态的山谷，商业街和水系将整个社区划分成几个具有特色村落组团，依据其自身自然条件分别营造出水乡村落组团、半坡村落组团、半山独立别墅组团。

在户型及组团设计上依然以围合空间的体验序列为塑造重点。传统建筑的文脉、神韵、符号、材料、肌理用新的建筑语言，整合到现代建筑之中，采用简约的手法与传统建筑精神共存，而不是将传统建筑形式简单地装饰在新建筑的表面。新的建筑，以传统青砖白墙为基调，与现代建筑玻璃、黑灰色金属窗格的构成，在造型上采用几何块体相互组合，高低错落；在材质上采用玻璃与砖墙的虚实对比相互借景；在色彩上表达出传统民居黑、灰、白基本色调。青砖墙的厚重，白墙的朴素，纹理清晰的木材，清澈透明的玻璃，金属材料的精美，建筑在保留了传统建筑材料的同时，赋予现代新材料的肌理，新旧材料的融合，相互对比、相互映衬，塑造出新的建筑形象。

在造园方面主要体现在：

1．自然：造园手法遵循效法自然这一传统理念，在兼顾园林功能和景观要求的同时，尽可能保持园林的自然特征，中国园林讲究"以小代大．以少胜多"，所谓"一勺则江湖万里"即以象征性的小尺度移缩自然中的浩渺万里，水中有桥相连，水岸曲折有致，并铺以山石、花木，同时重视引进本地乡土植物种类。不仅与生态环境相适应，而且易于突出本土的自然景观风貌，形成自身风格的地域特色。使整个景区览之有物，风光旖旎，一派浑然天成的自然气息。

2．现代：在营造自然形态的同时，我们还注意到现代材料和技术手法的适当引入，这也是此次整个景区营造的点睛之笔，既要做到不打破自然的宁静，又要使中国传统园林在现代设计理念中有所升华。自然中不失现代，现代中有所继承。

3．地方：中国园林以"模山范水"为其特点，并以叠山理水为其主要营造手段。可见山．水均为造园的基本要素，园林之山水互为依存。水原本是无形的，正因为岸的限定而各具形态，因此水的刚柔秉性往往取决于周边岸型的特点，我们还认为水是陆地之眼，山水又是相依相偎的，古语有云："水以石为面，水得山而媚"，因此我们提出"环山抱水"这一设计构思，充分体现了该地域对山地和湖面等自然景观的强大依托性，强调并渲染水岸山前的自然气氛。

无论是宝安江南村，还是宝安山水龙城，都暗合了地产风格从模仿洋式到回归本地的人文规律。

梁思成先生早在20世纪50年代说过，评价建筑有四个字：古、新、中、西，品位最差的是古而西，因为它既不属于时代又不在自己的土地上；最好的、最应该做的是中而新，既是当代的，又是中国的。

几千年的传承、革新、挖掘、融合，中国建筑文明伴随并见证了中国整个历史的变迁和腾飞。最简单的是模仿，最难的是回归和创新。

国粹的也常常是国际的，现代化并不意味着全盘西化。今天选择宝安地产的人们也许只是追求着海德格尔所说的那样"诗意地栖居"。但我们知道，从容婉约的民族美学，含蓄典雅的中国品格，在国人的血脉中，从来都没有失传过。宝安地产提倡"尊重自然、以人为本"的开发理念，不仅强调着中国传统江南民居风情小区的价值，也强调着朴实、内敛、人性化的生活模式。

从历史的角度审视，人类没有哪一种重要的思想不被建筑艺术写在石头上。将建筑视为国学一脉并非由梁思成先生始起，这如同巴黎圣母院的艺术巨匠们描画了几百年的教堂钟楼；类同于托尔斯泰笔下的圣彼得堡诗意传神。现在，我们目前的选择不仅是当代繁华城市的景观名片，也是历史罗盘下的时代书签。

在未来的发展道路上，宝安地产将一如既往地将中国文化在建筑领域里传承下去，以具有传统民族风情的中式民居为爱好国学的人们创造能休养生息、气接天地的精神家园，并以此作为我们对传统居住行为的一种探索，并希望这样的探索能激发业界更多的创作热情，能够为挖掘我国传统文化的积极因素多做一点工作，为中国的经济发展和改善人民的居住环境多做贡献。

实践是检验真理的惟一标准。我们认识到任何一种建筑语言都能创出好的产品，但只有与客户需求相对应的建筑作品，才是有生命力的作品。离开市场的需求将失去创新的源泉。

作者单位：武汉宝安房地产开发有限公司

2. 武汉宝安·山水龙城
3. "武汉宝安·山水龙城居住区"入口会所

传统新思考
——武汉宝安·江南村设计随想
Look on tradition from a new perspective
Few thoughts on the design of Bao'an Jiangnan Village, Wuhan

罗 宏 Luo Hong

一、新传统风格的社会基础及定位

传统形式如何应用在现代建筑上并不是新鲜的话题，自从现代建筑冷冰冰的外形毁灭了传统建筑精美的构图和华丽的装饰后，人们其实一直都在努力探求如何把那些美丽的东西再移植到这个没有生命力的机器上去。从1970年代风靡欧美的后现代主义一直到现今的多元化建筑观，从对文脉历史的研究一直到对地域性、可持续发展的探讨，各路建筑大师都埋头在各自的传统中努力挖掘在国人根深蒂固的思想深处最热爱的那部分形式如何与现代的技术和生活需求相匹配。近年来盛行的欧风建筑其实可以说是国人和洋人共同创作的欧州传统建筑形式与现代建筑相结合的实例。但国人对欧风建筑华丽的外表下所包容的外向型空间慢慢地有了些许抵触情绪，受儒家思想影响的谦谦君子们开始怀念在高高的院墙里品茶谈天的惬意。他们需要的是完全属于自己的小天地而不是共享的自然界。这是只有中国传统建筑才能提供的独特空间。封闭的庭院是中国传统建筑的典型特征，它提供的不仅仅是安全而私密的室外活动空间；更重要的提供了暂时逃避社会的精神庇护所。正是这种心理的效应，使得近年来在居住建筑领域悄然涌现了一种以中国传统建筑风格为主要特征的所谓"新中式"风格，尽管所用手法各不相同，有的以形式复古而名，有的以神似而火，有的以探讨传统空间为特色，但都是建筑师对传统的新思考。

我们对新传统的探索始于1998年，虽然受各方条件的限制，当时设计的武汉"江南庭院"小区（2001年建成）只是在建筑的外观和局部的室外空间上对传统建筑的形式给以符号性的运用，但小区建成后的效果和受欢迎程度却给我们继续探讨的信心。2003年初有机会利用武汉宝安江南村项目对新传统风格作进一步研究。设计伊始我们就提出应从两方面来反映新传统风格的基本特征。首先，如何在传统空间与现代生活需求的矛盾之间寻找共同点是设计探讨的主要问题，从小区空间、组团空间、庭院空间、室内空间等不同种类、不同功能、不同大小的空间形态着手，深入研究传统园林、村落、庭院及室内空间的典型特征，使我们设计的每一处空间不仅单纯满足使用功能的需求，而是应该充满传统空间的韵味。其次，对建筑形式的塑造作了深入的研究。认定传统的形式不仅仅是作为符号和标签贴在现代建筑上，而是要将其与现代的材料、技术与审美观完全融合和在一起形成新的建筑形式，即所谓的新传统风格。传统的材料和形式仍然是地道的传统，人们能直接从其表面聆听到历史的回音；现代的仍然现代，现代的形式、现代的材料、现代的构图方式，让人充分感受到时代的气息。两者之间的有机结合，产生了清新的新传统风格。

二、传统园林空间在规划中的应用

江南村净用地约10hm²，呈东西长，南北短的规整矩

1. 武汉宝安·江南村总平面图
2. 传统建筑平面

形,中部被20m宽城市道路分成东西两部分,西部为一期工程(已建成)占地4.4hm², 总建筑面积约4.2万m²。建筑形态主要由1~3层的联排别墅、1~4层的叠拼别墅及少量的5层单元式住宅及部分沿街商铺构成。一圈环行道路与两条尽端式道路构成了小区的主干道,也满足了车到户门的基本要求。小区的空间构成由室外→庭院→室内三级空间构成;室外空间有两种形态,一种形态主要供机动车使用,类似于传统的街道式空间,为尽量使街道空间的尺度更人性化,利用庭院围墙、院门、车库等小尺度限定元素缓解大尺度建筑对人的压抑感;也使街道的感觉更接近传统街区的尺度。另一种形态的室外空间主要为人行景观空间,根据传统造园手法"小中见大,大中有小"的空间分隔原理,利用建筑与道路的布置,将有限的中心景观空间游线设计成折线形,以增加空间的距离感。在空间处理中,运用传统的空间限定因素如建筑、墙体、假山、水体、植物等将这个狭长的折线型空间处理得生趣盎然。观者从东西任一入口进入均能感受到空间的无穷变化,道家的"无中生有"及中国传统造园术的"小中见大"思想是该项目空间规划中最起码的指导思想。由此塑造出的空间效果给人的感受是在意料中的,无需任何标签与说明,我们都能感受到原汁原味的江南园林空间的特殊韵味。

三、传统建筑空间在建筑设计中的体现

2

中国传统的宅院式住宅为典型的内敛型空间布局,建筑首先沿中轴线展开,根据功能要求划分对外空间和对内空间;按照儒家尊卑有序的原则排列,如家族发展,则再横向拷贝出多条轴线,类似我们现在的联排别墅形式。中轴线上由多个庭院与建筑构成的室内→室外→室内→室外……的空间序列,形成中国传统宅院的典型特征。在江南村的建筑设计中,我们将这一典型特征融入到现代住宅中。在仔细分析住宅的功能与本地气候特征后,设计出三进庭院、南低北高的建筑形式,巧妙利用院墙与建筑结合,重现室内→室外空间相互变换、交融的效果。大厅面阔三间,堂堂正正立于前院正中,不仅仅完成会客与起居的功能,更主要的作为传统空间的点睛之笔。武汉属于典型的夏热冬冷型气候,春夏的通风与冬季的日照尤为重要,因此在设置天井解决通风问题的同时,南向单层的客厅有效地保证了冬天的日照要求,更重要的是使天井内始终充满阳光,使其与相邻的客厅、餐厅等相互交融,成为家庭的室外起居室。

3.4.5. 武汉宝安·江南村实景照片

四、传统建筑造型在建筑设计中的应用

中国传统民居建筑的造型受地域条件、民族习惯等影响，风格各异。江南村的建筑设计在手法上采取传统手法与现代设计方法相互碰撞的方式，原汁原味的传统做法是从江浙民居中吸收过来的，平缓的大坡屋面，宽阔的出檐是浙江民居的典型特征；屋面瓦是仿古的筒板瓦，瓦当、滴水等一应俱全，配以经典的马头墙，古色古香的木门，让传统毫无保留地呈现在你眼前，另一方面，现代的构架、片墙、钢与玻璃、木质花架等，交错在你眼前出现。现代部分不再是传统的背景，传统也不是现代的点缀，两者之间的紧密结合形成了新传统的风格。

江南传统建筑独有的色彩体系是以黑、白、灰色为主体，辅以少量的红褐色，散发出一缕宛如世外桃源般的清新气息。在江南村的选材中，遵循传统的色彩体系，选取灰色筒板瓦作为屋面材料，仿古贴面青砖（灰色）和白色涂料作为墙面主要材料；其余现代材料如铝合金窗框、钢制构件等选用与墙砖相近之灰色系列，外露木构件则采用原木材质外露的做法，在粉墙黛瓦的基调中增添了丝丝暖意。

项目一期已全部竣工，问题主要集中在某些材料的应用与施工方法上，但总体效果基本上达到了预期的目的。建筑造价也基本控制在预算范围内。二期目前正在建设中，因经济原因增加了容积率，尺度感不如一期好，但顾及到业主在经济上的要求，也只能如此了。

作者单位：华中科技大学建筑与规划学院

创新设计让传统民居"苏醒"
——论"武汉宝安·山水龙城居住区"的建筑及规划设计
Creative design revitalize the traditional folk dwelling
Study on the planning of Bao' an shanshuilongcheng residential development project

董都 *Dong Du*

一、项目简介

"武汉宝安山水龙城居住区二期"位于武汉市黄陂区滠口经济发展区内，规划总用地面积21.87hm²，属丘陵地带。用地中心是一座微突的山丘，地块内土壤多为河湖沉积物和河流冲积物，有机物含量高，理化性能好。用地北侧是"宝安·龙城山庄"一期，有飞跃路直通滠口经济发展区的经济发展主轴线——刘宋公路，东侧是具有3500年历史，号称"武汉市之根"的盘龙城遗址，南邻府河，西邻天河机场高速公路，距木兰山生态旅游区40km。

该地区属亚热带季风气候区，夏季炎热潮湿，冬季寒冷干燥。地块内最高海拔57.5m，其用地外围的露甲山最高海拔60.5m，甲宝山最高海拔57.8m。场地地形环境优越——山峦环抱、地势起伏、植被丰满，西侧滨水——汤云海，隔湖可以望见露甲山。北侧为植物呈阶梯状分布的"生态谷"，四向是比较平缓的坡地，高差达37m。

"武汉宝安山水龙城居住区二期"的创新设计表现在规划设计、景观设计及建筑设计各方面。

二、规划设计

1. 获得GIS土地价值评价系统支持的居住组团式规划布局

基于用地环境复杂尤其是高程变化复杂的情况，在详细规划中率先利用ARCGIS软件技术综合处理相关资料。先对规划用地进行传统的现场踏勘，再以ARCGIS软件对场地各因素进行相关数据分析，综合各种因素，获得用地综合评价图，为规划布局提供了科学的数据支持。使规划布局由感性而理性再加入感性，从而使其科学性和艺术性完美结合。

本区在空间布局上注重结合环境，顺应地形，充分利用周边的山体、湖面等自然景观资源，精心处理好原有地形，采用部分平整、填埋，使设计更合乎自然，使原生景观与新的人文景观相结合，保留山顶及部分山腰原生林。这既是对原生景观的延续，又是对"盘龙古城扩大保护区"要求的回应。

本居住区主要由7个居住组团构成：

用地北侧和西侧分别为第一，第二居住组团。其临近湖面部分地势较为平坦，建筑布局以散落式为主，其中地势高差较大处穿插布置集中式户型；用地中部、规划中环路以内为第三、四、五居住组团。第三居住组团位于北坡，地势较陡，集中式和分散式院落穿插布置，在接近山顶处为保护绿化景观布置三组一层院落；第四居住组团位于西坡，建筑布局全部为集中式，并在接近山顶景观最佳处布置一栋独立豪华院落；第五居住组团位于东坡和南坡，集中式和分散式住宅穿插布置，在山顶保护区以东布置六组一层院落；第六居住组团位于用地南侧，朝向较好。建筑布局以分散式为主；第七居住组团位于用地东侧背湖面，全部为联排住宅。

1. "武汉宝安·山水龙城" 鸟瞰图

2. 道路交通系统规划

本区规划滨湖路和环形主路大致平行于等高线，四向放射形的对外车行道和尽端路，尽量顺等高线布置，以降低道路坡度，减少土石方量。根据车流动态，确定小区有三个主要出入口：西北侧主要出入口由小区环路通向规划滨湖路；东北侧主要出入口通向一期住宅小区；南侧主要出入口通向南侧预留发展用地。

小区道路系统由动态交通和静态交通系统构成，即车行、步行系统和地面停车系统，并实现人车分流。规划在确保与外界联系方便的基础上，设置三级道路系统，构成有序的交通网络：居住小区西侧为规划市政路——滨湖路；规划小区主环路为小区级道路；组团级道路。

步行道路系统分为两类：主路散步道，宅间散步道。每组团道路尽端适当设置多级绿化梯道，分别通往滨湖路，生态谷及山顶；林荫散步道，顺应地形并贯穿于小区的绿地中，连接部分组团级道路，便于居民交往休憩等。

地面停车系统：本小区私家车配套比例为1：2。各户型自备一个室内车库和一个室外停车位，并在小区主入口和公共服务设施附近设置公共停车场。

3. 绿化景观系统规划

景观是人类的世界观、价值观、伦理道德的反映，是人类的爱和恨，欲望与梦想在大地上的投影。景观设计是人们实现梦想的途径。园林是中国审美的物化典范，其由来就是中国居住从物质功能发展完全后，舒展开一个独立的审美空间，中国的居住发展到苏州园林实际上已经架构了居住的所有需求：物质、文化、社会组织形式，甚至心理疏导。苏州园林，讲求幽静雅致，师法自然，追求大自然的生机与意趣。

本区在景观设计中尽可能保留甲宝山山顶及山腰部分原生松树林和樟树林；尽量利用原有植被、土壤、山石等营造苏州园林式庭院；沿滨湖路形成滨水绿带，充分利用汤云海景观资源。利用原生地形和地方性树种来营造景观，植物配置采用速生树种、慢生树种相结合，形成多层次植物群落景观；加大小区组团内的绿化种植，使小区的绿化覆盖率达到60%。利用山顶中心、组团、道路及其节点，以山顶绿化景观为中心的星形辐射指状景观带形成与整个山地环境相适应的立体绿化格局。

4. 竖向规划设计

规划用地地形起伏有致，汤仁海滨河路规划高程为22m，与甲宝山山顶高差35.5m，地面自然坡度为10%至25%之间。根据现状地形条件，结合建筑空间布局和景观构思，并考虑到减少土方量的经济性要求，对建设场地进行了合理的整治：基本维持小区地形，规划成台地式。

通过竖向规划及ARCGIS辅助土方平衡计算，使该地块竖向设计既体现了独特的山水微观环境，又与周围的宏观景观相得益彰，既保证了土方工程方面良好的经济性，又能很好地满足地表排水的要求。

三、建筑设计

中国民居建筑的意境是浪漫的，它崇尚自然，同时也十分科学。其建筑顺其自然，因地制宜，就地取材建筑住宅，将对自然资源及景观的破坏减小到最低限度，同时获得最为纯真的精神享受，易学中的"天人合一"观点是其一成不变的宗旨。这样的建筑当然而且必须是人类社会生活的真实写照，这能使建筑师摆脱固有的形式的束缚，注意按照使用者、地形特征、气候条件、文化背景、技术条件、材料特征的不同情况而采用相应的对策，最终取得自然的结果而并非是任意武断的固定僵死的形式。

1. 建筑单体类型

中国传统民居有着明确的流线、完整的格局、明显的主体建筑，建筑组合体和渐进的层次。其居住模式，常受地域自然条件、人文条件的限定，而呈现出明显的地域属性。"武汉宝安山水龙城居住区"建筑设计强调江浙民居风格及苏州园林式院落空间，功能上为西式别墅的生活流线，整个建筑群布局严谨合理，强调深宅大院，含蓄深沉。设计中合理地利用自然的过程如光、风、水等，大大减少能源的使用。

1）朝向与布局

针对山地不同的坡向、坡度进行多种户型的建筑空间设计，有效解决了建筑与道路的高差问题并确保各庭院空间的舒适性。主客厅、主卧面朝主要景观，主体建筑面向主庭院，主要房间基本南北向布置。每户有一单独车库及一室外停车位。

建筑形式主要为三种：集中式、分散式、联排住宅。其中集中式分为五种，建筑布局紧凑；分散式主体依水平、垂直、坡上、坡下分为四种，另有工作室、车库等附属体七种；联排住宅依山势错落布置，形成丰富的景观效果。

分散式布局为本小区特色，其分散后的体量相对集中式要小，更利于组织院落空间。每个院落由二至三部分组成：主体建筑、车库和工作室（轩）。充分考虑到武汉地区湿热的气候条件，使三者之间以檐廊有机联系，解决高差的同时配以丰富的景观设计，创造出二至三重院落空间，客户更可在此基础上张扬个性，形成近山近水、远离尘世喧嚣、形式、风格多样的庭院绿化空间和生活功能空间。

2）廊、亭、轩

中国传统民居不仅注重组合体自身的布局变化，更注重街、坊、院落相互之间的划分与联系，成组成区地布置具有社会生活内容的建筑社区组合。这些组合可以表现出组织邻里生活社会化的思想。在低密度地区，如别墅区，建筑组合可以用小型房子以回廊、小路、小桥、花架、围墙等互相联结组成。

檐廊空间以其虚敞性构成了内外空间交汇、流通，极大地满足了人们亲善自然、和睦共处的淳朴心愿。"武汉宝安·山水龙城居住区"的檐廊采用传统筒瓦廊顶及通透玻璃廊顶两种形式，依山就势，使古典和现代完美结合。

在院落内部，专门设一独立在主体之外的"轩"，采用宫殿建筑形式，以檐廊将其与主体建筑联系起来，提升了院落的品位。

在部分院落中还布置了传统的或空灵的玻璃"亭"，使之与主体及附属体建筑一同围合出独具特色的院落空间。

3）围墙

在现代与传统之间只用了江浙建筑元素中的"墙"来

过渡，以此来表达中国古典园林的"幽"。既满足现代生活的多种需求，又保持纯样经典的民居风格。

4）院落

中国人讲究院落的藏风、聚气，这正符合中国人内敛含蓄的气质。"武汉宝安·山水龙城居住区"在居住空间的表现形式上"迎合"了国人的喜好——苏州园林式院落空间：在规划布置一幢宅院时创造了一个这样的渐进层次：从入口公共性的部分引进至半公共性的部分，最后达到最私人性质的部分。从而为居者提供了更多、更大地与自然结合的活动空间，形成了传统、人文、自然、现代的居住观。

"武汉宝安·山水龙城居住区"的私家庭院，由建筑造型及"廊、亭、轩"自然划分出前庭、主院、侧院、后院等多庭院系统，院落以中式传统形态高墙围合，私密、隔音、阻风达到自然和谐，建筑群之间以相互连接的檐廊、转角回廊、院墙与垂花门等自成格局，居住其中可深切感悟到蕴藏在四季之中的神秘的力量和潜在的生命流，体会到自然固有的旋律和节奏（图2～5）。

2．建筑设计风格

"武汉宝安·山水龙城居住区"的建筑设计风格选用中式庭院生活理念，再现深藏于国人心目中的最高生活境界。院落空间有效避免了户与户的干扰，增加了空间层次感，创造出宜人的小环境，让人能更放松的贴近自然，密切了人与自然的关系。

经对地域性、文化性和高尚社区品位几种因素的潜心研磨，其建筑风格从江浙风格中汲取精华，并参考苏州传统住宅形式，在保持传统建筑神韵的同时，用现代的建筑手法和建筑材料创造出新的居住建筑风貌。

参考江浙传统民居，在院门、檐口、立面等处加以处理，使立面丰富；建筑色彩以黑、白、灰为主，适当配以栗色，体现其富贵堂皇；建筑造型以黄金分割的长方形平面为主，间有正方形书斋（轩），以简洁舒展的两坡及四坡坡屋顶覆筒瓦创造出高雅、宁静、轻松、舒适的居住气氛。竖向条窗的设计体现了中式庭院建筑对意境的追求，长条窗寓意画卷或画轴，即居住中的诗情画意，强调与中国传统诗画的关系，从室内透过长窗看内庭，季节交替、风花雪月，咫尺变化、宛如山水画卷，创造出"山林"的韵味，增加了空间的层次感和领域感，切身体会到"庭院深深深几许"的意境。

每户建筑单体错落有致，加之富有中式住宅意味的制式门楼、镶嵌传统建筑花窗的围墙，围合出私密、内敛、尺度宜人的院落空间，增加了其层次，使别墅生活由一种物质层次的享受上升到一种精神层次的享受，给使用者更多体现自身审美价值及自我表现的空间机会。

四、结语

在国人浓浓的潜意识中，根的意识是与生俱来的，挥之不去的。出入于"山水龙城"层层递进、灵动变化的多元空间，已被淡忘了的历史文化基因在我们心中"苏醒"，那就是传统文化对人心灵的撞击。中国的传统建筑文化与时俱进地融入现代美学，抹去了历史的积尘，更见光辉。

作者单位：北京六都国际设计咨询公司

2．武汉宝安·山水龙城临湖别墅区
3．武汉宝安·山水龙城街景
4、5．武汉宝安·山水龙城别墅单体

"第三种态度"
——关于农村生态住宅的思考和实践
The third attitude
The theory and practice on ecological housing in rural area

黄 亮 *Huang Liang*

建筑理论的发展，从开始就将建筑定义为物质性（牢固）和形式感（样式美观），人人都在追求建筑的奢华与壮观。主流的建筑历史到了20世纪60、70年代，遭遇了挑衅。1964年，纽约近代美术馆举办的《没有建筑师的建筑》向世界展示了另一部建筑史，让人们明白了在建筑历史中不只是壮丽的神庙和大教堂，还存在尚未被记述的其他谱系建筑物。现代主义提出的空间主导性理论开始受到理论质疑和实践攻击。

从此似乎出现了两种对待现代技术的态度，一种考虑向高尖端的技术进军，深信科技能够解决一切问题，在建构学中始终关心建造，认为建筑等于建造的材料、方法、过程和结果的总和；另一种态度则是主张放弃科技，在传统甚至近乎原始的社会关系中完成建造过程。在建构学中关注的是在低级状态下的一种平和而与自然融合的生存状态，放弃对奢华建筑的追求。与此，在K．弗兰姆普敦在《建构文化研究》中将建构解释为具有技术和文化双重含义，批判对现代主义生产技术的一些认识。他认为"建构"不仅体现了对材料的注重和技艺的支持，还反映了手工的痕迹和建筑的表现潜力。随着建构理论的发展，出现了"第三种态度"——用适宜技术成为高技派的"替代技术"，这样既能够降低造价的同时，又保留了建筑中的文化过程。它通过"简化构造"和"协力造屋"两个具体措施得到保证。这种态度是通过降低建筑技术来吸收更多的农村剩余劳动力，用"协力造屋"的理念形成互助生产关系。这样降低成本让农民也能够住上生态房。其间不仅是有建筑的过程，还有社会学角度的意义。

在这种非主流的建筑理念之中，台湾的谢英俊建筑师事务所对农村的低价生态住宅进行了一系列的实践探索。本文介绍两个实例：一个是在1999年台湾地震后，以极低的的造价完成的邵族安置社区（图1）；另一个是2005年在河北省定州市翟城村由晏阳初乡村建设学院谢英俊暑期工作营为农民分别用钢构和木构建的两栋农村生态示范住宅。

一、邵族安置社区

邵族为台湾现存人数最少的原住民族，有独特的风俗习惯、文化、语言，仅存281人，且大多集中在日月潭畔。发生在1999年9月21日的大地震，造成80%的族人家屋全倒或半倒，重建至少需费时3～5年。这段时间在生活无着落情况下，族人势必四散求活，也许该族群从此在地球上消失。这时，谢英俊提出"协力造屋"的口号，但首先是出于经济原因的考虑，因为对处于弱势地位的农村传统部落来讲，协力造屋的合作社体系、半营建体系能够帮他们抵抗市场、降低造价，这是推广的关键所在。要建造这种低价生态住宅只谈技术是不行的，必须考虑环境，经济和社会文化因素，对多样性进行近距离的思考，避免第三种态度和协力造屋变成"高科技"或"可持续性"等商业噱头。

1. 邵族安置社区总平面
2. 立面上不同材料的组合
3. 改造后的竹墙面的做法
4a. 传统的榫卯结构的木构架
4b. 简化构造后的木构架节点
5. 混合的植物纤维黏土墙
6. 建成后的邵族安置社区

在改造过程中，除了对自然环境小心保护外，同时也考虑了当地的生活方式、信仰和当地人对材料与建房的认识：针对东南亚广大地区的气候特征采取坡屋顶和底层架空等建筑语素，并为了延续当地人的生活习惯，遵循"上静下动"的生活模式，增加了很多架空的空间；而在建筑材料的选择上以"就地取材"为原则，利用材料的本身的特性来建造屋子。

在邵族的安置房中利用的是一个开放的体系，采用的是骨皮分离的原则，建构系统中每个组件都可以抽换。系统中"骨"的部分可为木、竹、轻钢；"内皮"部分为土、石、砖、竹、木、稻草、麦秆等；"外皮"部分为土、石灰、布、植物编织、面砖、金属等（图2）。

竹子是邵族人熟悉的建材，传统家屋大多是用竹子和茅草盖成；台湾由于竹制工业外移，满山遍野的竹林，几乎是免费供应，竹顶、竹墙施工简易，即使腐坏也可轻易更换。竹子强度非常高但很轻，竹纹理直，弹性和韧性好，还不易遭虫蛀，具有较高的耐久性；适合于制成结构框架，且各部位的构件都容易更换，具有灵活的替代性。"第三种态度"是要积极改良传统工法，例如设计竹墙时首先保留了当地人的传统做法，将竹子辟成片，然后墙内外双面密排连接成面，又改良地在墙的内外两面竹与竹之间加入铝箔绝缘层，这样将三者扣在一起后，既可以防蚊虫，又可以隔热。这就是用现代材料克服传统缺陷，而且老弱妇孺都可动手施工（图3）。

其中，建筑的龙骨选用钢料和木料，都是可回收材料，方便修改易施工。国内轻钢结构的成本约为￥3500元/m²，成本相当高。我们使用螺栓将梁柱拧紧在一起，免除了焊接的麻烦，还可以减少一笔不小的费用。同样对于木结构的屋子，也将节点简化，变得易于操作。当然，这种简化构造（图4）的方法其强度和耐久性是不能跟原来机械加工成品相媲美，但要让更多的人能够参与协力造屋就势必要求简化构造。简化不等于简单，同样也是经得起力学验证的。虽然不是要保证几百年的房子，但住上一代人不是问题，所以对农村住宅的年限也是个新的观念。

社区建筑以轻量型钢为主结构材料，用薄钢板、角钢和自攻螺丝结合，不需要焊接，轻便、简易、安全，而且可以修改拆卸，只要用电动螺丝钻即可完成主体结构架设和所有的门窗、床铺、浴厕隔间骨料的安装。屋顶是双重构造，中间的空气层可对流散热；长出檐与外廊的遮阳效果好；格栅窗通风防蚊；天窗让室内明亮通气，节能环保卫生。

建造过程中，填充和表皮是重点。混合的植物纤维黏土墙（图5）备受各地人民喜爱，其最大特点是保温，隔热性能良好，且随地可取，方便经济，广为干热和干冷地区所采用。此次采用的草泥粘土墙是将土壤、水和麦子谷物收割后晒干保留的植物根茎混合后形成的湿泥土直接添入模板，晒干硬化而成。这种做法在亚洲和欧洲已存在了几个世纪。现代夯

7. 地球屋002号平面图
8. 放线
9. 确定水平面
10. 挖地基
11. 外墙砖基础砌筑

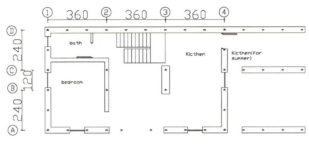
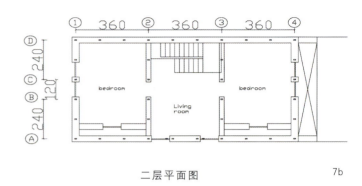

一层平面图　　　　　　　　7a　　　　　　　二层平面图　　　　　　　　7b

土墙结构通常增加了添加剂以提高强度。在地震区和潮气重的地方，还需要添加混凝土粉末作为稳定剂。将轻钢和木竹架板和黏土结合在一起，便可以互相补充，扬长补短，增强房屋的稳定性。

在台湾这样湿热的地区，通风是主要的居住要求，随着实体墙的减少，龙骨结构常常被直接设计成表皮，从而让房子尽量通透。对应墙系统的有挂泥墙（细木、竹）、竹墙（竹篾墙／竹板墙／竹杆墙）；对应屋顶系统的有：竹瓦顶、木瓦顶、草顶等（图6）。

二、河北省定州市晏阳初乡村的生态示范农宅

利用同样的理念，谢英俊将这种工作模式和建筑观念推广到了中国大陆。2005年在河北省定州市，他与晏阳初乡村建设学院一同组织了谢英俊暑期工作营，并在互联网上征招约42名建筑系的志愿学生，在那里利用暑假的时间为当地盖了三座农民示范住宅可增加基地平面。分别是木构架的地球屋001号与钢构架的地球屋002号，还有一座为印尼海啸而做的亚齐难民屋。001号与002号的面积约140～160m²，造价约在￥30000～40000元；亚齐难民屋的造价约为$3000元。均为工程总造价，即包含有普通装修在内的价格。经我们调查，在当地建造一座平层三开间的含普通装修的砖瓦房，其造价约￥50000元；而亚齐屋为两层三开间。对于示范住宅而言，造价的大部分用在了整体的轻钢结构和屋顶所要使用的彩钢板，这两项的价格较贵。

鉴于002号的钢构架地球屋（轻钢结构草土墙体构造）的搭建是笔者参加的工程，所以重点介绍如下：

地球屋002号生态农宅希望利用土、木等传统自然材料结合现代薄壁轻钢材料给予传统农宅以新的诠释。方案与地球屋001号很相似，面宽为三开间且同样是两层（图7）。不同的是，地球屋002号的对象为农村的年轻夫妇，功能布局较为开放：一层厨房、餐厅与客厅贯穿连通，二层楼上西侧卧室留出南向阳台，中间是充满阳光的起居室。此外，在建造方面，001号的木屋架在002号中替换为薄壁轻钢屋架，变成轻钢骨架加草泥填充墙的形式。轻钢材料在相较于木材的优势在于屋架组合的可操作性更强。002号钢料之间的连接采用显性的螺栓连接方式，让非专业人士也可以通过简单便捷的操作步骤，完成组装过程。整个组装可分多人同时操作，工期也相对减少。

总的工作流程为：基础——钢构架——草泥粘土墙——内装及粉刷。

第一步为基础施作，完成砖基础。

第二步为放样打孔，对初步下料的钢材进行分类，根据料单尺寸进行孔位放样、打孔。

第三步为料件组立，用螺栓将打好孔的钢构件在地面进行组装连接。靠人力或者吊车把各组组架按顺序与地面预埋的螺栓构件定位、立架，完成整体钢屋架的拼装过程。

第四步为草泥墙的填充，利用钢架上固定好的木龙骨安装模板，向下填麦秸杆与泥土的混合物，在墙体外层附上芦

12. 外墙基础内侧铺设稻草起保温作用
13. 外墙基础外侧抹水泥砂浆起防潮作用
14. 内墙砖基础砌筑
15. 基础骨架完成
16. 为预埋定位螺栓留洞
17. 钢料与基础的连接
18. 预埋螺栓与墙体连接
19. 钢料放样
20. 组装四榀屋架

苇作为保温层。

第五步为内外装修，待泥墙干透后，进行室内外的墙体粉刷。

具体的工作记录如下：

1. 师傅参照已有的周边建筑的外墙位置给地球屋002号放线，然后确定水平面（图8）。当地的方法简单有效：两人分别抓住水管的两头，当两边的水头在同一高度时地面即为水平状态（图9）。

2. 挖地基，用掺有石灰的粘土给地基夯实，这样简易的三合土的做法是为了加强土质硬化程度（图10）。

3. 外墙砖基础砌筑，采用传统的底部大放脚的做法：两层砖收一次，每次都是6cm，底层墙厚50cm，上面基础收到37cm墙（图11）。

4. 外墙基础内侧铺设稻草席这层稻草席起保温作用（图12），防止冷空气侵入室内。外墙基础外侧抹水泥砂浆（图13），水泥砂浆的防水作用可阻止基础外部土壤中的水分渗入，起到防潮的作用。

5. 内墙砖基础砌筑（图14），与外砖墙一样，从底部放脚开始，一直砌到与外墙砖基础上平，整个基础骨架完成（图15）。

6. 接近完成面25cm时依照设计图间距预留250mm高×180mm长×120mm宽的洞口，为预埋定位螺栓作准备（图16）。

7. 在基础上安装好临时固定，同时对基钢料校正其垂直度：（用短料斜接，保证整体的稳定性），利用勾股定律拉斜角，确保钢料形成直角。利用自攻螺丝锁住并固定，将钢料固定好在砖基础上（图17）。

8. 利用临时固定与预留的洞口对齐，将预埋直径为13mm，长度为50cm，露出砖面20cm的螺栓插入，再用混凝土灌入（图18）。

9. 根据料单将钢料放样，用钢尺把打孔的位置标记出来再统一打孔（图19）。

10. 利用扳手将加工好的钢料按图纸装配到一起，过程十分快，一天时间内我们将四榀屋架全部组装完成（图20）。

11. 在谢老师的带领下，我们利用滑轮的组合原理，进行人力吊装。只要方法得当，注意施工安全，则本需机械帮助的吊装过程也能轻松完成。整个立架过程是先将滑轮组和相连接的绳索绑好以后，利用一根钢料作为起架的支撑点，将屋架以它为轴转动，从而立起来（图21）。待屋架完成立架过程，则对好柱位迅速上好螺栓，将之固定（图22）。

12. 第一架立好后再将定滑轮移到下一榀，运用同样的办法将它立起来，同时用横向的临时固定将它们联系起来（图23）。等到所有屋架都被临时固定联系在一起成为一个相对固定的整体后，再让做好安全措施的工作人员爬上去慢慢卸下临时固定，用真正通长的横梁取而代之（图24）。

13. 等到屋架和檩条都通过螺栓连接好以后，我们将裁好的竹架板塞进C型钢的凹槽中，力通过架板传递给C型钢的内壁再传到钢柱上面（图25）。为了使架板变形更小，我们在楼面上又加了一层长向的竹架板，用铁丝每隔一块就

  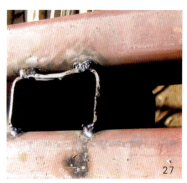 

21. 立架过程
22. 固定立架
23. 立架横向连接
24. 横梁取代临时固定
25. 放置竹架板
26. 长向与短向竹架板结合
27. 局部的焊接固定
28. 填泥墙

将短的架板绑在长向架板上，形成双向板，这样受力更加稳定了（图26）。当在使用过程中发现架板间的钢料由于受力不均，产生了很大的变形后，我们采取了焊接固定的办法，将长50cm的C型钢短料焊接在钢料之间，加强整体的连接（图27）。

14. 楼面工程完成，以后我们又开始了墙面工程。为了防潮和雨水渗漏，距离基础80cm以下为砖墙，80cm以上开始用气订枪把小木龙骨打在钢料上，并从此处向上开始填泥墙（图28）。其中窗户的位置用小方木料订出来，注意竖向的窗棂龙骨应有两层（图29）。

15. 龙骨定好后就将编好的竹片墙固定在木龙骨上，在中间填上竹夹草墙。具体做法是：两层竹编用铁丝固定在木龙骨上，中间20cm厚度使用麦秸拌石灰浆填充（图30）；竹片外侧再抹草泥和白砂灰（图31）；然后在上面附泥（图32）。图33即为墙面完成填草泥的状态，而最后要达到的效果可参考图34。

18. 屋架檩条铁丝工程：首先每隔45cm在檩条上做上记号，沿着记号用老虎钳将铁丝绑在上面（图35）。然后在上面铺上稻草和芦苇（图36）。

由于一个月的工作时间确实有限，在我们离开时只能够做到这样的结果。相信再有半个月的时间，墙体应该砌筑完成并进入粉刷阶段。我暂时只能将一个半成品展示给大家看看。值得一提的是学院考虑到学生的安全问题，没有对工期作过多的要求，而谢老师也是本着尝试与思考的态度去砌筑这座房子的。它就像一个开放的平台，大家各抒己见，只要找到更合理的材料和构造，就不惜翻工从来。就拿用竹架板的楼面板来说，利用C型钢槽的特性，大胆将架板塞入。这样虽然方便了施工，但是出现架板弯距太大，C型钢变形的问题，通过讨论我们又在上面加上了竖向的板，形成稳定的双向板，在两根钢梁之间用焊接将小段的钢料焊入其间。这样便解决了问题，而像这样的例子也是不胜枚举。尝试新的做法，遇到新的问题，再想方法解决问题，这也是"第三种态度"的一个必备条件。

适宜技术状态下的低造价生态住宅和社区设计在中国还处于试验阶段，但是在能源危机和社会矛盾愈演愈烈的今天，相信持"第三种态度"是发展中国家不可避免的明智之路。要想这类住宅能够得到推广，我想除了技术之外，更加重要是观念问题。很多人将这类的住宅简单等同于已经被抛弃的传统老房子，认为它是经不起自然的洗礼。从国际上的尝试和推广上，这些已经不成问题了。

农村生态住宅在这个大的范畴里面只是一个部分，推而广去，"第三种态度"能做的事还有很多，需要更多有智慧的头脑来想法子。这里权当起到抛砖引玉的作用，希望更多人来关注这个课题。

参考文献

1. 张永和.平常建筑.建筑工业出版社，2002
2. 琳恩·伊丽莎·卡萨德勒·亚当斯著，新乡土建筑当代天然建造方法，吴春苑译.机械工业出版社，2005
3. 赵星，传统乡土建筑的现代"建构"之路，硕士学位论文，天津：天津大学，2005
4. 贾莲娜.当前语境下的"建构"之辩.硕士学位论文. 北京：清华大学，2003
5. 陈龙，表皮的阐释——一种解读建筑的途径.硕士学位论文.北京：清华大学，
6. 2003谢英俊第三建筑工作室网站http://www.ate-lier-3.com
7. 谢英俊演讲"协力造屋"
8. 夏铸九.黄昏中浮现的社会建筑师
9. 河北翟城晏阳初乡村建设学院2005年暑期建筑训练营实践活动

作者单位：深圳大学建筑与土木工程学院

29.双层窗棂龙骨
30.固定竹片墙
31.竹片墙外侧抹草泥和白砂灰
32.墙体附泥
33.完成填草泥后的墙体
34.建成房屋效果
35.屋架檩条铁丝工程
36.屋面铺稻草和芦苇

德国住区太阳能供热技术应用规划设计实例
Case study of solar assisted district heating for housing estate in Germany

何建清 He Jianqing

在近十年中，德国以其雄厚的研发实力、生产能力以及欧盟认证的太阳能产品检测中心（斯图加特），位居欧洲太阳能热水技术发展应用前列，特别在住区级大规模太阳能供热技术的应用和实践方面，拥有工程设计施工、技术经济分析、运行管理监测等大量实践经验，其中新建集合住区以及既有住区太阳能热水技术的应用经验，为我国提供了富有价值的参考。

德国在太阳能供热系统的研发上，从20世纪70年代初至90年代初，主要以模拟计算、实验室研制、住宅小区或组团供热系统的示范建设为主，并在实践的基础上，不断总结经验。大规模太阳能供热系统在规模、投资、得热量、蓄热能力、供热能力等技术经济方面的可行性，通过不同时期建设的示范工程得到了充分论证。论证结果显示：

• 加大集中式太阳能供热系统的规模，可以有效地减少供热系统的基础投资；

• 增加系统的蓄热容量，可以有效地降低系统的单位建设成本，同时可以明显地减少蓄热设施的热损失。

1984年，跨季节蓄热工程进入实质性运作，早期基本采用四种蓄热方式，即：水蓄热（水箱或水池、岩石洞穴等）、地下含水层蓄热、土壤蓄热（土壤／岩石层、粘土层钻孔埋热偶管）、地下砾石——水（开凿热力井与地下封闭含水层相连）蓄热（图1）。不同蓄热介质在蓄热能力和投资成本上存在差异，比如地偶管蓄热要比水蓄热便宜，但蓄热能力和热损失大，蓄热容积须是水蓄热的4～8倍。具体选择哪种蓄热方式主要是考虑建设工程所在地的土壤、地下水状况、蓄热材料与蓄热能力、投资平衡等因素。在后来建成的第一代、第二代具有跨季节蓄热能力的大规模太阳能供热系统中，包含了上述4种蓄热方式的工程实践（表1、表2）。

1993年，德国"太阳能热能2000 (Solarthermie 2000)"项目启动，目标是从技术和经济两方面，示范大规模太阳能辅助供热系统与居住区常规供热系统、区域供

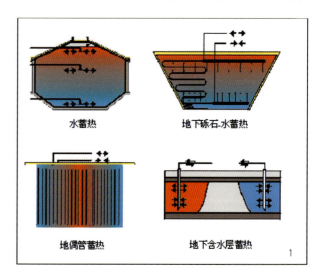

水蓄热　　地下砾石-水蓄热

地偶管蓄热　　地下含水层蓄热

1

德国第一代具有跨季节蓄热能力的大型太阳能热力站 表1

技术参数 \ 工程地点	汉堡	腓特列港	内卡苏尔姆 Amorbach 二区1期	开米尼兹
投入运行年代	1996年	1996年	1999年	2000年
建筑规模	124户联排住宅	8栋集合住宅 共570套公寓	6栋集合住宅和商业中心、学校等设施	1栋办公建筑、1座旅馆和1座仓库
供热面积(m^2)	14,800	39,500	20,000	4680
供热负荷(MWh/年)	1610	4106	1663	1期573
太阳能集热面积(m^2)	3000	5600	2700	540真空管
蓄热容积(m^3)和蓄热介质	4500(水蓄热)	12,000(水蓄热)	20,000(地偶管蓄热)	8000(砾石—水蓄热)
集蓄热比例(m^2/m^3)	1:1.5	1:2	1:7.5	1:15
太阳能系统得热量(MWh/年)	789	1915	832	1期169
太阳能贡献率(%)	49	47	50	1期30
太阳能系统投资(含辅助设备)百万欧元	2.2	3.2	1.5	1、2期共1.4
太阳能供热成本(含附加税和补贴)(欧元/MWh)	256	158	172	1、2期共240

来源：根据EU-Thermie项目和Solarstadt一书中的资料整理。

德国第二代具有跨季节蓄热能力的大型太阳能热力站 表2

技术参数 \ 工程地点	Steinfurt-Borghorst	Rostock	Hannover-Kronsberg
投入运行年代	1999年4月	2000年	2000年6月
建筑规模	22栋住宅 共42套公寓	1栋集合住宅 共108套单元	集合住宅 共106套公寓
供热面积(m^2)	3800	7000	7365
供热负荷(MWh/年)	325	497	694
太阳能集热面积(m^2)	510	1000	1350
蓄热容积(m^3)和蓄热介质	1500（砾石—水蓄热）	20,000（含水层蓄热）	2750（水蓄热）
集蓄热比例(m^2/m^3)	1:3	1:20	1:2
太阳能系统得热量(MWh/年)	110	307	269
太阳能贡献率(%)	34	62	39
太阳能系统投资(含辅助设备)百万欧元	0.5	0.7	1.2
太阳能供热成本(含附加税和补贴)欧元/(MWh)	424	255	414

来源：根据EU-Thermie项目和Solarstadt一书中的资料整理。

热系统的对接、跨季节蓄热和系统的优化配置，要将太阳能采暖和生活热水的价格控制在0.125欧元/kWh。其中跨季节蓄热设施的示范，主要是为了减少太阳能供热系统的成本（当时很高，为热电联产或利用工业余热供热成本的3~4倍）。

到2002年，在欧洲65个集热面积超过500m^2的大规模太阳能供热系统中，德国先后建成并投入运行了14个（表3）；在具有跨季节蓄热能力的15个大规模太阳能供热系统中，德国占了8个，一些项目的集热、蓄热系统的加建和扩建至今仍在不停地进行（图3~5）。

截止到2005年6月，德国"太阳能热能2000"项目共有6个示范工程建成，示范工程依据以下原理配置和设计，每个工程集热面积与蓄热容积的合理配置，则由计算机使用TRNSYS软件，通过动态模拟给出：

2. 不同规模太阳能供热系统的成本效益分析（欧元/KWh/年）
来源：Boris Mahler，M,N,Fisch，Large Scale Solar Heating for Housing Developments,Thermie A，2000
3. 短期蓄热型大规模太阳能供热系统（CSHPDS）原理示意
来源：EuroSun'96
4. 跨季节蓄热型大规模太阳能供热系统（CSHPSS）原理示意
来源：EuroSun'96
5. 德国大规模太阳能应用工程分布图（集热面积＞100m²），红环标志为本文提及工程项目所在地点
来源：德国EGS公司

2002年德国建成并运行的大规模太阳能供热系统（按规模由大到小排列） 表3

地点/运行时间	集热面积m²	安装/种类[1]	蓄热形式[2]/规模(m³)/介质/集热与蓄热比例(m²/m³)	供热对象
Neckarsulm-Amorbach II 1997	5044	RI+RM/FP	SS/25000/地偶管/1:5	新建筑
Hamburg-Bramfeld 1996	3000	RI/FP	SS/4500/地下混凝土水箱/1:1.5	新建筑
Friedrichshafen-Wiggenhausen 1996	2700(+1550)	RM/FP	SS/12000/地下混凝土水箱/1:2.8	新建筑
Augsburg 1998	2000		SS/6000/地下含水层/1:3	新建筑
Stuttg.-Burgholzhof 1998	1635	RI/FP	DS/90/水箱/18:1	新建筑
Hannover-Kronsberg 2000	1350	RM/FP	SS/2750/地下混凝土水箱/1:2	新建筑
Stuttgart-Brenzstrass 1997	1000	RI+RM/FP	DS/50/水箱/20:1	新建筑
Rostock-B-h^he 2000	1000		SS/20000/砾石含水层/1:20	新建筑
Gôttingen 1993	850	RI/FP	xS	既有建筑
Nordhausen 1999	717		DS/35/水箱/20.5:1	医院DHW[3]
Oederan 1994	700	RI/FP	DS/7×5/水箱/20:1	既有建筑DHW
Magdeburg 1996	657	RM/FP	DS/25/水箱/26:1	既有建筑DHW
Berlin Buchholz-West 2001	600	RI/FP	DS/30/水箱/20:1	新建筑
Chemnitz 1998	540	RM/ET	SS/8000/地下砾石-水/1:15	既有办公建筑
Steinfurt-Borghorst 1999	510	RI/FP	SS/1500/地下含水层/1:3	新建筑

来源：根据European Large-scale Solar Heating Network (http://main.hvac.chalmers.seT) 2002年数据汇总整理。
1）RI-整体式屋面集热模块或屋面板；RM-集热器屋面锚固；FP-平板型，ET-真空管型；
2）DS-短期（当天）蓄热；SS-长期跨季节蓄热；xS-无蓄热；
3）DHW-生活热水。

- 采用集中式供热技术，为实现跨季节蓄热和太阳能热利用的冬夏平衡提供必要条件；
- 集中供热系统由中央热力站、热交换站和热网组成，并配有跨季节蓄热设施与中央热力站相连；
- 由太阳能集热系统为其提供部分热源；
- 设燃气锅炉设备以保证区域热网的供热（水）温度保持在65~75℃；
- 太阳能保证率平均为全年热负荷（生活热水和采暖）的50%（34~62%）；

德国已有的工程实践和系统的运行监测，为全球同类项目建设和技术经济分析提供了有益的参考，归纳起来有以下几点：

- 组合供热系统中出现的问题主要集中在初始运行阶段以及与常规供热系统并网环节；
- 系统在第一年的蓄热过程中，会有大的热损失，整个热网的回水温度普遍过高，蓄热能力达不到设计要求，太阳能贡献率也与设计目标相去甚远；
- 系统的平均供热能力为每年400kWh/m²集热面积；
- 尽管目前太阳能集热器的成本已在下降，但是大规模太阳能供热系统的供热成本目前仍然高达常规供热系统成本的2倍；
- 大规模与小规模系统相比，目前在投资回报上还不占优势，但是，带跨季节蓄热设施的大规模系统，可使太阳能保证率高达50以上（图2）；
- 集热器的产业化生产、组合模块设计、预制装配、整体吊装，被看作是降低大规模太阳能供热系统初始投资和提高及热效率的有效途径；

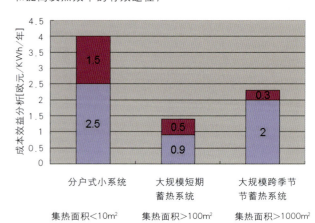

2

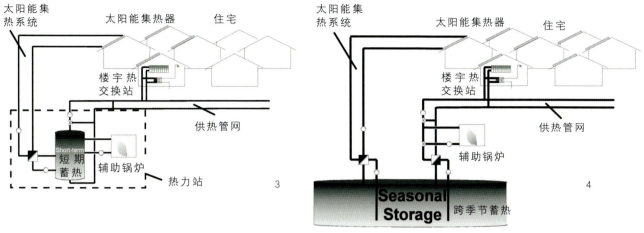

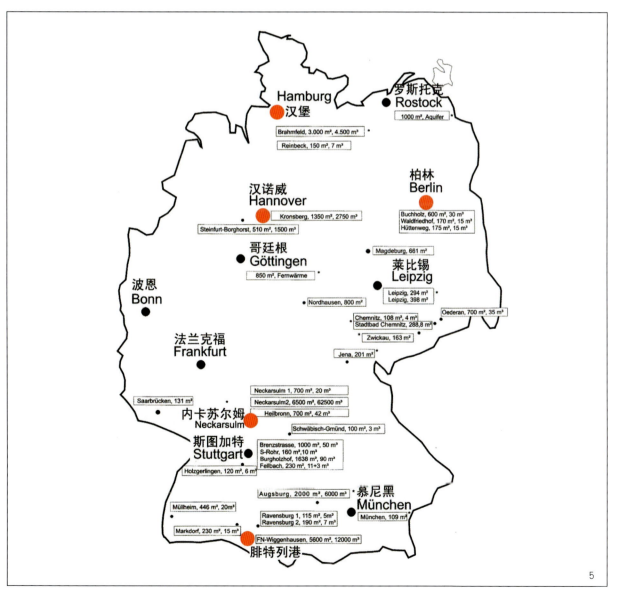

6. 汉诺威Kronsberg新城居住区规划图 来源：Hannover Kronsberg Handbook

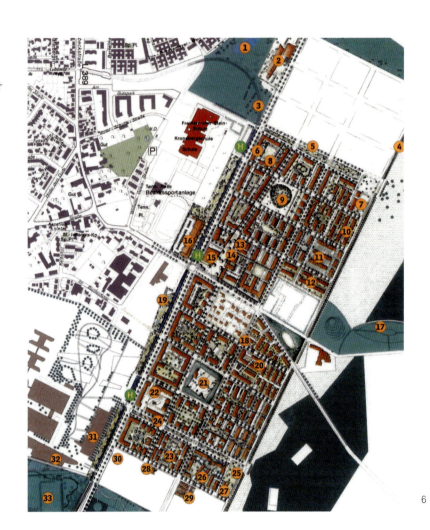

Kronsberg发展规划

① 雨水收集池
② Kronsberg小学按节水概念设计并装有光伏发电设施
③ 有轨电车
④ 隔离带大街
⑤ 北山坡大街
⑥ KUKA
⑦ 第一日托幼儿园带游戏室
⑧ 中央热力站的地下热交换站
⑨ 北街区公园
⑩ 联排住宅
⑪ 带中庭的住宅
⑫ 被动受益式住宅
⑬ 教堂
⑭ KroKuS艺术和社区中心 安装有光伏发电设施
⑮ 保健中心
⑯ 购物中心
⑰ 北景观山
⑱ 环路
⑲ 山脚下半人工雨水收集池
⑳ "人居"-国际住房项目
㉑ 中央街区公园及第二幼儿园
㉒ 院落雨水收集装置
㉓ 小气候区
㉔ 中山坡大街
㉕ 太阳能蓄热水池及第三幼儿园游戏场地
㉖ "太阳能城"
㉗ 第三幼儿园
㉘ 供热中心（热交换站）
㉙ LBS体系住宅
㉚ 综合中学安装有光伏发电设施
㉛ LBS
㉜ dvg
㉝ 体育活动公园
Ⓗ 有轨电车站

• 只有采用区域或小区集中供热的形式，才能使大规模太阳能供热系统具有市场竞争力。而通过太阳能辅助区域供热与原有使用常规能源的供热系统结合，进行组合供热，在技术和经济上已变得既可行，又可靠。

规划设计实例：汉诺威市Kronsberg"太阳能城"小区

规划：汉诺威KUKA公司
建筑设计：汉诺威T.Argyrakis、GBH设计事务所等
太阳能系统运营：Avacon能源公司

2000年，世界博览会在德国汉诺威市举办。市政府选址东南部的Kronsberg建设新城区，作为世博会的示范工程，一方面向世博会展示城市规划和建设成果，另一方面解决当地的住房紧缺问题。

新城区根据"21世纪议程"的原则和世博会"人——自然——技术"的主题进行规划，规划重点包括住房供应、可再生能源利用、建筑节能、雨污水综合利用、垃圾处理、公共交通设施、屋顶绿化、维持生态平衡等方面。

新城区总用地160hm²，规划住宅6000套、居住人口12000～15000人。目前一期（图6）已建成，总用地70hm²，平均容积率0.8，提供住宅3000套（独户私有产权住宅200套，社会公房1050套用于世博会展览）、居住人口6600人，并由此创造了3000个就业岗位。

新城区住宅以3～4层集合住宅为主，另有少量2层联排住宅和5层集合住宅。为确保新建住宅的节能效果，市政府以立法的方式，在签订土地开发合同时，即对住宅建筑低能耗标准进行了严格规定：

• 用热负荷按50kWh/m²a计算；
• 用热负荷超标不得超过10%；
• 用热负荷采用统一计算方法进行计算；
• 由专业工程师进行监督；
• 超标罚款缴纳额度为5欧元/m²；
• 节能补贴由市政府提供。

新城区一期用地划分为27个75m×75m左右的地块（不

7a. "太阳能城"总平面图
来源：Hannover Kronsberg Handbook
7b. 集合住宅形成的大型院落，安排水系和绿化
摄影：何建清
7c. 联排住宅形成的小型院落，安排硬质场地
7d. 蓄热水池覆土后形成的活动场地 摄影：何建清

含主干道宽度），由不同的设计师进行规划设计，其中最南端即为"太阳能城"小区（图6中编号25～27项目）。

"太阳能城"根据场地条件，合理控制建筑密度，统一考虑建筑布局、场地设计与集热器布置、蓄热水池布置，对地上地下空间加以综合利用。建筑布局采用周边式与行列式相结合的手法，形成2个大型院落，重点安排水系和绿化等软质场地，中部通过两栋平行的联排住宅，形成1个小型院落，安排硬质活动场地（图7～8）。该小区共建有104套住宅，大多数是集合住宅，少量是联排住宅，全部作为社会公房。

"太阳能城"采暖热源由太阳能和市政热网提供。太阳能集热系统由1350m²集热器、2750m³跨季节蓄热水池和小区供热管网组成（图9）。由于住宅建筑按低能耗标准建造，降低了采暖能耗，因此太阳能保证率达到53％，占全年用热负荷的一半以上，有效地减少了以燃气和燃油为主要热源的化石能源消耗。

尽管建筑朝向与集热器的理想安装方位相悖，但设计师巧妙地选择整体屋面板型的预制装配式集热器，利用东西向住宅，设计锯齿形屋顶分段布置（图10），利用南北向住宅坡顶和部分阳台雨篷整体布置（图11），集热器分13处安装在住宅屋面上，每处集热器面积在40～310m²之间，使屋面集热利用率达到近90％。同时，集热器与建筑合理的整合设计，使整个小区建筑造型新颖，室外空间富有特色。预制装配式集热器的选用，使其替代了传统屋面的面层，屋顶下的空间也在设计得到了合理利用，为此节省建安成本15～25欧元/m²。

小区最为巧妙的设计是将东侧幼儿园的室外活动场地，与跨季节蓄热水池有机地结合在一起。2750m³跨季节蓄热水池被置于地下，顶层覆土绿化，部分用于安排幼儿园的活动场地和设施，既解决了蓄热水池的保温隔热问题，又节约了用地（图12～13）。

作者单位：国家住宅与居住环境工程技术研究中心

8."太阳能城"施工中,中为联排住宅,右上为跨季节蓄热水池,右下为幼儿园
来源:德国EGS公司
9."太阳能城"供热原理
来源:德国EGS公司
10a.预制装配式集热器安装整体效果
摄影:何建清
10b.利用南北向住宅坡顶和阳台雨蓬布置集热器 摄影:何建清
11a.11b.东西向住宅采用锯齿形屋面,实现集热器与建筑的合理整合设计,并留有方便的检修通道 摄影:何建清
12a.12b.12c.蓄热水池与活动场地规划设计 来源:德国EGS公司
13a.13b.13c.13d.蓄热水池与活动场地
摄影:何建清

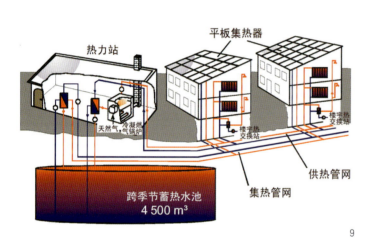

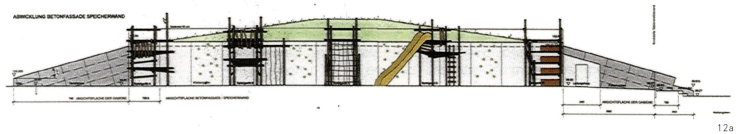

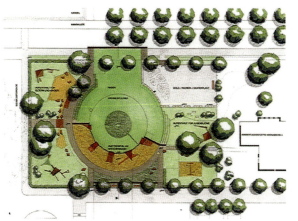

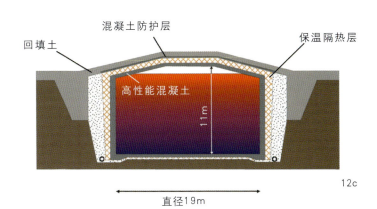

混凝土防护层　保温隔热层
回填土
高性能混凝土
11m
直径19m

可持续城市社区的模式探讨
Study on the sustainable development mode of urban community

夏海山 黄荣荣 Xia Haishan and Huang Rongrong

一、关于城市社区

"社区"一词源于拉丁语,德国社会学家腾尼斯(F. Toennies)首次将其用于社会学研究,表示一种由具有共同价值观念的同质人口所组成的关系密切、守望相助、存在一种富有人情味的社会关系的社会团体[1]。因此,从社会学角度看,社区的含义指生活在一定区域内的社会共同体。从社区发展的历史来看,可以追溯到最早的人类狩猎群体,随着人类组织最基本形态的出现,社区也便踏上了发展的历程。而真正意义上的社区形成,应当归功于早期城市演进中强调公共的核心场所、有一定聚集作用的城市生活空间,特别是中世纪西方城市社会生活中具有宗教凝聚作用的一个个教区,形成了具有特定性质的生活区域和心理认知空间。因而从建筑和规划学科的角度理解社区,其概念可以归纳为"一定规模的人口遵从社会的法律规范、通过设计的组织方式定居所形成的日常生活意义上心理归属的范围"[2]。应当指出的是,社区的发展与城市文化、社会结构和空间结构有着密切的关系。在以家族为单元、以封闭院落为空间特色的中国传统城市中,本质上的社区观念并不强烈。

可以看出,社区作为一种城市社会单元的同时,也作为一种物质空间单元存在于城市之中,并且是城市这个复杂生态系统中最重要的基本生命结构。社区的建构及其结构的平衡和稳定,是庞大的城市系统存在和持续健康发展的根本。

然而工业革命的迅猛发展冲击了城市发展的固有节律,现代主义功能分区思想下的城市社区被另一种形式所物化。居住区规划设计崇尚大规模和标准化,以单纯的解决住所空间为主,距离的拉长和尺度的放大带来了汽车产业的飞速发展,城市空间中机动车辆的大量增加所导致的交通拥挤、能源浪费、空气污染构成了新的城市图景。原有社区的凝聚力、丰富多样的日常活动以及亲密的邻里关系不复存在。

20世纪50年代以后,西方社会民众对社区的需要不断加强,业内人士对社区的探索不断深入,社会学以及人类生态学的研究进展也为城市社区的规划设计提供了新的理论基础。城市社区与住区概念的叠加,使得规划设计开始从物质形态深入到社会文化;从关心技术层面的设计手法,深入到城市社会的资源分配与合理使用等更深层面,其表现形式也更注意社区居民的积极参与,同时开始对城市的历史环境、自然环境进行关注。

时至今日,城市社区仍然成为众所关注的话题。当代城市社区建设面临着更多新的挑战,环境污染、资源匮乏以及全球变暖等全球性问题;城市人口的变化、家庭结构等等城市社会问题的解决都寄希望于一种新的城市社区模式的建立。在这种背景下,对城市社区未来的发展形成了共识,即是以"同时包括尊重自然环境和以人为本"为目

1. 锡耶纳古城区
2. 佛罗伦萨城市肌理

标来建设的生态可持续城市社区："可持续"指的是能够维持邻里社区和更广泛的城市体系并将其环境影响最小化。而"社区"则涉及到该地区的社会和经济的可持续性，具体指的是将该地区和周边地区的关系结合起来的社会纽带[3]。简而言之，理想的城市社区模式能够尽量将其对未来环境的影响最小化，同时使其在将来能够从经济角度和社会角度得以持续发展。

二、城市社区建设的新思潮

1980年代以来，可持续发展理论的提出使得对于城市社区的探索不断深入，社区模式的研究引起了人们对传统欧洲城市形态的关注。传统欧洲城市以其高密度的发展模式、良好的城市景观、充满活力的城市街区给了我们更多的启示（图1～2），对城市社区可持续发展的可行性以及与环境的协调性的研究形成了许多新的社区建设思潮。

1. 功能的多样性

无论从经济角度，还是社会角度来看，城市社区的可持续发展需要尽可能丰富多样并且相互支持的功能来满足不同人们的生活需要。简·雅各布斯提出了"多样性是城市的天性"，她指出现代城市规划理论的功能纯化导致了地区的机能不良，必须认识到城市的多样性与传统空间的混合利用之间的相互支持。

新城市主义、城市住区复兴等实践活动都是对可持续理论的具体阐述，进一步深化了多样性的基本内涵。他们的共同主张包括：首先，建筑或设施功能多样化，社区内的各种建筑或公共设施承担多种使用功能，从而提高其使用频率。如社区绿荫广场设计应考虑使用的多功能，如早晨用于锻炼，白天可以作为社区活动场所，以及节假日的多种使用要求；再如日本建筑师桢文彦在东京涩谷区内的集合住宅（图3），是一种集商场、办公楼、住宅、餐饮于一体的综合建筑，提高使用效率的同时也给外部空间注入活力。其次，使用者的多元化，社区内的一些公共氛围是有来自各方面的共同参与和运作，并为各个层次的居民服务。其三，是社区组成成分的多元化，可持续社区设计的关键是社区能满足居民生活中不可缺少的对居住、商业、公共设施等多种场所的综合需要，形成多功能的综合体。其四，空间形态的多元化，时代更新要与传统空间混合利用，新和旧协调发展，保留老房子作为社区特征和记忆场所，并结合时代需求开发新的功能，为社区提供不断发展更新的生活场所。

2. 聚居的紧凑性

紧凑的城市社区模式也是对传统城市的回归，在马车和步行时代，城镇必然是紧凑的，现代的交通工具和道路使城市割裂或者分散。"紧凑"与"高密度"是有区别的，首先紧凑是与松散相对的、不可量化的概念，而密度是能够通过量化精确比较的。紧凑更主要表达了一种功能

3. 代宫山西区集合住宅
4. 斯图加特豆子小区

上的最优化配置,所谓紧凑,并不是说要在大范围的面积中填入更多的建筑和居住更多的人,而是尽量减少人们使用汽车的次数,使步行成为可能,从而减少对能源、土地的需要,减少了污染。这是一个良性的循环,从自然演进的角度,紧凑是城市建筑空间形态发展的必然趋势[4]。

紧凑城市社区模式不仅有助于形成社区氛围,同时给与城市生态环境以更多的关注。在城市尺度上,紧凑社区主张减少汽车的使用与穿行频率,并倡导居住与办公更为密切的结合;在社区尺度上,主张加强社区内部的结构性关联,形成与社会构成模式相关的社区形态[5]。在这方面西欧有不少成功的经验,如德国斯图加特豆子小区(图4~5)让社区保持一定的紧凑度,避免社区功能的离散和城市的"郊区化"现象。城市社区只有高度紧凑,才能高效建设和使用城市基础设施,节约土地和维护生态平衡,从而真正达到可持续的效果。

3. 公共开放性

城市社区的公共开放性包含两层意思:即社会空间的"内聚"和环境空间的"外放"。前者是指通过对人的行为研究,加强社区公共空间场所意识和社区感情,来提升城市社区公共空间的品质,并创造具有归属感的社区空间和社区文化;而后者则是从思考城市肌理出发,探讨城市空间形态、城市地区活力、城市特色及人体尺度等方面的问题,通过物质空间的合理设计,创造宜人环境。可持续社区的规划设计倡导共享的空间理念,强调城市和社区中的公共领域、公共空间和共同使用的设施,把市民和各种活动重新聚集到街道和广场,为邻里的社会交往活动提供舞台。扬·盖尔对于交往与空间的研究充分关注了城市社区的公共领域,专注于日常生活和居民身边的各种室外空间,探索日常社会生活对空间环境的特殊要求。

4. 生态与共生性

自从伊恩·麦克哈格将生态与环境概念引入到规划设计领域以后,西方的生态化设计理念逐步发展,从单一的节能节地的、与自然环境的协调走向系统的、综合的环境平衡,使现实策略与理想目标结合。如赫尔佐格在奥地利林茨的住宅开发项目既考虑了节能,又关注户型的灵活性以及规划与整个环境的协调性(图6~8)。而黑川纪章的共生思想则强调了人与自然的共生、传统与先进技术的共生、部分与整体的共生、内部与外部的共生等问题。在城市社区中探索生态与共生的可持续问题,目的是减少污染和能源消耗,同时延续城市社区的历史文脉。

5. 公众参与性

城市社区的公众参与是指居民对制定与他们相关的发展计划具有参与权和表决权。尽管让公众参与到城市社区规划设计过程中会带来操作程序的复杂,但正是通过各种矛盾问题的反复冲突和对话,才能够找到多重利益的平衡点。

由于城市社区的生态可持续发展,无论是环境问题还是

5. 斯图加特豆子小区
6. 奥地利林茨的社区空间
7. 奥地利林茨的可持续社区模型
8. 奥地利林茨霍茨大街住宅开发

社会与经济问题，其本质上是公共利益问题，缺乏公众的参与难以求得真正意义上的可持续。西方国家在城市社区建设的公众参与上有了很多实践，值得我们借鉴和学习。

三、生态可持续城市社区的模式

20世纪的西方以乐观主义的态度开始兴建城市新社区，最后却以混乱抑郁的郊外住区而告终。正是由于社会观念的转型以及城市规划设计师的努力，在刚刚过去的30年里，重建改造和适应性的再使用使城市社区得到了复兴（图9）。在中国经济快速发展和大规模城市化的今天，城市中旧城改造与新城建设同步并行，各种利益的诱惑和矛盾的冲突交织在一起，希望通过生态可持续城市社区模式的探讨，从不同的研究和实践的关注点中寻求答案，给中国城市建设带来一些启示。

1.可持续社区的目标

应当说，比起罗斯金在写"我们建造房屋时，请记着我们所建的建筑是永久的"那个时代我们有更多的模式选择，当今的挑战是如何让人们在不过多破坏地球环境的前提下更好地生活着。21世纪将会重新发现，城市不仅是人类最伟大的发明和文化成就，而且可持续的城市邻里社区还将归还给我们所失去的时间和平衡[6]。

可持续社区发展的目标必须同时包括尊重自然环境和以人为本，倡导通过适当的技术、公众参与和多部门协作等手段实现资源的有效分配，在不威胁生态环境和社会系统的前提下，能更好地满足人们的生活需求和提高人民的生活质量。并使可持续社区的现实策略与理想目标结合，从整体性出发，成为在自然经济构成的城市复合生态体系下的重要整合单元。

2.复合的层次结构

社区作为城市复合生态系统的一部分，同样具有复合的层次结构，因此可以将生态可持续城市社区作为一个生态、社会和经济的复合结构来进行更深入的研究。

生态层面：21世纪城市的发展将以最小的生态和资源代价，在广泛意义上获取最大的利益。城市社区应当降低环境负荷，与自然和谐共生。建设的目标是保护原有的自然资源，包括自然环境、地理特征、自然的地形地貌，为公众提供视觉上的调节和享受，并为社区提供一个独特的、亲近自然的场所。对于能源消耗和资源占有的控制将是可持续社区发展的重要一环，应当采取物质循环、再生以及加强人的观念意识来减少环境污染效应以节约自然资源。生态系统中的任何物质都以循环的方式促进系统的进化和生命的活力。在这种资源与环境优化生态观的指导下，可持续社区的发展才会走向系统、综合的环境平衡。

社会层面：城市社区的社会功能是物质功能和精神功能的集中体现，因此需要通过加强社区的社会功能来达到以人为本的目标。这包括物质装置和社区环境所承载的健

9.里斯本希亚多地区重建

康功能;人工与自然环境有机结合的空间环境所承载的场所功能,以及反映人们政治、经济、宗教的文化功能。在理解公众意向、邻里行为和生活形态的基础上,参与和推动居民的社会性活动;在物质空间设计的基础上,提高居住者对于社区的认同,强化社区意义。这样才能真正实现社区的可持续发展。

经济层面:从某种意义上看,城市社区可持续化是一种经济策略。在"少费多用"以及整体协同思想的原则下,必须对水、阳光、风等自然因素有效利用,通过可得到的能源实现低耗高效。而对经济效益的短视则会使城市社区的经济成本中必须增加资源浪费的环境成本、迁离和破坏社区以及人们生活被交付给剥夺了其健康和地位的住宅区的社会成本。

3.生态可持续社区模式的整体性

"以人为本"的可持续发展并不是放弃社会经济发展的目标,而是经济、社会、生态三个系统的协调发展。由于三者在各自追求的目标和实现的手段上往往相互冲突,传统上经济、生态、社会三种发展过程是相互分离、甚至构成矛盾。例如为确保经济利益,社区开发的成本外摊与环境保护的生态目标相矛盾[7]。

社区可持续发展的实现,需要在保护和优化生态环境、满足社会需求、促进经济增长的三个方面同时努力,同步发展,相互协调(图10)。这三个方面共同触及城市社区可持续发展的本质问题,而城市社区本身作为一个统一的整体结构,多层面的不同问题是相互交织的,因此必须从整体出发,任何孤立对待都无助于问题的解决。

结语:城市社区的未来

在可持续发展已经成为当代社会共识的今天,我们通过对生态可持续城市社区模式的研究,探讨我国城市社区的未来发展。结合现实的状况我们提出以下几个方面应当成为努力的方向:

1.以"人"为本和以"自然"为本创建城市生活空间和社区二者之间的和谐性将是研究城市生活空间和社区可持续发展的一个永久性课题;

2.城市社区作为整体系统,需要重视城市生活空间结构要素的协调发展和社区系统要素的整合研究;

3.由平面的规划研究,逐渐转向社区情境空间的总体艺术布局研究,转向绿色社区设计研究;

4.由社区物质形态空间研究,逐渐转向智能环境社区研究。

10.科隆贝多芬花园住宅区

注释

1.方明,王颖.观察社会的视角 社区新论.北京:知识出版社,1991:2

2.杨贵庆.城市社会心理学.上海:同济大学出版社,2000(8):86

3.大卫·路德林,尼古拉斯·福克.营造21世纪的家园 可持续的城市邻里社区.北京:中国建筑工业出版社,2005:164

4.夏海山.城市建筑生态转型与整体设计.南京:东南大学出版社,2006:51

5.李麟学,吴杰.可持续城市住区的理论探讨.建筑学报.2005(7):41

6.大卫·路德林,尼古拉斯·福克.营造21世纪的家园——可持续的城市邻里社区.北京:中国建筑工业出版社,2005:289

7.金涛,张小林.国际可持续社区规划模式评述.国外城市规划.2005(3):48

作者单位:中国矿业大学建筑系

栏目名称：地产视野
栏目主持人：楚先锋
万科企业股份有限公司创新研究部，资深专业经理
栏目介绍：在住宅建筑工业化不断发展的今天，住宅建造量持续迅速增长，许多工业企业对住宅市场产生了浓厚兴趣，将各产业领域中与住宅建造有关的各行业总合起来，建立"资金和技术高度集中、大规模生产、社会化供应"的住宅产业链是大势所趋。住宅产业囊括了居住项目的开发、建设、经营、管理和服务等各种行业，贯穿了住宅寿命期的全过程，跨越了第二、第三产业链。在中国这场住宅产业化的革命中，各种与房地产开发相关的行业能够起到什么作用、又能够做些什么呢？这是我们这个专栏所关注的内容。

完美有多美
Ultimate perfection

楚先锋 Chu Xianfeng

根据大家既往的经验，从理想中的完美到现实中的不完美，总是有太大的差距。实际上，许许多多的研究专家所做的事情就是在缩小这二者之间的差距。

完美和不完美，可能存在两种情况。一种是，通过理论上的分析，可以认识到什么是最完美的，但是由于实际操作的原因，不得不退而求其次，选择一个"看起来不是那么完美的、但实际上却是最可行的方案"；另外一种是，凭我们现有的认知能力还不能确认什么是最完美的，并且在近期达到完美的希望也非常渺茫，在必须应用的情况下，不得不选择现阶段的不完美方案，虽然这种方案可能是打了好多补丁。这两种情况在许许多多的领域都存在，从社会学科到建筑工程学科领域都不乏这样的实例。

我们先看看社会科学。人人都诚实、正直、无私、节俭，没有私欲、虚荣、邪恶、犯罪，这样的社会无疑是最完美的，但它现实吗？17世纪出生于荷兰旅居于英国的医生伯纳德·曼德维尔曾经发表过一首寓言诗《抱怨的蜂巢，或骗子变成老实人》（后来在此基础上发展为《蜜蜂的寓言》一书，作者也由医生变成了经济学家），诗中为我们描绘了类似人类现实社会的一个蜜蜂王国。"无数的人们都在努力，到处都充满邪恶，但整个社会却变成了天堂"。这是从恶行出发得到善的结果。反过来呢？我们建立一个完美的社会如何呢？

蜜蜂们也这样想，于是上帝成全了它们："就在邪恶离开它们的同时，诚实充满了蜜蜂们的心田。"但结果呢？完全出乎人们的预料，因为大家不再追逐私利，不再奢侈，于是就不再需要技术与艺术，不再有人向手工业者订货，不再有人去酒吧消费，不再有人聘请律师，不再需要政府警察和法庭，商业迅速消失，房地产价格急剧下降。同时它们嘲笑异国蜜蜂的妄自尊重，嘲笑由战争获取的空洞光荣，所以他们也不再需要军队和武器，虽然在异国入侵的时候，所有的蜜蜂都奋勇作战，但多数都捐躯疆场，就这样，这个异常繁荣的蜜蜂王国就衰亡了。其实人本身是有一种惰性的，当社会对他施以较大的刺激并能使他得到较大的满足时，这个人的潜能才能被激发出来，施展出创造性的才能。因此，要建立一个繁荣的社会，政府的最重要职能之一是帮助人们建立一种能释放出公民的所有生产力、创造力的社会制度，为公民提供某些基本的个人权利——私人财产神圣不可侵犯、人人平等自由、不允许任何人违反纪律，但允许每个人自由思考等，这样出于利己考虑的人的行为就会成为社会进步的工具。只有顺应人的利己本性，并建立一套社会保障制度，才能得到社会的繁荣，而不是去建造一个乌托邦式的空想的完美社会。

社会科学领域如此，建筑技术领域也是如此，从以下两个实例即可见一斑。

我想说的第一个实例是什么样的外墙保温形式是最理想的。从保温层所处的位置来分析，外墙的保温形式有三种，即：外墙外保温、外墙内保温和外墙夹心保温。

从局部节能的效果来看，内保温在采暖和制冷时消耗的能量最少，因为和外保温和夹心保温相比，它的保温材料距离室内墙面是最近的，采暖和制冷的时候没有墙体吸

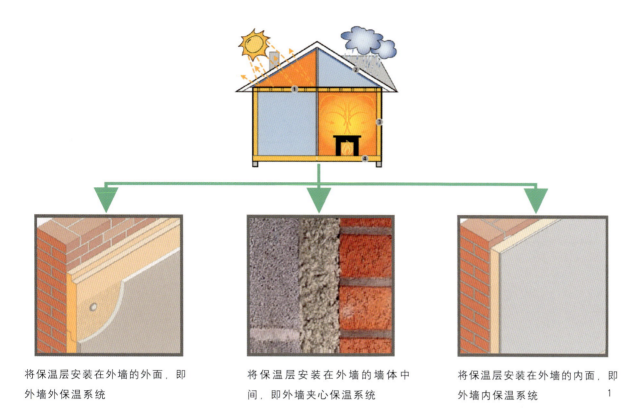

将保温层安装在外墙的外面，即外墙外保温系统

将保温层安装在外墙的墙体中间，即外墙夹心保温系统

将保温层安装在外墙的内面，即外墙内保温系统

收能量，可以使室内的空气迅速升温或者降温。但这种室内温度的急速升降对人体的健康是不利的。人体受到忽冷忽热的刺激的时候，内部机能调节跟不上环境的温度变化时就会生病，这是人的生病机理。所以接近人的活动范围的材料最好是蓄热系数比较大的材料（如混凝土类的材料），这样它会缓慢地吸收或者散发出热量，缓慢地调节室内环境，这也是我们在地板低温辐射采暖的房间里面比在使用蒸汽采暖的房间里面感觉舒服的原因。

从总体的保温和节能效果来看，外保温和夹心保温最好，因为外保温和夹心保温就像一个人穿了一件大棉袄将自己包裹得严严实实的，而内保温一般只做外墙部分，不做楼板和顶棚部分，楼板和顶棚就会成为冷桥造成能量损失，所以内保温的保温效果肯定没有另外两种保温形式好。而在外保温和夹心保温这两种保温形式中，外保温则更好一些，因为夹心保温外墙中会有连接件将内外两侧的墙体拉结在一起，这也会造成一部分冷桥，从而造成能量损失。同时，外保温的这件棉袄不仅保护了室内生活空间的能量（采暖和制冷）不受损失，也不受外部恶劣气候条件的影响，而且还对建筑物主体具有保护作用，使建筑的主体结构如外墙和框架的温度常年保持在一个均衡的水平，不会出现因温度应力较大而引起的破坏。这种破坏主要体现在外墙开裂和渗漏方面，可能严重影响室内的生活。

综上所述，外墙外保温是最优的方案，它几乎没有任何理论上的缺点，然而它也碰上了实际操作中的难题——一个是饰面开裂及渗漏问题，一个是外墙贴面砖的脱落问题，尤其是后者更为突出。在东部亚洲地区，包括中国和日本这两个都需要做外墙保温的国家（纬度原因），大家都比较喜欢用外墙面砖，一是为了美观——质感和灰尘污染问题，中国北方空气污染严重，采用涂料会带来严重的墙面污染；二是为了保护墙体不受暴雨的冲刷，因为中国沿海地区和日本都是多暴雨的地区。在外墙保温板（一般是EPS和XPS两种）上面贴面砖一直是国内没有解决的问题，国家既没有任何这方面的标准，实验室所作的外墙外保温面砖饰面体系的面砖耐候性抗拉拔试验也几乎没有一例是成功的。其实，这种失败是由其材料的分层构造原理决定的——在软质材料上贴面砖所造成的刚度突变焉能不失败？况且这种靠人工现场湿作业完成的外墙体系，施工质量很难保证，质量隐患多多。

在推行工厂化住宅的今天，外墙外保温也很难满足取消外脚手架的要求。外保温外墙的饰面层若在工厂内完成，会遇到运输和吊装过程中的保护的问题，所以，日本的住宅产业界经过权衡——到现在为止——基本上全部采用了内保温。其实，不仅仅是日本、韩国等等亚洲国家普遍采用内保温形式，英国和法国欧洲国家的内保温也很普及。

我曾经专门和日本的小林峰先生交流过这个问题，后来也有机会了解到了大成建设和东京建屋的技术，终于从一个坚定支持外墙外保温的人转变成了一个要在工厂化预制混凝土住宅内采用外墙内保温做法的人，虽然心中仍有不甘。

我想说的第二个实例是预制混凝土结构体系。从理论上讲预制混凝土结构技术的难点不在如何预制构件，而在

2．为对各种不同保温方式的节能效果进行对比，研究人员对采用外墙内保温以及外墙外保温的6层的住宅楼进行了能耗的跟踪，住宅楼的建筑面积为1500m²，28个房间，研究人员对1年度电热及热水的能耗进行了跟踪
3．外墙外保温面临的实际问题
4．出于施工方便等技术原因，英法日韩等国外发达国家大多采用内保温形式

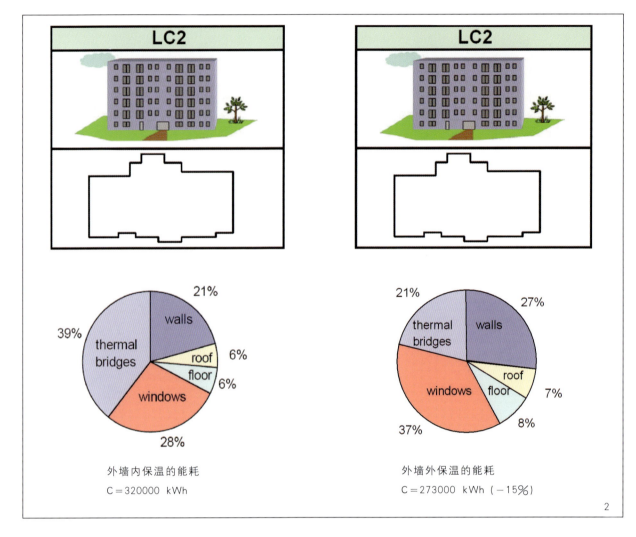

外墙内保温的能耗
C = 320000 kWh

外墙外保温的能耗
C = 273000 kWh（−15%）

某多层居民住宅外保温外墙开裂及维修情况

新疆某高层居民住宅外保温外墙饰面层脱落情况

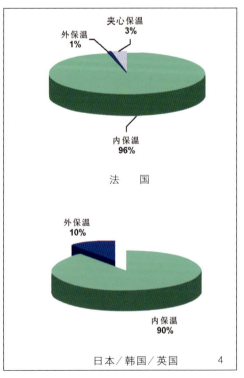

法　国

日本／韩国／英国

法国的复合内保温板（聚苯板+石膏板）施工现场

日本多采用聚氨酯发泡保温材料作外墙内保温，然后再贴石膏板或者复合内保温板（聚苯板+石膏板），最后在石膏板上面作面层

韩国某卫生间做外墙内保温的情况

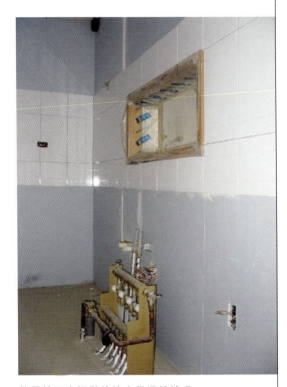

韩国某卫生间做外墙内保温的情况

5．国外做外墙内保温的经验

小林峰先生提供的日本关于内保温与外保温的对比　　　　　　　　　　　　　　　　　　　　　　　　　　　　　　　　表1

项目	内保温（现场喷涂聚氨酯硬泡材料）	外保温（聚苯乙烯泡沫塑料板材）
保温材料的厚度控制	厚度控制有难度	厚度控制容易
热量损失	地板有保温，热量不会向房间外、地板下面流失	各房隔间、地板下面没有保温，热量回向房间外、地板下面流失
透气效果	构造体透气状况良好	构造体透气状况不好，需换气
外界影响	构造体受外界影响较大，更易受外界的侵蚀	构造体受外界影响较小，更不易受外界的侵蚀
人员活动影响	同一建筑物内，有的室内有人活动有的没有人活动的情况下，应选择内保温——个别房间、断续空调	全部室内均有人活动的住宅、医院、老人院等应选择外保温——全体房间、连续空调
热桥影响	梁、柱等部位会发生热桥，需加强保温措施	阳台、空调搁板、女儿墙等部位会发生热桥，需加补强保温措施
结露影响	控制保温材料厚度可以控制结露	霉雨季节会产生结露
实体热容量	实体热容量小，空调启动效果快	实体热容量大，空调启动效果慢
对面枳的影响	结构尺寸固定的情况下，影响室内使用面积（减小）	结构尺寸固定的情况下，影响建筑使用面积（增加）
防白蚁的对策	因为是在室内，可以阻止木构造防白蚁药品对室内环境的影响	因为是在室外，不能阻止木构造防白蚁药品对室内环境的影响

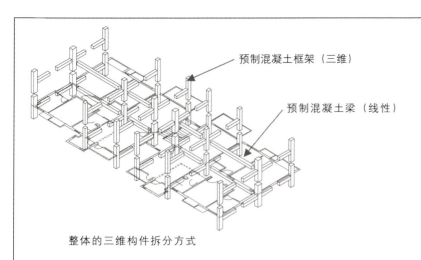

整体的三维构件拆分方式

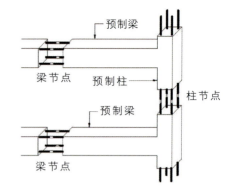

考虑到结构的安全性,将柱的连接节点位置设置在柱的反弯点处,即两个楼层的中间的位置。

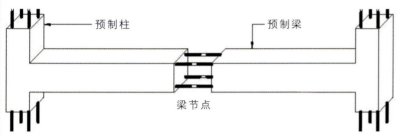

短梁,中间或1/4跨处断开

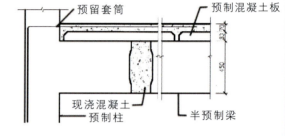

大跨度梁,距柱边1/4处断开

考虑梁的受力特点,并满足国家抗震规范的要求,预制梁的节点位置应设在距柱边1/4梁跨度处,同时为了便于预制梁的制作、运输和安装,也可以视情况将预制梁的节点位置设置在跨中或柱边,但此种情况需试验验证节点的可靠性。

6. 理论完美的PC结构设计
7. 理论完美的设计遭到现实的残酷打击,空中的多方向定位十分困难
8. 香港的预制结构同样不考虑抗震,但采用的是另外的连接方式,外墙通过预留钢筋与柱、梁现浇,形成刚性连接,对框架整体抗震不利
9. 欧洲的预制结构不考虑抗震,比较简单,梁直接放在柱上,楼板直接放在梁上,节点强度不能满足抗震要求

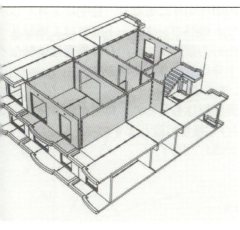
日本的W-PC工法（板式），和香港的预制件力墙结构相似

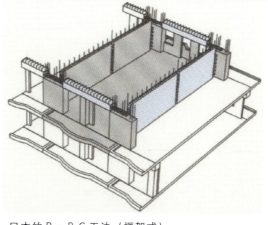
日本的R-PC工法（框架式）

日本的PC阳台吊装情况，比较简单的三维构件，从某种程度上也可以认为它是二维构件

日本的WR-PC工法（框架-板组合式），板式住宅的前后立面为框架，分户墙位大板

日本的PC连续梁吊装情况，与柱连接部位仅有钢筋相连，先不浇筑混凝土（见右图）

PC连续梁落在PC柱上的情况

10. 日本的PC应用情况

于如何将预制构件连接起来。

顺着这个思路想下去，我们可以发现在钢筋混凝土框架结构中柱的受力在中部最小，连续梁的受力在距柱1/3～1/4处最小，从结构安全上考虑，将预制梁、柱的连接部位放在这些受力最小的部位是十分合理的，如果你去征求专家们的意见，他们会异口同声地告诉你这是最好的方案，完全没有问题。但如果真的按照这种方式将钢筋混凝土拆开预制，那你就惨了。因为你的预制构件除了梁的中间一段是一维构件以外，其他的全部是三维构件。

首先三维构件在生产上代价很高。因为三维构件的预制钢模具也是三维的，制作成本非常高，模具的固定比较麻烦。同时三维构件的钢筋网绑扎和混凝土浇捣均十分复杂。其次，三维构件在存放和运输上代价也会很高。一是因为在运输工具内占用的空间很大，造成运输效率非常低，运输成本大幅上升。最后，三维构件在吊装施工环节问题更多。问题一是三维构件的重心一般处于空间位置的某一点，而不是构件上的某一点，因此需要多个吊点来维持构件的吊装平衡；问题二是由于处于悬吊状态的构件是不稳定状态，使构件的空中对接难度极高；问题三同样是因为构件处于空中悬吊状态，固定时需要比较多的临时支撑，会带来成本增加，也会使构件表面因预埋件比较多带来不平整和不美观问题；问题四是最大的问题，因为产品的生产过程中总会产生误差，构件的安装过程中也会产生误差，尤其是三维构件最多可能会出现在三个方向上的六个接头和其他构件相连接，误差调整异常困难。如果你不幸选择了钢筋连接套筒而不是焊接方式来连接钢筋，你所花费的时间成本将远远背离你做工厂化住宅开发的初衷——节省时间成本，提高效率。

日本和香港、欧洲的预制混凝土结构住宅的发展过程中都曾经走过坎坷的道路，后来他们抛弃了那些理论上非常完美的预制体系，发展出主要由一维和二维构件组成的预制住宅体系。总的来说，欧洲和香港的预制结构比较简单，因为他们不考虑抗震，而日本的预制结构比较复杂，因为抗震设防等级非常高。他们的经验对我们非常有借鉴意义，学习别人可能使我们缩短10年时间走上预制混凝土体系的工厂化住宅之路。

毋庸置疑，我们需要向别人学习。无论是国外还是国内的先进技术，在学习时最重要的事情是弄明白他们为什么这样做。对于我们没有亲自实践过的事情，即使我们"想"得再明白，都不要先去下结论，更不要对别人妄加评论，多想一想下面这两句话："存在即是合理，存在不需要完美"，也许对我们有好处。

（注：文中图片部分由拉法基公司和日本大成建设提供，特此致谢！）

作者单位：万科企业股份有限公司创新研究部

走进庐师山庄
——《住区》访谈
Walk into Lushi Villa
Community Design interviewed Architects

《住区》 Community Design

北京庐师山庄所处北京西山风景区核心地段，其背靠庐师山，面朝京密引水渠，山可避风，水具灵性，有着"山水区"特点。

庐师山庄共52套别墅，山庄总建筑面积为3.6万m²，占地6hm²，容积率为0.51。庐师山庄项目属现代风格建筑，在设计中揉和了中国传统四合院的形式，是一个反映当代中国特征的项目。在这个有点极简主义倾向的项目，如何把握传统和现代的关系？如何体现产品与作品的关系？带着这样的问题，《住区》走进了庐师山庄，从市场策划和建筑创作两个方面来剖析庐师山庄。

市场策划篇
访谈嘉宾：
薛　峰：《住区》杂志副主编
范肃宁：《住区》杂志编辑
朱　军：北京建工地产副总经理
王　昀：庐师山庄设计人，北京大学建筑系研究中心副教授
吉树起：庐师山庄设计人，北京市建筑工程设计公司副总建筑师
喻汉华：北京万通东方策略房地产经纪有限责任公司总经理

差异性市场
朱军：庐师山庄这一项目就是在寻求与其他产品的差异性的过程中产生的。同样的东西之间存在竞争，但是不同的东西之间就没有竞争了，有的只是喜好。这就是房地产开发的一个重要概念，即差异性市场。根据对地段及其周边环境（自然的、商业的、邻里的）评估和分析，最终我们这个项目经过了青砖灰瓦的中式风格、联排别墅、独栋别墅等阶段，又由三层变为两层，直至现在这个结果。

《住区》：那您认为您推导出的这一结果有什么特点呢？又是因什么因素产生的呢？

朱军：首先针对西山这一具有特色的环境，建筑不能够像市中心的房子那样，环境被建筑围绕，我期望的效果就是建筑生在环境中。否则它便失去了它的环境优势。所以此项目设立了一个主题就是——融合。其次，我对此项目的另一个要求就是品质，我不希望让其外立面、外观表现出某种豪华程度，而是一种内在的品质，这也正如我对客户群的定位一样，具有实力却不张扬。这些主要体现在建筑使用的材料、工艺，建筑师现代的空间理念等方面。

我个人认为通俗的独栋别墅并不是高档豪华别墅，也许看上去很富丽堂皇，但是所有的房间构成的是一个密不透风的大方块，景观与建筑截然分开，可望而不可及。这是比较闭塞的建筑形式，在这样的建筑中，没有办法充分

而自由地享受阳光、享受自然,这样的别墅与城市中的高层公寓有什么区别呢?无非是面积大一些,窗户的朝向多些罢了。所以我在经过一番思考之后,决定在这一项目中,不需要"形似"青砖灰瓦的四合院,而是要"神似",将庭院引入建筑,与建筑融为一体。并利用不同标高的平台使院落空间更具趣味,使南向一层高平台通透,庭院生活"围而不堵,封而有透"。在现代化的生活与建筑中体现出中国传统四合院空间精神,折射出中国传统的"天人合一"的人文精神。这种的庭院生活没有必要拉上窗帘才能使个人隐秘生活得到保证,这是一种自由的空间,是一种自我展示和放松的空间。这才是一种真正精神放松的生活方式体现。

《住区》:开发不等于建筑创作,如何评价建筑师个人的激情创新与产品的市场风险?

朱军:首先,我的创新也是建立在一定基础之上的。有"创新点"也有自己的"保底线"。我尊重建筑师,支持建筑师搞创作,但是这种发挥不能够脱离市场、脱离现阶段的实情。这一点相信在观看建筑作品时,您能够有所体会。

《住区》:能举个例子说明一下吗?

朱军:举个简单的例子。既然是别墅就要让人去居住,去生活。所以空间再怎么创造,也要符合居住建筑的特点。

总平面图

这就是一个最基本的要求。只有建立在这个基本点上，才能进行创新。比如我们否定了设置主卧、次卧的概念，而是设计了主卧区，将卧室、书房、小起居室、步入更衣间、卫生间等功能化为一个独立区域。这样主卧的地位便突显出来，不再像以往那样由一道门划分出主卧。此外，通过建筑师的设计使各功能空间互相穿插但又自成一体，形成丰富的室内空间，也形成了非常有特色的空间效果。

还有一点就是，针对客户群的特点和该项目本身的特质，我希望建筑在既体现豪华的同时能够保持低调而不张扬的氛围。体现一种精神的豪华。

《住区》：庭院式空间，简约的造型设计手法与创造精神的豪华是一种什么关系呢？

王昀：其实朱总提出的这一要求并不矛盾。举个例子：由于庭院的引入使建筑呈展开的态势，这样整个建筑的体量感大大增加了，由此显示出居住环境的优越性。但是整个建筑关心的并不是外观上的豪华奢侈，相反其形象色彩都给人朴素直白的感觉。建筑主要追求的是精神层面的东西，在提高人的生活品质方面下功夫。

室内外穿插的设计使得庭院成为建筑空间的一部分，即居室空间＝室内空间＋室外空间，而以往的独立式别墅则是庭院围绕中央的建筑，建筑与庭院的关系较为孤立。因此，室内外空间的过渡更加自然，每个房间都有自己的庭院，于是便在无形中增加了居室的使用面积。这样一来，在我的建筑中传统的外立面要素便被弱化（内敛），而原本是内立面的庭院空间——即自己家的内面反而成为了建筑的外立面（张显），即建筑没有对外的立面、只有对内的立面，也就是将原本给别人看的立面转化为为自己欣赏的立面，由此形成建筑内敛与张显性格的相辅相成。外人看不到建筑内部的生活，自己家中无论是室外还是室内的生活都不用担心被外人的视线打扰，使家中的任何角落都成为能够完全放松和享受的处所。这是与传统独立式住宅最大的不同。

吉树起：我们最初并没有做庭院的想法，也就是说，建筑设计的开始并不是从庭院入手，而是从分析中国人的生活方式入手。然后我们发现中国传统的住宅，其实从住宅的形态或者说形式上来说，区别并不大，但是家家都很有特色。这就是因为每家的庭院都不相同。中国人的庭院生活有着悠久的传统。于是我们将按照生活方式排布的模式用空间的形式表现出来后，就自然的形成了现在具有院落感的空间状态。

但是现在所形成的院落又与中国传统的庭院有本质的区别，首先是因为它是适合现代人生活的空间，必须符合现代人的生活方式，其次它与室内空间是相互穿插相互渗透的，并不是简单的"房子围合而成的空地"。人们在其间的空间感受远远比传统四合院空间要丰富的多，现代得多。

此外，我们还注重在统一的基础上进行变化。这五十多栋住宅的庭院，没有两户是重样的，家家不同。这便为住户带来的个性化和与众不同的空间品位。住宅不再是简单的复制，真正变成了体现身份、体现品位、张显个性的场所。这便比中国传统住宅庭院又进了一步。

吉树起：别墅解决的不只是居住、休憩等生活要求，而应该上升成为精神解压的工具。人需要在自己家活动、

行走,充分享受自己的空间。所以设计师便要让这种需求成为可能。因此建筑中努力塑造一种丰富的空间效果。房间与房间之间不能像普通住宅那样简单地连接。例如,在我的建筑中,身在卧室的"我"能够看到阳台上妻子的身影,庭院中玩耍的孩子,连廊上晃动的家人……但这并不是普通的那种不可避免的直视、视线互扰,而是一种生活场景的丰富,是一种经过刻意的安排和组织,所呈现出的丰富的空间效果。使得肤浅的外观"豪华"变为精神的"豪华"——那就是丰富的空间盛宴。

建筑创作篇

访谈嘉宾:

张 翼:《住区》杂志副主编

方晓峰:《住区》特邀嘉宾,清华大学美术学院教师

王 昀:庐师山庄设计人,北京大学建筑系研究中心副教授

吉树起:庐师山庄设计人,北京市建筑工程设计公司副总建筑师

开发商与设计师的良性互动,是建筑师创作出好作品的必要条件。只有这样建筑师才能获得梦寐以求的创作机遇。比如该项目的色彩,只采用了最纯粹的白色和黑色。白色的外墙选用高档氟碳漆喷涂,黑色的外墙则为干挂黑色石材。在色彩的决定过程中,开发商并没有先入为主地否定或简单地干预设计师的想法,而是通过市场的研究和认识的扩展,在此基础上,尊重和支持建筑师的创作,使得庐师山庄的横空出世成为了可能。

《住区》:庐师山庄是如何体现中式风格的?

王昀:在我设计时没有考虑中国式的问题,我认为,所谓的中国式是结果而不应当成为设计的目的,作为适合中国人生活方式结果的建筑,加上中国的环境和建造技术本身就是中国式的。

吉树起:我的设计中融入了四合院这种元素,是抓住了她的精神。传统的四合院是建筑围绕出来的,仅仅是这样罢了。但是这种空间形式已经不适合于现代中国人的生活方式了。所以我的空间与传统的四合院空间有着很大的区别。但是我抓住了传统四合院的一些精神特质——如家中的空间,无论是室内还是室外的,都是专属于自己的,丝毫不受外界干扰。这一点就特中国,与其他西方国家完全不同。其次,院中晃动的人影、穿廊中的脚步、院中的海棠和合院的柱廊、牌匾等都呈现出一种丰富的生活场景。此外那种和自然亲近的感觉也很中国。所以我的建筑最大化的体现出了这些中国建筑的特点。

方晓峰:建筑师反复强调这是一个反映当代中国特征的项目,国际化是其大背景,因此似乎没有考虑历史元素,要甩掉历史的包袱。我的疑问是:当代的中国人就同中国历史没有关系了吗?现代主义在西方并非没有历史关联,为什么在中国历史会成为一个障碍呢?事实上,庐师山庄这个非常好的项目名称就是一个历史的馈赠。我看完整个项目最大的遗憾就是建筑内容同这个好名字之间没有多少关联,没有传统文人的那种气质,在西山的背景下这一点溢发突出。这种评判标准可能有点苛求了,中国建

筑师还在陶醉于临摹一张好画的境界，问题是我们的生活需要学习吗？没有生活的自信，自然不会有创作的自信。这个项目是个很好的例证，证明我们已经在路上，但离终点还有一定距离。

张翼：目前策划、销售房地产的风气是你设计了一个作品，还必须给它打上一个标签，将它归入某类设计风格或流派。而多数有所创新的设计都很难精确地用某种风格、流派来定义。这个项目追求的是现代建筑最本质的东西——如空间、人性，而具体什么风格只是诸多要素的一个方面而已。我们不能将一个作品强行列入某种风格，然后说它不符合这种风格。

王昀：这个设计可以说是对现代主义建筑的重新阐述。20世纪70年代，火柴盒式的"现代建筑"的失败，带给普通人民群众的是对现代主义建筑的误解。事实上，那个时代的建筑与其说是现代主义建筑，不如说是属于国际式的。现代主义的精髓仍然具有强大的活力。风格只是浅显层面的东西，而民族性与原创性才关系着建筑的本质。只谈风格无疑停留在了表面化的思考水平上。庐师山庄的建筑风格与中式建筑可以说是没有什么关联的，但在更深层次的空间感受、生活体验和精神层面上体现了中国传统文化的精神。地域性的存在不只是一个形式问题，还包括环境、建筑的色彩、做工等各个方面。一个建筑作品在施工的过程中还会对其进行新的诠释，这便形成了地域性。

《住区》：作为一个住宅项目，为什么采取了如此简单而纯粹的形式及色彩？

吉树起：从项目的沿革来讲，2003年开始设计时，传统的北京四合院与中式概念的新别墅建筑已经在市场上逐渐形成关注群体。在初期设计的几个比选方案中有两个也走了中式风格的路子，诸如在立面上采用一些中式的符号或坡屋顶的形式。经过项目在市场上具有的优势和劣势的判断后，最终做出了走简洁样式的路子。因为如果同样是纯中式的四合院建筑，住户更有可能到什刹海或老城区买房，而不会来西山脚下。只有一个差异化的产品策划才能打造出自身的影响力和品牌价值，雷同或跟随别人就丧失了自身核心竞争力。之所以选择简洁而纯粹的形式也是我们对于别墅生活的一种理解。

王昀：别墅应当提供给居住者一个生活背景，在这一背景下，每个人都可以自由演绎他个性化的生活。每个人都有对生活的理想和对自我生活方式的追求。设计师只是给居住者提供多种可能性。每个卧室都有可能作为主卧，不同的入口、流线可以为居住者提供不同的路径选择与体验。关于色彩：白色是我最喜欢的颜色，最纯净也最丰富，它最直白地回应天色或灯光的变换。当人走进白色空间，色彩和肢体动作立刻加入其中，白自然就退为了背景，最忠实地映衬着人的行为。因为在我的建筑中，人永远是主角。

方晓峰：简洁和简单之间的分寸把握对于这样一个有点极简主义倾向的项目来说，对建筑师是个考验。就建筑的外部形式来看，建筑师的能力是值得肯定的，这也是为什么这个项目在网上的专业论坛已有流传的原因。但入口的处理似乎同中国人传统的心理预期不相吻合，联排别墅二层外挑的清水混凝土体块成为焦点，还是有点做秀的感觉，同入口的处理恰成对比，住宅作为家的意象，在这里被削弱了。

对于内庭园的建筑立面，我的感觉是同外部立面不相匹配，窗洞口的设计有些简单。极简主义的精髓套用一句广告词是"简于形，精于心"，落实到设计上就是形式符号简单，但形式之间的构成关系精致（即对抽象的结构要用心，注意此处的精致并非指施工的精致，尽管施工工艺也很重要，但这个问题同设计无关，那都是一种表面上的精致）。

王昀：关于细节处理：事实上，中国当前的技术和工艺的水平与建筑技术先进的国家之间存在巨大的差距，要建成细部节点精美的建筑在现阶段的工艺水平和施工人员素质较低的现状基础上仍是非常困难的。为此我们走向事物的另一面，干脆不做任何繁文缛节，就作最简洁的建筑。事实上，从建造中遇到的各种难题来看，为了获得简洁而精致的效果，施工过程中同样遇到了很多挑战，付出了极大的努力。我们在细节上花费了大量的时间和精力，精心推敲，精益求精，对建造的过程进行全程跟踪和服务。

张翼：项目是否简洁或繁琐，不能仅仅从建筑设计本身来评判。住区是对居住环境的整体称谓，必须将建筑与环境景观甚至室内设计统一考虑，才能判断项目的繁简是否合适。另外，建筑师可以为住宅使用者提供布景，也可以提供背景。建筑师出于对使用者的尊重和对生活所具有的多种可能性的考虑，给人们提供生活的背景，更加符合人们的精神需要。建筑师尤其要避免强加给用户某种建筑师所设想到的生活模式。简洁一些，其实是为客户提供了更多的余地。

《住区》：庐师山庄对院落的理解是怎样的？

王昀：中国传统的住宅其实每家的房子样式都差不多，但是院子却各有不同，因为人们在其中加入了自己的生活。院落是一种内敛而安静的空间，而我设计的别墅则追求人的动线的设计、流动的空间和丰富的空间组织。院子就是留给住户展示自我个性的舞台。房子就是空间，有造型而无空间那是雕塑，而人是不能生活在雕塑中的。在空间的营造中，富有趣味的细节处理能够增强居住空间的戏剧性和深度感，添加生活的情趣和饶有兴致的情节联想，比如地下室的玻璃顶，筒型采光天窗以及对空调管道和风口的几何化处理等等。可以说，庐师山庄的建筑虽然不是独栋别墅，却具有了独栋别墅不具备的内部天地和居住的舒适性。从外界空间识别性来说，群落化别墅具有一种外界识别的模糊性，事实上北京的四合院住宅在胡同里是不具备明显的识别性的，对外是一种谦逊的姿态，而内部则是一片独有的天地。

方晓峰：在深色的双拼户型中，庭院中出现的钢制旋转楼梯有点莫名其妙，或许是想保持庭院较为完整的平面形状，但如此富有造型意味并可产生积极作用的形式构件蜗居于一角，仿佛是个多余的东西，不禁让人怀念萨优伊别墅的坡道和理查德·迈耶的室外楼梯。关键的问题在于这个庭院没有室外楼梯并不是毛病，楼梯不合适反倒是个瑕疵。

《住区》：目前园林施工还没有全部完成，大家可否谈谈对园林与景观设计的想法？

方晓峰：建筑的楼间几乎没有绿化，我们可以理解为追求一种强烈的对比的关系，但作为商业开发的住宅，我认为这种做法不太可取。事实上楼间有几棵强制保留的大树，它们的存在已经很好地说明了问题，去过现场的人可能都会对那种关系留下深刻的印象。

集中绿地的景观处理同建筑之间的关系较弱，这个问题可能同建筑师关系不大，这样的问题在今天很普遍。

张翼：景观、规划与建筑设计应该是密不可分的，尤其是对于一个中式建筑。庐师山庄的白墙令人联想到南方的私家园林，而文人园林的特点就是将白墙当作画布，在上面以景观作画。我们这个项目铺好了纸，谁来作画？怎样作画？什么画风？这都非常重要，如果最后的景观不理想，将极大地影响项目的整体立意与风格。在总体设计上明确什么人具有话语权是必要的，即可以建筑师为主，从规划、建筑设计阶段就确定了总体风格，景观设计配合；也可以规划与景观设计先行，建筑设计跟随、强化景

观设计的风格。

《住区》豪宅设计如何体现"豪"的问题，这可能是房地产市场中较有共性的一个着眼点，本项目的价位应该说是豪宅，是如何对豪宅的理解的？

方晓峰：豪宅设计如何体现"豪"的问题，这可能是房地产市场中较有共性的一个着眼点。本案的建筑在这方面起码是不俗，没有使用夸张的符号或者太直白的设计，尽管清水混凝土体块也有符号化的倾向，但其表现是较为委婉的。不太理解的地方是某个较大的户型中出现了一个同客厅等宽的通向室外庭院的大台阶，不知道是什么意思，或许这也是豪华的一种表现方式，倒也不至于浪费，像个室外剧场，可以看表演。

张翼：庐师山庄的设计充满了使用中的多样性与趣味性，也可以说空间很奢华。从流线上说，进入住宅有两个不同的入口，进入起居室与主卧同样有不同的选择。在这不同的路径中又有不同空间形态与采光方式，通过排列组合，产生不同的动态体验。当然，也有点像迷宫。

《住区》：别墅应当怎样提供给居住者居住的自由？别墅的真正意义何在？

王昀：我认为个性化别墅和个性化生活是未来发展的趋势。那种将少量成品住宅简单复制的别墅区可以说与普通的住宅小区没什么区别，别墅不能简单地做成三室一厅的扩大版，而应该与人的精神更贴近。别墅空间应给人以自由，使居住者能够对自己生活进行重新的规划。真正的别墅应当为居住者提供最大的可能性和最自由的生活，别墅应该是居住者追求个性化生活的开始。

作者单位：《住区》编辑部

城市与环境的再生
—— 日本设计六鹿正治社长访谈
The revitalization of a city and its environment
Community Design interviewed Rokushika Masaharu

《住区》 Community Design

日本设计　六鹿正治社长[1]

《住区》：从北京京广中心伊始，日本设计是最早进入中国市场的海外建筑设计事务所之一。作为日本的一家著名的设计公司，它不仅在日本国内完成了许多优秀的设计作品，而且在世界各地广泛地开展设计活动。作为组织型建筑事务所的代表，贵公司在开展建筑设计活动时遵循什么设计理念、或者说有无一定的设计原则？

六鹿：日本设计是最早参与中国建筑市场的事务所之一。早先设计的北京京广中心迄今为止仍旧是北京的最高建筑，而且赢得了好评。日本设计的发展历程体现了多样化的原则，从建设日本第一座超高层建筑霞关大厦开始，已经设计了超过了100座的高层，同时作品涉及的内容也包括了各个方面。但是我们始终遵循下面两个原则，贯彻在其设计之中。第一，对地球环境的重视。第二，建筑的持续性。一个原则，设计出来的建筑要经得起时间的考验，即使过50年、甚至是100年都可以长久的使用，而不是只图一时的形式和时尚，过后不久就被拆掉。我们可以再来看看身边京广中心，虽然已经过去很多年了，但是一直使用状态良好，受到了用户的肯定，为城市景观做出贡献。

还有，日本设计的另一个特点就是，建筑与城市设计（规划）同时发展，如同一个车子的两个车轮。这在综合型组织事务所里面是比较少见的。但是这正是日本设计得以全面发展的得天独厚的原因。

《住区》：这次您在清华大学建筑学院演讲的题目称为《城市再生和环境再生》。您也提到日本设计重视城市设计，那么在城市再开发规划时，如何看待新老建筑之间的关系？

六鹿：在日本，近年来城市再开发的步骤加快了。城市再开发的规模一般都非常大，而且涉及到社会的方方面面，特别是对于固有城市结构重组都具有重大意义。日本设计近年来进行了很多城市再开发的工作，体现出日本设计作为综合事务所的最大优势。如果再开发地区位于老城区中，一般对老建筑要采取保护措施，同时处理好新老建筑之间的协调问题。比如我们今年刚刚竣工的日本桥三井新馆，它由于非常完美地解决了在传统文化地区进行大规模城市开发，而且保持了与已经列为重点文物保护建筑的三井旧馆的连续，获得了日本建筑学会的建筑业绩奖。另一种情况，再开发地区位于新城区，周围比较空旷开敞，规划就会更关注同自然环境的关系，建筑单体也更强调个性。当然，我们也注重创造新的城市关系，为城市环境做出贡献。

《住区》：对于近些年兴建的办公楼，无论是贵公司

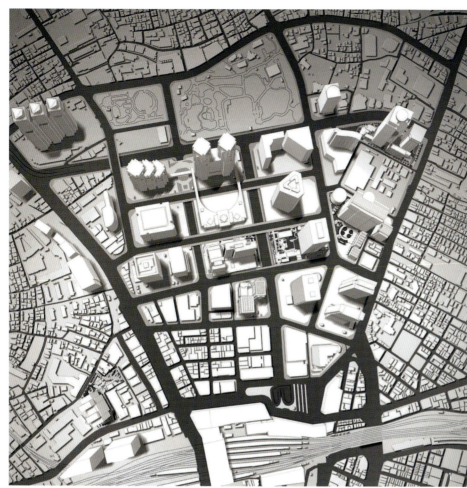

1.日本惟一的CBD中央商务区新宿中凝聚了日本设计的8座超高层建筑作品，代表了公司40年来的建筑发展历程
2.爱岛大楼，日本设计本部所在地
摄影：三轮晃久研究所

的作品，还是北京到处都可以见到的新的高层办公楼。多是一些玻璃幕墙包裹起来的玻璃盒子。虽然非常漂亮，但是对于能源的消耗量却很大。在普遍提倡节能环保的今天，贵公司对这个问题是如何看待和如何解决的。

六鹿：这涉及到了建筑手法和建筑观念的问题。首先这种玻璃盒子是一种流行的设计时尚，而且中国许多业主都要求这么做，国外事务所来到中国首先面临的是开发强度非常高，建设周期短，建筑规模大。但是与很多欧美事务所不同，日本和中国之间有一衣带水的文化渊源，我们很容易与业主找到共同点。你谈到的办公建筑，是日本设计最具特色的设计领域。迄今为止，在全世界建成的超过60m的高层建筑超过了100座，在新宿CBD就有八座。同样在中国，我们的创作也注意与本土文化结合。比如说我们参与的广州双塔设计最终进入了前五名，它体现了广州的文化特色。

在建筑设计中，我们的设计原则是尽量减小人的行为对地球环境的影响。采取更多的措施，如选用低能耗玻璃（Low-E Glass），这种玻璃对光线没有任何遮挡，但却可以阻断室内外的热量交换，做到节能。还有就是可以利用太阳能，通过太阳能板收集能量；可以设屋顶庭院。另外在实践中，对于双层幕墙的不断研究和改进。将自然通风、自然采光引入到办公建筑。

《住区》：根据各种资料来看，超高层建筑林立的新宿中央办公区主要是由贵公司负责规划设计的，而且历时20多年才建成，这里面有什么原因吗？能否介绍一下这个项目的情况。

六鹿：日本设计的发展与新宿的建设有着密切的关系（图1）。新宿中央办公区最初的规划方案是由东京大学的高山教授完成的，他找到我们进行合作。新宿最早的超高层建筑京王酒店是我们早期的作品，后来建成的三井大厦一直是新宿CBD地区具有象征意义的办公建筑。

这个项目虽然是政府投资的城市再开发项目，但是由于日本的土地实行私有制，因此项目推进起来相当耗费时日。比如说三井大厦的用地原来属于东京都自来水公司的，与公司谈妥了大楼建成出租后的回报比率，很快就启动建设了。但是对于三井大厦旁边的一块用地，就是日本设计设计总部所在的爱岛大楼建设时就没有这么简单（图2）。作为设计者要帮助协调土地所有者，征得他们全员的同意，才可以进行土地开发。而且建设项目的内容也要征得大家的同意，他们有的人不愿离开祖辈居住的土地，就必须想办法说服。这样的协调工作进行了很长时间，终于达成了大家都比较满意的方案。最后，总面积达到40万m^2的爱岛大楼建筑群包括8座不同的建筑，通过统一的主题，为城市增添了重要的景色。

《住区》：贵公司的设计范围相当广泛，包括公共建筑、高层办公楼、商业设施、城市设计等等，请问在住宅设计领域是否也有所建树呢？

六鹿：我们也做了很多集合住宅项目。日本泡沫经济时期我们公司以做办公大楼为主，现在设计构成比例发生了改变，办公楼的设计数量在减少，而城市街区再开发、火车站前再开发等项目有了明显的增加，其中集合住宅的设计占了比较大的比例。作为我们提倡的城市再生的发展方向，住宅建设对于城市风貌的改变也起到了很大的作用。包括目前在东京传统街区日暮里进行的日暮里站前开发项目，将有三座超过100m的塔楼拔地而起，形成整个地区的门户建筑，同时结合塔楼建设，阶梯花园和连通平台将连接车站，站前的环境将得到很大的改善。

《住区》：通过2005年爱知世博会日本馆的建筑，我们感受到日本设计一直将环境建筑作为自己的主方向。

六鹿：这次爱知世博会日本政府馆的建筑是一座集环境技术，可再生材料于大乘的建筑。但是谈到环境建筑，我们从一开始就将环境作为主题，尊重周边环境，尊重社会环境。这也是我们这次在清华大学建筑学院演讲的另外一个主题，环境建筑。它不是单纯追求单一的建筑，而是将一个持续不懈的建筑设计原则。它自公司伊始，就坚定地作为设计原则之一，发扬至今。

《住区》：日本设计作为日本最大的综合设计事务所之一，能否介绍一下贵公司的基本情况？

六鹿：日本设计的历史颇具传奇色彩，它是从一个家族式设计公司中独立出来的。当时设计日本的第一座超高层建筑霞关大厦，在1967年只有100多名雇员，他们由于不满原来公司的家长式管理，采用平等的原则成为了一家新公司，发展到今日正式员工就有673人，已经成为一个拥有各类工种的综合性设计事务所，涉及范围包括建筑、规划、景观、室内、施工管理、咨询、策划、改建等各个领域其中城市设计、超高层、医院、酒店等设计都是我们的强项。

我公司实行首席建筑师（chief architect）制，设20名首席建筑师，每人带领一个设计小组，追求作品的个性。这20名首席建筑师代表了公司建筑设计方面不同的风格，同时他们也是非常优秀的项目负责人。组织更多的人员，提高了公司的竞争力。

《住区》：最后请您谈谈对北京的印象。

六鹿：北京非常宽广、宏伟，显示出大国风范。为了保护天安门周边的环境，长安街两侧严格限制建筑高度。我觉得这种做法是正确的，值得尊敬。

注释

1.六鹿正治，Rokushika Masaharu，株式会社日本设计董事长，出生于京都，1971年毕业于东京大学，1973年毕业于东京大学大学院，后来在美国普林斯顿大学完成硕士。主要作品，新宿爱岛大厦（日本建筑学会奖、BCS奖）、松下电工东京本社（优秀设计奖）、日本桥三井大厦等。主要著作《进化中的综合开发》、《公共空间的现在进行时》，热爱鉴赏古典音乐。

设计作品
爱知博览会长久手日本政府馆　环境实验展示馆
地点：日本爱知县爱知郡长久手町
建筑面积：5,999m²
结构：木造
峻工时间：2005年

长久手日本馆完美地解释了万博会"自然的智慧"的主题，对于环保基本原则的3R（还原、回收利用、循环）以11种新技术作出了解答。该馆是21世纪初国际博览会里作为主办国的展览馆"以先进的3R"为目标，指明将来建筑发展方向的建筑。

3. 豪斯登堡园区鸟瞰（豪斯登堡提供）
4. 厦门海峡交流中心、国际会议中心（建设中）
5. 爱知博览会长久手日本政府馆

6.竹笼
7.由靓竹构成的外墙
8.完全分解型多乳酸塑料外墙
9.竹接头
10.利用间伐木材的束型柱、组合柱
11.采用间伐木材的大截面柱
12.结构层压板箱梁
13.光触媒金属屋面
14.竹纤维吸声/隔热材料
15.竹瓦屋面

1．竹笼（图6）

覆盖整体建筑的竹笼是从蚕茧和地球环境中得到的灵感而设计的环境调整装置，具有很好的遮阳效果和通风效果。

2．由靓竹构成的外墙（图7）

南侧的外墙由禾本科植物靓竹构成。外墙装有嵌板单元，其上面可安装自动灌溉设备。植物的蒸腾作用可是建筑和周边环境的温度变低。

3．完全分解型多乳酸塑料外墙（图8）

北侧的外墙是以淀粉、食物垃圾为原料制成的塑料和泡沫缓冲材料等组成的嵌板单元型的外墙。经过1～4周后逐渐被微生物分解成为土壤的一部分。

4．竹接头（图9）

直径18mm，长度15～30cm。在木材和木材和连接部分如销钉一样插入进去，作为固定材料一律不用金属件。抗剪强度为1.2t。根据需要可重新打孔、加工使用，回收利用时不必其它能耗。

5．利用间伐木材的束型柱、组合柱（图10）

利用间伐木材制成的柱子（截面：300×300mm）支撑大空间。会展结束后可适当地分割成需要的大小回收利用。

6．采用间伐木材的大截面柱（图11）

利用间伐木材制成的柱子（截面：300×300mm）支撑大空间。会展结束后可适当地分割成需要的大小回收利用。

7．结构层压板箱梁（图12）

展示空间为跨度9m的木结构形成的大空间，因此要求重量轻而强度高的结构梁。因此，本项目采用了将截面为105mm×105mm的木材以梯子的形成组合后两侧以12mm后的结构层压板夹注的箱型梁。

8．光触媒金属屋面（图13）

屋面采用涂有氧化钛的光触媒金属屋面。光触媒金属屋面具有很好的自洁效果，根据其超亲水性利用特制的水管自上而下浇水，通过水分的蒸发达到冷却屋面的效果。

9．竹纤维吸声/隔热材料（图14）

本项目开发出了以竹纤维为主要材料的吸声材料、隔热材料等。竹纤维的席子是由70%的竹纤维和30%的聚酯混合材料，将以上材料利用热压成30～50mm厚的板状。具有可用于墙壁的填充材料、通风管的隔热材料等多种用途。

10．可变成土的砖

利用较低的温度烧制出的，可还原成土的砖。会战期间可作为具有足够强度的铺装材料发挥作用，而会展结束后可铺到公园等地，经过一段时间后慢慢的土壤化，融入到自然中去。

11．竹瓦屋面（图15）

主体建筑南侧较低的屋面采用竹瓦。将竹子辟成两半以后上下交互叠加形成屋面。

日本桥三井大厦

重要文化遗产特定街区

2005年竣工

由特洛·布里奇和里文斯通设计事务所设计的三井本馆于1929年建成，现在是日本国家级重要文化遗产。三井大厦新馆

16. 日本桥三井大厦外观（左前方是三井老馆）
摄影：川澄建筑摄影事务所
17. 日本桥三井大厦总平面图

坐落在旧馆的旁边，因为要在其紧邻的地块进行开发建设，为了使保护国家遗产三井本馆不被损坏而借此机会专门特别制定了重要文化遗产特别型特定街区制度。保存与开发并不矛盾，这个开发项目开辟了一条在进行城市开发的同时又能好地继承城市文化遗产的新的道路。通过在面对中央大街的临街立面借助柱式的韵律和立面的水平线条，寻求新旧的和谐与统一。

三井大厦的设计不是单纯依靠设计的实力，而是凭借着与业主的深入交流，理解业主以及地域中融入的文化氛围，以及强烈的对于文化遗产的热爱。同时，由于建设地处于东京的核心区，用地非常狭窄，对于建设超高层提出了非常苛刻的要求，这些都凭借着坚实和高超的设计经验和技术得到了完美的解决。由此通过业主的坚定的信念和建筑事务所的努力，实现了三井本馆的保存和开发双向成功，获得了2005年日本建筑学会奖业绩大奖。

致谢：采访文章由株式会社日本设计叶晓健整理

作者单位：《住区》编辑部

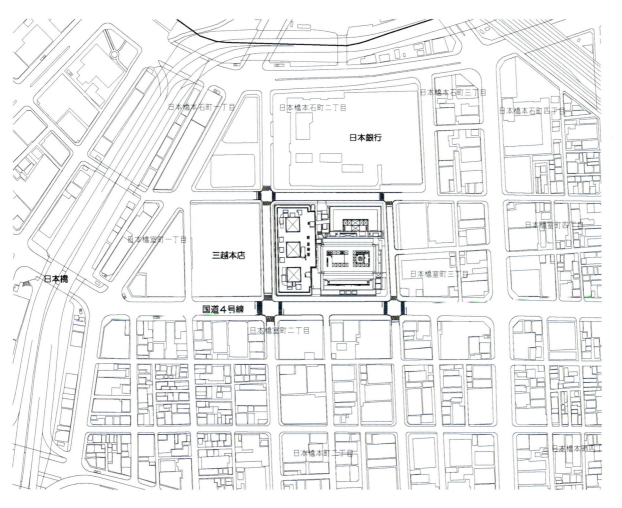

18. 日本桥三井大厦一层平面图
19. 日本桥三井大厦剖面图

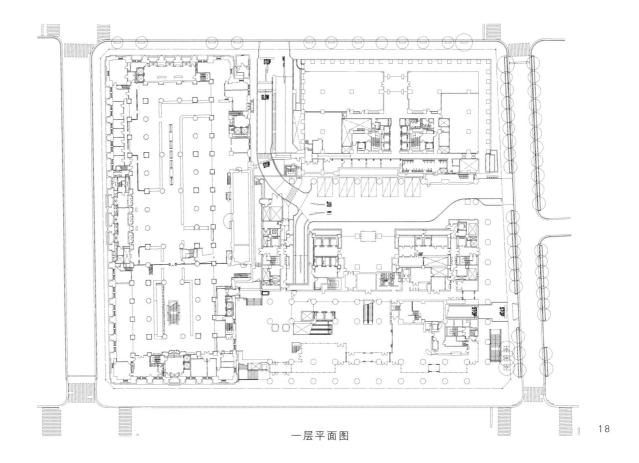

一层平面图

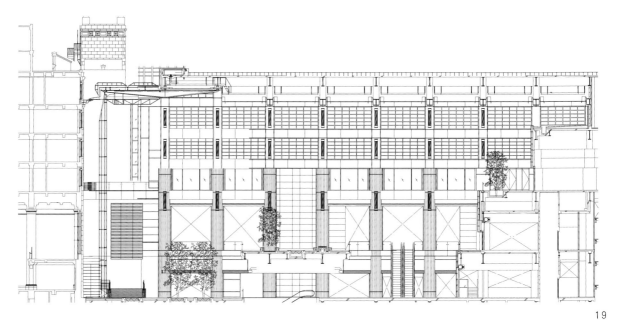

剖面图

20.日本桥三井大厦西立面图及南立面图
21.日本桥三井大厦东西剖面图及南北剖面图

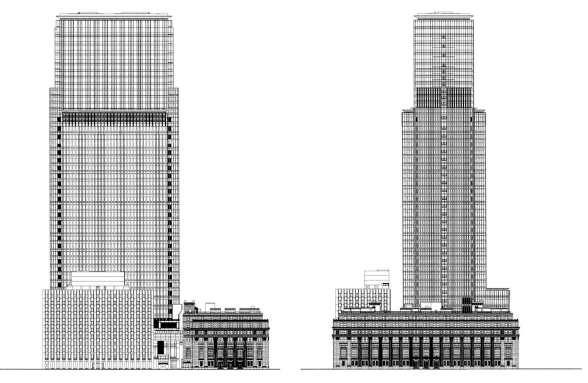

西立面图　　　　　　　　　　　南立面图

20

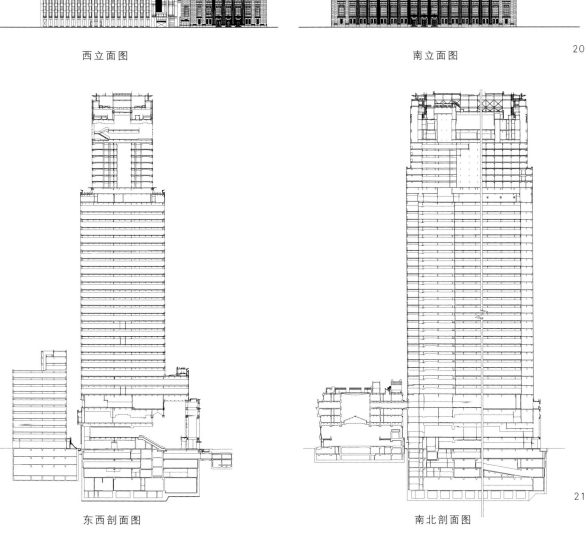

东西剖面图　　　　　　　　　　南北剖面图

21

在北京"邂逅"扎哈·哈迪德
——体验大师的流线型设计
Meet with Zaha M.Hadid in Beijing
Experience the fluctuation in her architecture design

陈燕娟 *Chen Yanjuan*

最近忙于扎哈·哈迪德的建筑思想研究而到处寻找资料,然而收集的资料都是图片和文字描述。尽管她最近频繁地出现在中国大陆,并在广州大剧院和北京物流港的国际竞赛中,获得一等奖且是实施方案,但仍在筹建阶段还未建成,故其建成作品暂时只能在国外看到。暑假去北京时,意外地发现在北京的规划展览馆第四层有个由哈迪德建造的名为"预示中国未来家居"的陈列室(图1),因而我有幸能亲自去目睹大师的作品。一直以来,哈迪德那前卫作品的图片无不令人惊叹,这次机会让我近距离接触了她的新作——"未来家居",相比平时在杂志上的图片的间接感受,我亲身感受到哈迪德的建筑空间的魅力。通过这篇文章我想把她的建筑思想和未来家居介绍给大家,也许能够对现今的设计思路有所启迪。

在介绍"未来家居"前先介绍下扎哈·哈迪德本人。哈迪德(全名为:Zaha M.Hadid——扎哈·穆罕默德·哈迪德)于1950年10月31日出生在伊拉克首都巴格达市的一个民主、开放的穆斯林家庭里。从1972年开始在英国建筑联盟学院(Architectural Association)学习建筑,1997年获得了学位,之后她成为大都会建筑事务所的成员,并同这个事务所的两位合伙人雷姆·库哈斯(Rem Koolhass)和伊利亚·曾格利斯(Elia Zenghelis)一起在建筑联盟学院教学,1980年在AA成立了自己的工作室。哈迪德至今一直从事学术研究,她曾经在美国哥伦比亚大学、哈佛大学任客座教授,1994年她受聘于哈佛大学设计研究学院(the Graduate School of Design)执掌丹下健三(Kenzo Tange)教席。2004年3月21日,哈迪德获得了世界建筑设计界最高奖项——普利兹克建筑奖(Pritzker Architectural Prize)。

"预示中国未来家居"陈列室是扎哈·哈迪德在赢得了SOHO中国有限公司位于北京物流港区域内新项目"SOHO城"的建筑设计规划招标后(图2),为更详细地解释她的设计想法而设计了这个室内设计。同时,SOHO中国为让人们了解"SOHO城"的设计而捐赠了这个陈列室。

"邂逅"哈迪德

现在让我们来看看这位当今国际建筑界最顶尖的女建筑家的"未来家居"。在开始这个介绍前,我必须说明一点,我们必须先剔除那种只有方正的、常规的才是实用的先验思想,然后,还要现行思考下什么叫实用和舒适?不要带着惯用的、常见的东西是实用的思想去看哈迪德的"未来家居"。因为哈迪德是以"打破传统建筑空间"为目标,以她独特的角度去思考建筑,将空间从人的定性思维中解放出来,让思想获得了更大的自由。她不仅在建筑和城市设计实践中打破人们常规的空间概念,甚至在家具和室内设计也同样改变人们固有的形式,所以必须抛开我们那约定世俗的思考方式,以一种新的态度去看这个作品,才能客观地给予评价。

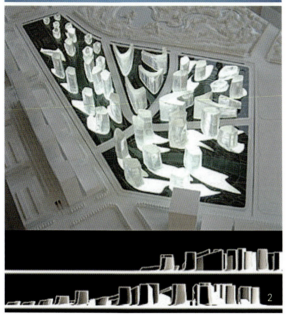

1. 规划展览馆内的"未来家居"
2. 哈迪德设计的"SOHO城"整体规划
3. "未来家居"入口

动态空间

老实说,走进哈迪德的"未来家居"展示厅时,仍想保持平静与坦然的心情是件十分困难的事,即使你声称自己不喜欢她的风格与思想。大部分参观者都会有同样的反应——诧异、惊奇进而感叹。因为一进入"未来家居",那满眼光滑滑的白色早已让人眼前一亮(图3),加上此设计采用了她的一贯风格与手法,运用大量流线型设计,摆脱了过去的、常规的社会习俗,用一种新的方式组合我们熟悉的空间,使得居住空间更为自由。在这里,除了水平面是直的,其他都是玲珑的曲线,并且没有任何一处是重复的。整个设计分三个空间——公共空间、卧室和卫生间,其中卫生间位于这个居住空间的中心(图4~5)。哈迪德运用一如既往的曲线将所有的墙壁、地板、顶棚以至各色各样的家具,都结合到一整块平滑无缝的弧面上,凹入的是灯槽水槽(图6),凸起的是桌子架子,犹如用一张白色的塑料布包裹着。那富有韵律的曲线颠覆了传统室内空间的层次感,取消了常态建筑结构中的地板、梁、墙和柱元素,连家具一起与室内融为一体,成为整个结构(图7)。流畅的线条创造的是一个流动的空间感。哈迪德那天马行空般的想像力,就是如此冲击着我们的思维。

"未来家居"里的一切看似那么随意地凸起凹进,都是设计师精心的设计,既符合使用机能,又充分表达身体与行动的曲线美。例如,一进去,那几张从白色的空间里跳了出来的黑色"凳子"(图8)。这"凳子"的设计也非常巧妙,它们可以合为一体(图9)也可以随意地摆放,每个都不一样,正如前面所说的,这里没有任何是重复的。这"凳子"不同的形状符合不同使用者的需要,即曲面的设计与人体有机的联系。此外,那夸张悬挑出来的餐桌(图10)自然而然地让人很快地联想到哈迪德,这犹如她的绘画带给人的强烈运动感,但它真正使用起来确实舒服又合理。在她的设计里没有任何是常规的,连床、浴缸和门也如此。尽管床上用品是工业化的长方形,但床(图11)却是不规则的,每一个边都在变化,似乎考虑到人的行为而设计的。门——在这里可谓不存在,那时大时小、扭曲、倾斜的入口隐约地暗示着这个常规的元素(图12)。从床、浴缸到洗手池,要么从地上,要么从墙上生长出来。让你看不到任何的设备,所有一切是完美无暇的整体。

在这里的一切都是一体的,不可分割的。包括工业化的电器设计,如西门子的冰箱(图13),它陷入在白滑滑的墙面里,让人没感到它作为家具那庞大的工业产品存在。未来的电视(图14)通过投影在卫生间的外墙上,让你感觉不到专门为它而设的白墙。卫生间是整个"未来家居"的中心,所以它除了上面和下面外,其他的面都成了公共空间和卧室的墙面,甚至成为家具(图14)。在"未来家居"中,我们可以理解哈迪德的这么一句话——未来

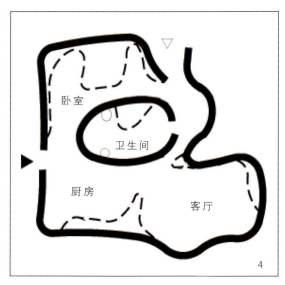

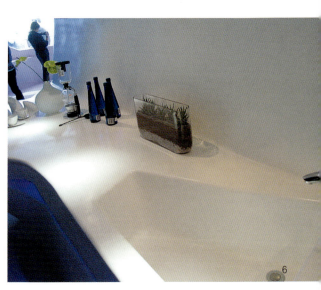

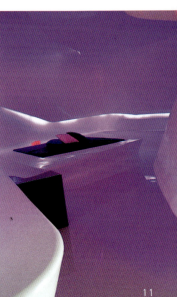

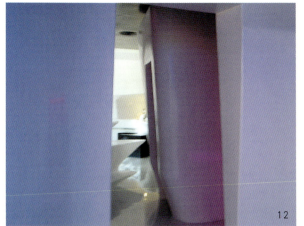

4．"未来家居"平面图
5．中心——异性的卫生间
6．水槽
7．家具与结构的结合
8．黑色的"凳子"
9．合为一体的凳子
10．悬跳的餐桌
11．床——从地面延伸的家具
12．"门"
13．工业产品的置入
14．背投的墙
15．卫生间灯光最为柔和
16．卧室灯光较为柔和
17．厨房灯光明亮
根据空间的使用不同、空间层次而设计的灯光

的世界里的工业产品，尤其是那些和人类身体直接联系的，包括建筑在内，将会和自然界的有机生命体相当类似，将不会是今天这样由刚硬的几何线条、尖锐的角度和不连续的元素所支配，所有的元素将会融合成为一个连续的有机整体。

变化的光空间

哈迪德对光的设计追求有机地与建筑空间结合，形成真正的"情感"空间。在"未来家居"中，那精心设计的灯光让人不小心地卷入了这个科幻般的未来空间。她设计的灯光并不是我们正常看到的、使用的灯光。它暗藏在凹进去的墙缝里，这些长条的灯管并非均衡的灯光，而是有退晕的变化。粉红粉紫的颜色在灯光下营造出一种诡异的气氛，既诱惑又柔弱，陪以光滑的塑料材质形成一种凝固感，就像哈迪德绘画中的动态瞬间表达。哈迪德运用光照设计，增强或减弱空间的知觉深度和层次，因为除了空间的大小、距离、位置等尺度造成了视觉的深度感外，物体的亮度梯度、色彩梯度、肌理梯度也是知觉深度重要因素，其中光的亮度梯度是关键因素。因此，我们在每一处的空间感受不一样，好比空间随着时间的流动。此外，灯光的布置也有很多变化，她根据使用的需要布置在相应的位置，有水平布置、曲折布置，有向上打光、向下打光，变化无穷（图15~17）。这是根据光的透射方向、角度、色彩变化时，空间的光亮梯度起的变化，空间的深度感也随之变化，当光度梯度时断时续，则会产生深度方向的跳跃。

有人认为哈迪德运用粉红粉紫的、有强有弱的光是"性感"的表现，这只是表层的看法。其实，光影是构建空间序列的重要手段，主要是以其明暗、亮度差异、光照面积大小、空间的开合、张扬收敛及形状变化来实现的，形成有韵律、有节奏和有情感的空间序列。哈迪德运用人工光的光色、反射、遮光、滤光、控光等构成多种的光空间，加上光的亮度、光影的造型、光的色彩、光与材料的配合等因素与人的生理心理相结合，完美地把空间序列的抑扬顿挫特性表达出来。在这里我们可以联想到勒·柯布西耶的朗香教堂（图18），弯曲倾斜的墙面，镶嵌着错落无序形状各异并呈喇叭状的窗孔，由于窗孔四壁向里倾斜，方向及角度各异，当阳光从窗孔射入时，便产生各种微妙的光束。正是这样的光创造了这个教堂所要给予人们的情感空间——隐喻人们在黑暗的深渊期盼的光。同样，"未来家居"的灯光设计在其不同功能空间的运用也产生不同的情感空间。

有机的动态景象

景观成为哈迪德设计里的重要元素，在室内，居住不可缺少的元素——窗——更是她所设计的要点。哈迪德认为"在将来所有的生活空间都会有窗户，它们的形式将会变得越来越有机，它们的功能将会根据外部和内部的光线环境而产生响应，随时过滤光线或者外部景象——这样的响应同样也符合人们的需要"。这个"未来家居"的展示虽然是在室内，但是它的窗元素依然表达了哈迪德的设计思

18. 朗香教堂——阳光窗户的光线变化
19. 厕所往卧室开的窗户
20. 卫生间的窗户
21. 客厅的窗户
22. 酷、冷的黑色
23. 柔和的暖色调
24. 墙上的灯光更为流线
25. 桌子和凳子的设计既整体又独立
床与桌面的结合设计也更为流线、柔和凳子的设计更为人性化，曲线也更为柔和

想。例如卫生间里的窗户（图19、20），它的朝向是根据卫生间墙面的上投射灯光和卧室的灯光影响，以及卫生间与卧室的使用者视线对景观的需要而设计的，再看看客厅的窗户（图21），它根据使用者的需要而设计的。"未来家居"的窗户有机性与使用空间上的密不可分，这正是哈迪德所提倡的景观建筑——有机性建筑。

哈迪德的设计思想及其来源

从"未来家居"的设计中，我们理解到哈迪德是通过机能与空间的逻辑结合，创造出令人激动且欣赏的空间，在她的设计里没有停留在静态的功能分区以及这些分区的单一联系上，而是在运动的观念和形态下解决建筑的使用功能问题，并且她断言："没有曲线就没有未来"。在她的世界中重力是不存在的，透视扭曲、线条变形、尺度与活动均不固定，形与机能也不固定，它们组合成可变的风景——由人的双手塑成的人造环境。那么哈迪德的这些思想主要源于什么对她的影响呢？哈迪德认为与苏联前卫艺术影响有关，尤其是至上主义和构成主义的影响。

至上主义

苏联建筑师罕·马戈麦多对至上主义的评价："至上主义强调与人的视知觉相联系的感知逻辑。通过对形和色的几何化的探索，创造新的形式体系，进而形成新的艺术风格"。哈迪德继承了至上主义艺术中的感知的逻辑，从而形成她自己独特的感性思维。哈迪德说："至上主义的思想具有另外一种力量，即人们可以摆脱某种束缚，从中获得自由。从重力中解放出来的整体思想不在于你在天空中翱翔，而是表达了你可以存在的秩序中获得自由。因此，你获得了一种或更多的新的秩序"。她还从至上主义中学习到怎样对空间问题的探索，即人们如何使用空间，如何创造空间，最后明白其在于特殊空间的挖掘。因此，在"未来家居"的随意性的思想和流动的平面可以看出她对居住的使用空间和创造空间的想法。

构成主义

构成主义的艺术思想给哈迪德是实用性。因为构成主义的目的在于改变旧的社会意识，提倡用新的观念去理解艺术工作和艺术在社会中应扮演的角色，坚决地提出设计为社会服务，为未来的人们创造一种新的生活方式，而非存在的、老一套的生活方式。构成主义者把结构作为建筑表现的中心（这个立场成为世界现代建筑的基本原则），他们利用新材料和新技术来实现他们的"理想主义"，研究建筑空间，采用理性的结构表达方式，对于表现的单纯性、摆脱代表性之后自由的单纯结构和功能的表现进行探索，以结构的表现为最后终结。这使得哈迪德的建筑创作中形成对人类生活的新组织探索的思想，在"未来家居"里空间的创造、结构上的创造和生活方式的创造就是她对建筑实用性的理解表达。

哈迪德"未来家居"的真正实现

对于这个"未来家居"的设计，哈迪德这样陈述她的设计理念："我的理解是，每个城市人们以不同的方式生活，但是人们都是有类似的梦想和愿望，重要的是找到合适的，满足我们梦想的形制，为了未来而建造"。所以"未来家居"可以认为是她寻找并且呈现出来的梦想。

2005年哈迪德在马德里Hotel Puerta America的客房设计上实施了她的"未来家居"的梦想（Hotel Puerta America有史以来首次集19位世界顶级的建筑和设计工作室之力，

22 23 24 25

打造出了能够点燃想像力并激发思考的场景。12层楼的每一层都由不同的建筑师或设计师进行设计，哈迪德设计的是第一层，其设计以数字设计的新发展为基础，体现了空间流动性的特色）。她在这工程上继续了"未来家居"的设计思想，只是运用的颜色更为大胆（图22、23），从这我们可以发现她对"未来家居"的设计思想的发展（图24、25），这就是她那不断追求的、探索的精神。正是如此，她的设计思想和理念得以不断的发展与实践。

结语

"未来家居"的设计是好是坏？我们不能给予肯定的回答。因为设计作为艺术与科学的结合体，作为一种文化现象，它除了满足对象的基本使用功能需求外，还要具有一定精神功能，这种精神功能的体现因不同的文化而有所差别。尤其是建筑本身，它是为人们提供体验的载体，不同的人有不同的生活场所，因此，我们也不能认为哪种居住场所是好的，哪种是不好的。哈迪德通过运动的观念让人去领略另一种居住空间，并且通过激发人们的热情，去形成一种新的生活形态。她通过对人类生存的空间关系、环境关系的探索，以不同的角度、层面、方式来重新组织人们的生存空间。

当别人说哈迪德是在设计家具时，她会马上解释说那是创造！是的，哈迪德不仅创造了新的建筑语言，同时也在改变着我们熟悉的生活场所，她不像大多数的建筑师、设计师那样用约定习俗的语言去表达和创作，而是以创造全新的艺术语言和设计方法作为己任。她为了不用那些常见的语言去思考，而花费了很多时间去尝试，做了大量的研究，所以她的设计作品才不会因循保守的路线，而是不断的地通过自己地努力去生产新的、独特的设计，正如她对自己的设计风格评价——惟一、不同、原创。

图片来源（除说明以外均为自己所摄拍或手绘）
1. http://www.Zaha-hadid.com （图1）
2. SOHO CHINA （图13、14）
3. 中国装修论坛：有趣的客房——Hotel FOX
http://www.wswin.com/home/forumdata/viewthread_cache/325/2005/07/24/166796_2.htm（图片22~25）

参考文献
1. Levene,Richard and Fernando Marquez Cecilia, Interview with Zaha Hadid, EL Croquis 52
2. Zaha Hadid: The Complete Buildings and Projects
3. 杨公侠著，视觉与视觉环境，同济大学出版社
4. [美]鲁道夫·阿恩海姆著，藤守尧、朱疆源译，艺术与视知觉，中国社会科学出版社
5. 艺术与革命——前苏联前卫艺术与我们的时代，建筑师，第112期，中国建筑工业出版社
6. 自由设计新家园——设计人咖啡屋：扎哈·哈迪德：建筑解构主义大师 http://www.wswin.com/home/viewthread.php?tid=166796
7. 扎哈·哈迪德（Zaha Hadid）·未来家居·没有曲线就没有未来 http://blog.donews.com/design/archive/2004/10/03/118323.aspx

作者单位：深圳大学建筑与土木工程学院

栏目名称：建筑评论
栏目主持人：方晓风　清华大学美术学院教师
栏目介绍：评论并非是高深的事情，实乃日常行为中不可或缺的一环，评头论足之事，谁人不为？世界杯的热闹，很大程度上得益于广泛的评论。评论，意味着关注，对于建筑设计、施工以及房地产项目而言，大家关注是正常的，默不作声倒是可疑的。《住区》开办"建筑评论"的栏目，是弥补了这个行业的一个缺失，善莫大矣。

评论同时并不意味着批评或是奉承，评论只是关注这个事业的人们表达自己的看法，其言论不必上纲上线，其效果也不必一定要有指导意义，重要的是言而由衷，真正说出不同的人的感受，如此则对各方都是一件好事。评论者切忌老师心态，一定要写完评语打分数，太矫情了。被评者也须放松心态，是非自有公论，不必在一家之言中患得患失。世界杯中最惨不忍睹的一幕就是英格兰队队员罚点球时的表情，重压之下是那么地紧张而无助，足球的快乐荡然无存。造房子何尝不是如此，有外国媒体曾经评选人最快乐的时刻，结果得票第一的是小孩子在沙滩上做城堡。让我们一起在这个事业中找寻并得到快乐吧，尽管有时可能不得不说一些不快乐的话。

唐风之我观

My point of view on the trend of Chinese traditional style

方晓风　Fang Xiaofeng

《住区》杂志听说我参与过北京"观唐"项目的设计，遂以稿相邀谈谈对地产项目中"中国风"的看法。能有机会以文字的形式再次回顾这件事，于我别有一番滋味。项目至今已有两三年的时间，许多东西淡漠了，有些想法也变了，但留一份平实的纪录对己对人可能还有意义，身历其间的感受总是真切一点。

我并不是以一位成功设计师的身份来谈经验体会，虽然我的一些意见为开发商所采纳。同时，项目的成功同设计师的成功也不是一个概念。成功简单说就是达到目的，这个项目中我的设计意图并没有体现，因此这可能是建筑界不太多见的来自失败者的看法。经济学上有一种说法，成功的经验不是经验，失败的经验才是经验，因为成功可能包含了许多偶然因素，失败之所以失败则可告诉你此路不通。

开发商为项目做了不少前期的调研和市场策划等工作，最后决定开发中式住宅。我的专业是建筑历史与理论，公司就请我去讲了一次"中国传统的庭院式住宅"。我对院落住宅有兴趣，自己做了一个小方案，讲课时顺便说一下，结果引起公司方面的兴趣，邀请我参与规划阶段的竞标。当时为了这个方案可谓寝食不安，颇有一展平生所学的劲头。由于地块很规整，规划应用了中国传统布局的理想模型，营造了一定的山形水系，道路曲折，立意上是以中国传统园林为榜样。包括命名都是如此，当时以"依绿水园"名之，语出杜诗"名园依绿水，野竹上青宵"。设计说明写了一万多字，方案的核心概念是院落，通过院落组织建筑，从住宅单体到组团，再到组团之间也是通过有所围合的公共绿地（园林）来完成。组团采用差序结构，即把不同大小的户型组合在一起，这样可以有较为生动的组团意象。造型上，我力图创造一种轻快的形象，没有用坡屋顶，而是采用了悬挑的金属平顶。方案完成后，如释重负，有点得偿所愿的意思。汇报方案时，公司方面很是兴奋，没有太多问题，惟一有疑问的就是这个方案给人联排的印象，而在市场上独栋、联排属于两个档次的东西。我轻视了这个问题，反问四合院是独栋还是联排？不是一个体系的建筑，怎么可以使用同一个标准？我认为中国的院落式布局，是解决低层高密度的有效方法，看看市场上的所谓独栋别墅，间距那么小，视线干扰很严重，也就是用了点好材料的农民房。如果房子没挨着就档次高了，这样子评价建筑是我所不能理解的。汇报完了我便回去静候佳音，很有信心，然而佳音迟迟未来，我也没打听。

大概过了一两个月，公司方面又让我去谈，规划选定了，不是我的方案，但想让我做选定方案中绿化带两侧较为重要的户型方案。我看了他们选定的规划，几乎和我所设想的正好相反，但是他们告诉我这个方案的道路面积最小，并且住宅都是独栋。后来我又看到另一家境外公司的

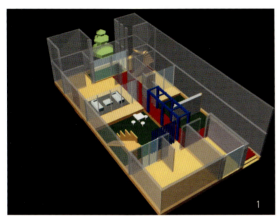
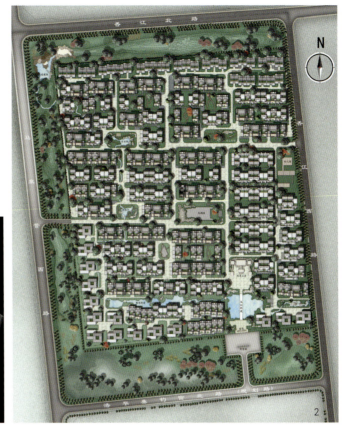

1. 我的草案模型，我想强调住宅内部的视线控制，基本上每个空间都有对应景观
2. 我的规划总图，景观控制的思路同住宅设计是一致的，道路面积的确会多一些

竞标方案，实在不敢恭维。他们也断了请外国公司设计的念头，这个我想是正常的，建筑全球化是个假命题。每个国家的住宅问题都不相同，家庭结构、社会结构、土地使用情况和地理条件等等，先不论文化传统，就这些硬指标都无法求同。中国人的问题，必须由中国人来解决，在建筑上这是毫无疑问的。一个国家最优秀的建筑肯定要能承载或表现这个国家的精神，很难想像外国人能准确地理解这种精神并表现出来，CCTV新楼这样的建筑最多反映了当下的文化心理，说到精神怕是言过其实。言归正传，这次接触我没有为他们改户型，因为我觉得不需要改，如果选用那个规划方案的话，他们的设计有其合理性。并且我始终认为应当尊重设计师的成果，即使是竞争对手的成果。

如此则我同这个项目又无干系了，失落之情虽未溢于言表，但似乎又有一段茶饭不香的日子。最近看了安藤忠雄的《屡败屡战》，我知道自己还是年轻。这种失落部分源于自己的方案落选，部分是不理解何以选中那个方案，直观评价那个方案的话就是给兵营的房子都加上了围墙，这么说可能刻薄了些，可我不知道如何用其他的方式形容。时间会抹平许多情绪，不知隔了多长时间，起码有几个月吧，我又被召回了，这次是改立面。我不想攻击同行，但我们的建筑教育中对中国传统建筑知识的传授太不重视了，完全西化的教育体系中对中国传统建筑都是蜻蜓点水般地一带而过，临阵磨枪的痛苦我也理解。

这次我没有拒绝，改了一个户型的立面，基本上确立了立面造型的原则。由于平面是L型的，且东西向长，南北向短，对于中式的造型法则来说有一定困难。我的方案把东西向的高度降了一些，突出南北向的一翼，因为中国建筑比较强调"中"和"正"的概念。尽管开放商希望要一个四合院似的立面，我依然想尝试自己的探索，修改了传统的屋顶形式，并再次使用金属屋顶。结果又是我的工作到此为止，尽管他们也没有当面质疑或批评。我始终在彬彬有礼的仪式中黯然退场。这个时候心理调适已经比较好了，"吃一堑，长一智"用在这里是合适的。

项目开盘前我又去过一次，公司老总想让我看看最终成果，以便自己心里更有底一些，毕竟是大项目，风险很大。我看了之后觉得作为一个商业项目没有什么问题，但对于老总着意想强调的创新，坦承没看出来。之后便看到这个项目频繁出现在媒体上，我的几位朋友也向我来打听这个项目，开发商的目的达到了。设计师同项目之间有时会有恋人般的关系，彼此吸引、影响。虽然没有结合，但不妨碍我关心她的消息，看她出落成一个明星。因为有过亲密的关系，所以你既明了她的价值也熟知她的脾气和毛病。好在这只是一个类比，不然我像是在贩卖隐私的狗仔队了。

过程即是如此，这个过程可作为一个典型案例来看待地产项目中的建筑设计。"观唐"项目好像没有宣传建筑

3．庭院内所见的南立面，强调线性元素在立面上的应用，屋顶组合关系费了一番心血
4．组团入口透视，差序结构的组合可以使组团的建筑轮廓线更为丰富
5．这是开发商很满意的一个户型平面，当时还要求保密，现在已无此必要了

师，看完了就知道，这里面确实没有建筑师。房地产业是工业革命的产物，它造成了建筑的使用者、拥有者和建造者这三者的分离。这种分离提高了效率，也带来了问题。查尔斯·詹克斯在《后现代建筑语言》中，如此写道："今天的建筑恶俗、粗野又过于庞大，因为是按不露面的开发者的利益，为不露面的所有者、不露面的使用人制造的，并且假设这些使用人的口味与陈词滥调等同。"他针对的是伦敦的大型旅游宾馆集中区而言，但问题是普遍性的，在观唐中不是这样吗？项目的目标人群是京城东部的外企白领，并且很大程度上考虑将来会出租。所谓"中国风"就是一种陈词滥调，可以成为一个商业标签，除此之外别无意义，就像之前的"洋风"是陈词滥调一样，都会过去，赶上风头的商人能取得效益，没赶上的也不见得彻底失败，这件事同建筑师的关系不大，既没有可兴奋的，也没有可悲哀的。只是建筑师需要掌握的形式语言得多一些，不然风来风去的，总是临时抱佛脚难免吃瘪。

中国传统建筑是我的专业方向，照理"中国风"一刮，就应该兴奋，但我丝毫兴奋不起来。设计从根本上说是要解决问题的，形式只是一个躯壳，空间、行为方式和精神气质才是内核。所谓中国风，不过是表皮的符号变化而已，要跟风也很简单，但它没有解决问题，这种风都是"人造形式"。中国人传统的住宅建筑的核心价值是塑造一个自足的环境，在家中排除外界的纷扰。安藤忠雄的"住吉的长屋"即为这种意识的产物，虽然他的解释并非完全如此。在庭院中，人实现了对环境的控制和交流。我完全可以为帕拉第奥的"圆厅别墅"做一个"中式"立面，这座建筑算"洋风"还是"中国风"呢？标签是毫无意义的，当然作为商业概念它可能具有市场杀伤力，不过我始终觉得这不是建筑师应该关心或热衷的事。

中国建筑传统的内涵非常丰富，除了形式语言还有许多真正的设计智慧以及解决问题的方法与技巧。以高度程式化的四合院来说，不同四合院之间都绝少雷同，看看鲁迅为自己设计的院落平面，会让现在的许多建筑师汗颜。建筑师热衷跟风会变得肤浅，形式语言作为一种职业修养必须掌握，但没必要卖弄，不然中国建筑的问题不是太简单了吗？贴上几个符号就皆大欢喜了。同时，一种形式语言的形成都有自己特定的环境、材料、工艺、经济因素、社会制度和需要解决的问题等等，传统形式在当时的条件下是鲜活的，而现在则是僵硬的。熟悉历史的话，就知道过去的建筑形式并非千篇一律、一成不变，形成这种面貌的原因是当时这些形式语言是活的，设计者说着这些话会有响应，说的人也知道自己在说什么、该怎么说。现在的情形正好相反，骈四骊六地是为了卖弄，经常说的人也词不达意，只求唬人，怎么看都不像是建筑的正道。

这样写下去就成愤青了，还是说些正面的话。我很欣赏一位当代的中国建筑师，他叫严迅奇，他的设计体现了

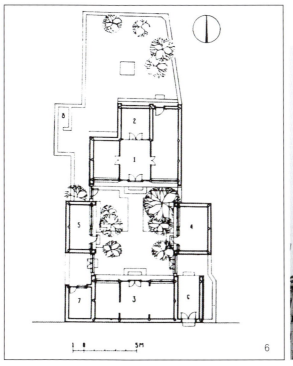

6. 北京西城区鲁迅故居平面，布局为鲁迅本人设计。此案用地极不规整，但鲁迅巧妙地通过建筑布局划分出一个个很正气的院落，空间还富于变化，可称佳作
7. 严迅奇设计的香港半岛酒店的扩建，已经成为同类设计中的典范。新楼没有引用古典符号，但整体效果浑然一体，让人叹服
8. 严迅奇设计的"怪院子"，立面组织的关系是遵循中国传统的。其内部空间也很怡人，我曾住过一晚，比"飞机场"亲和，是那批建筑中颇受好评的一处

解决问题的智慧，香港半岛酒店的扩建是非常好的例子。新建部分没有采用老的形式语言，但气质上浑然一体。而在长城脚下的公社中，他的"怪院子"则很好地表现了中国建筑的传统价值，同样没有用什么传统符号。两个方案，一中一西，精神气质不同，建筑师解决问题的方法是一致的。这当然同修养有关，更重要的是建筑师可以穿过表皮的形式直达问题本质的设计智慧。以严迅奇为例，可以很好地说明我上述的看法。我曾经向发展商推荐这位建筑师，他们似乎并没有同他接触，认为"怪院子"冷了一些，这是个遗憾。

APEC上元首们穿了唐装就掀起唐装热，风来风去，人们说着风言风语，这都没有关系，建筑怎么办？怎么说也是百年大计，随便换身行头也不那么容易。（APEC上的唐装也一直让我耿耿于怀，讨厌那种平肩把袖子装上去的唐装，那里正是形式的要点。）再追问的话，为什么之前会有"洋风"呢？同社会心理有关吧，根据符号学的理论，洋风暗示着西方人的生活方式和社会地位，商品同这些概念挂钩其目的不言自明。中国风是同样的道理，深宅大院不也是财富和地位的象征吗？清宫戏、《大宅门》这样的热播剧塑造了一时的社会意识，可以预见以后还会有别的表现豪富的时尚，又会来一阵什么风。地产商的设计要求目前还是脱不开这些吧，以我命名的"依绿水园"同"观唐"相比，豪气上差了许多，只能自愧不如。总结我的观点就是，"中国风"纯属商业概念，同设计师关系不大，有关的只是设计师应有全面的修养，跟风也要跟得上。形式的风格走向是一回事，每个方案的美学品质又是一回事，设计师起码要负起审美方面的责任，任何风都不可能是好建筑的代名词。时尚消费创造了盲从的消费者，设计师应该知道是怎么回事，不必跟着起哄。喊一句口号的话，就是"向严迅奇同志学习"。我们有大师，但同什么风无关。

作者单位：清华大学美术学院

栏目名称：OCLAA专栏

栏目主持人：俞沛雯

美国SWA景观设计公司助理合伙人，美国注册景观建筑师。美国景观建筑师协会（ASLA）成员，现任海外华人景观建筑师协会（OCLAA）会长。

栏目介绍：海外优秀景观作品

景观设计是近年来国内的一个新兴行业，到海外深造从业的景观设计人员逐年增加。海外华人景观设计师协会（Overseas Chinese Landscape Architects Association，简称OCLAA）应运而生，其主旨是帮助其会员建立事业人际关系网，并在北美以及国内设计业之间起到交流的桥梁作用。《住区》杂志与OCLAA合作专栏，深入介绍海外获奖景观设计实例，解读西方景观设计对住区环境塑造的思考和贡献。

杭州湖滨地区城市景观设计

Landscape design of Hangzhou waterfront area

俞沛雯 Yu Peiwen

美国SWA景观设计公司主持设计的杭州湖滨地区城市景观改造工程在2004年完工，在当地获得了很高的评价。该项目在2005年获得美国城市土地协会（ULI）全球范围优秀奖，随后又获得美国景观建筑师协会（ASLA）优秀设计奖。这两个奖项都在美国景观和城市设计业内享有非常高的声誉。那么远在千里之外的美国设计师们是如何用画笔描绘湖滨这块闻名遐迩的历史地区的呢？

了解杭州的人都知道，湖滨地区是比邻西湖的杭州老城区，连接着杭州市南北的大片新城区，好似一个两头粗而中间细小的蜂腰。在这片老城区中，最有代表性的道路就是久负盛名的湖滨路。然而，原来的湖滨路并不是一个连接新老城区的友好桥梁，而是一条南北双向6车道的城市主干道，路宽，车辆多，车速快。行人被安全围栏限制在狭窄的人行道或骑楼中。想穿越湖滨路，从城区走到美丽的湖滨公园并不是一件顺畅的事。然而，因为现有的地理特点及城市交通需要，目前的交通量不可能出现实质性的减少和变化。显然，这是一个亟待解决的矛盾。

该地区另一条著名的商业街是延安路。过去的延安路是一条司机们谈虎色变的非常拥堵的马路。路两边的商场鳞次栉比，购物的人熙熙攘攘，拥挤在狭小的人行道，过马路的人流量也十分巨大。到节假日的时候，人流和车流更是激烈地抢夺有限的马路空间。由此，另一个规划难题应运而生，如何为这个享誉海内外的风景区创造一个更好的、符合时代需要的休闲与购物环境。

尽管，自古以来，湖滨地区一直是西湖边上惟一的一大片商业闹市区。她从来都在人们心中有着和西湖一样的浪漫和诗意。据史料记载，由宋至明的杭州湖滨地区，始终拥有丰富的水系，与西湖相连。现今的街名"浣纱路"仿佛诉说着当年湖滨浣纱溪将西湖水系与京杭大运河相连的历史回忆。但是，如果把一个没到过杭州的人直接放到其中的街道上，恐怕很难有人能够想像到，这些狭小、老旧、繁忙的街道能和西湖有什么联系。

面对如上所述的许多问题，SWA设计集团湖滨规划小组从2002年4月到当年年底展开了为期8个月紧张而又深入的规划设计工作。其间，他们走访了杭州市交通大队、园林部门、历史遗迹及古建保护部门、市政部门及杭州市路灯队等多个相关单位。最终，与湖滨建设整治指挥部及杭州市的各级领导、专家们，共同合作出了新湖滨的规划方案。

新的规划方案首先提议开凿一条隧道从地下穿越西湖，取代原来湖滨路的交通功能。这条隧道从根本上缓解了湖滨地区的交通压力，使得大部分南北向过境车辆能顺畅地通过。在这个基础上，湖滨路缩小为单向单车道，并成为配有宽阔散布道及骑楼的花园式广场式街道。这样的规划措施既保留了必要的城市交通功能，同时又大大减少了湖滨地区不相关的车流量，从根本上改变了湖滨路的旧日形象，使其真正成为了连接西湖风景区和湖滨商贸旅游区的牢固纽带。与

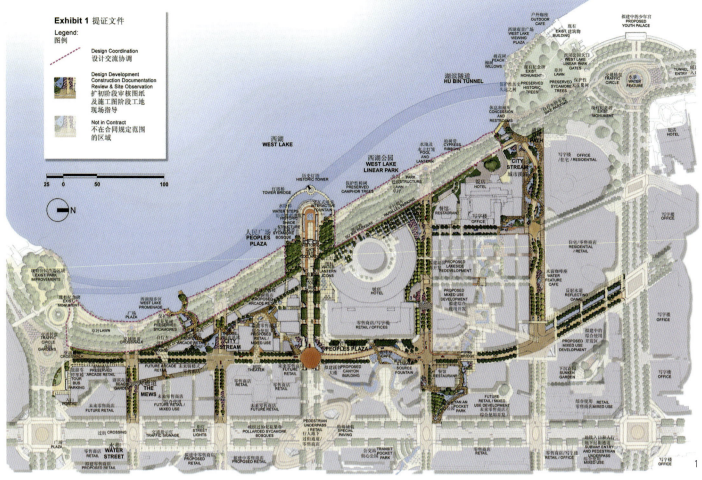

1. 杭州湖滨地区改造工程设计服务范围示意图

此同时,延安路的红线得以扩大,人行空间得以拓宽,并在延安路下规划地铁,以便高效地运载和疏散各类人群。规划中的另一新举措是,在交通信号灯系统上进行了统一调配,让所有的交叉路口的信号灯都能在信号长短以及信号类型上相互协调工作,最大限度地优化单位时间内的交通量,减少拥堵。这一措施简便而又行之有效,在不需要大量投资的情况下,大大地改变了这一地区的交通效率。此外,平海路也旧貌换了新颜,从一条普通的拥挤车道变成了双向双车道,并栽有高耸的双排银杏树,为都市的夏天提供了宝贵的绿色和清凉,标志性的水景灯柱与广场灯及车道镭射地灯交相辉映,把都市的繁华带到了湖滨,并将这种繁华赋予了特殊的浪漫和诗意。

熟悉整个新湖滨规划的人都不会忘记"城市溪流"这个词。这是一个"石破惊天"的大胆设想。自古以来,西湖就像一颗熠熠生辉的珍珠,它在人们心中的地位是那么神圣,而不敢对其边界有任何亵渎。然而,这个大胆的设想就是要将西湖的水从两处分别引入湖滨地区,以一条曲折迂回的小溪的形式穿过湖滨地区几个重要的城市区块,然后回流入城市地下水道系统,并最终与京杭大运河水系相连。"城市溪流"系统不仅在人们的感受上把西湖美景带入了这片地区,更在实际效果上增强了以水景为轴心的景观走廊,为当地的旅游、商业及零售业提供了巨大的潜力。它的存在使得湖滨地区成为了西湖风景区的延伸部分。而且,在不知不觉中,为妩媚的西子湖畔增添了一丝特有的、国际化的繁荣和时尚。

提到"国际化",不得不讲到一个有趣的细节。众所周知,西湖自古以来便是文人墨客荟萃的地方,有着丰厚的中国传统文化底蕴。然而,这一新湖滨的设计成果却是一个标准的中国和世界当代文明结合的产物。为什么会最终选择"老外"做这个设计呢?他们又如何在不算长的时间内领悟到中国几千年传统文化的艰巨任务,并将其融入规划设计中呢?

该规划的设计方是国际上享誉盛名的美国SWA设计集团。四十多年前,几名年轻有为的哈佛大学设计学院的教授共同发起创办了这个设计团队,在将近半个世纪的设计实践中,无数的设计理想在设计师的妙笔下成为现实。SWA也成长为国际规划和景观设计领域中独树一帜的领军人,其充满了理想和创新精神、而不乏严谨务实的设计作风,在行业中树立了不可替代的地位。SWA参与此次湖滨规划也并非完全偶然。早在1998年,SWA就已经在深圳地区铺开了他们的设计蓝图。到今天为止,SWA在中国实现的代表作有深圳大梅沙规划设计、南海中轴线规划设计、深圳罗湖火车站规划及景观设计等。在其他大多数外国设计师还没下决心来到中国的时候,SWA的许多设计师们就已经是"中国通"了。他们已经学会了如何使用筷子,如何"打的",如何在市场上砍价。他们俨然已经是一群很

2. 改造后的湖滨商业地区夜景
3. 改造后的湖滨地区室外景观
4. 改造后的湖滨地区街景
5. 改造后的湖滨地区步行道

"中国的"老外了。然而,中国文化就好像一只洋葱,他们每一次对中国更深的认识,只是又剥开了其中的一层,也更加体会到其中的韵味。如何在短时间内尽量深层次地了解和挖掘中国文化这只"洋葱"呢?设计师们利用每次到杭州出差的机会骑着自行车出入街头巷尾,亲身体验中国传统社区的形式、密度、民风民俗和使用方式,深受其历史积淀和灿烂文化的感染。

新湖滨这颗城市明珠散发着今非昔比的异彩,我们看到的一片历史住区在"国际化"的大潮中旧貌换新颜,却又保持了地道的"中国味"。其简洁现代的设计风格是从传统住区理念中萃取出的精华。这一项目的成功引发了许多业主、设计师以及大众对于现代住区设计如何结合传统文化的思考。

作者单位:美国SWA景观设计公司

2007年《住区》订阅单

  《住区》由中国建筑工业出版社和清华大学建筑设计研究院联合主办。

  《住区》为政府职能部门、规划师、建筑师和房地产开发商提供一个交流、沟通的平台，是国内住宅建设领域权威、时尚的专业学术期刊。

  新版《住区》，采用230×300mm的国际大16开，全彩印刷，平膜装帧，每期120页左右，定价36.00元。全年6期，共216.00元。欢迎广大业内同仁积极订阅。

订户资料

征订单位（个人）：_____

联系人：_____ 性别：_____ 职务/职称：_____

邮寄地址：_____ 邮编：_____

发票单位名称：_____

E-mail：_____ 联系电话：_____

自_____年____月至_____年____月　　　　　共计_____期_____套

合计（大写人民币）____万__仟__佰__拾__元整，（小写人民币）￥_____元

填写日期：_____年_____月_____日　您的签名：_____

付款方式

邮购汇款　　　　　　　　　　　　　　**银行汇款**

地址：上海市卢湾区制造局路130号1105室　　收款单位：上海建苑建筑图书发行有限公司

邮编：200023　　　　　　　　　　　　　　开户银行：中国民生银行上海丽园支行

姓名：付培鑫　　　　　　　　　　　　　　银行帐号：14472904210000599

联系我们

电　话：021－51586235

传　真：021－63125798

联系人：徐　浩

中国建筑学会室内设计分会

潮起思汇
东道之仪

潮东 EAST FASHION

2016
10.27-10.30

第三届中国室内设计艺术周
暨CIID2016第二十六届[杭州]年会

主办：中国建筑学会室内设计分会(CIID)，中国美术学院
协办：运河集团文化旅游有限公司
承办：中国建筑学会室内设计分会第七(杭州)专业委员会

更多详情，敬请咨询
010-8835 5338
关注设计周官方微信公众号：
IDSChina [室内设计艺术周]
或登录CIID官方网站及公众号：
www.ciid.com.cn [中国室内]

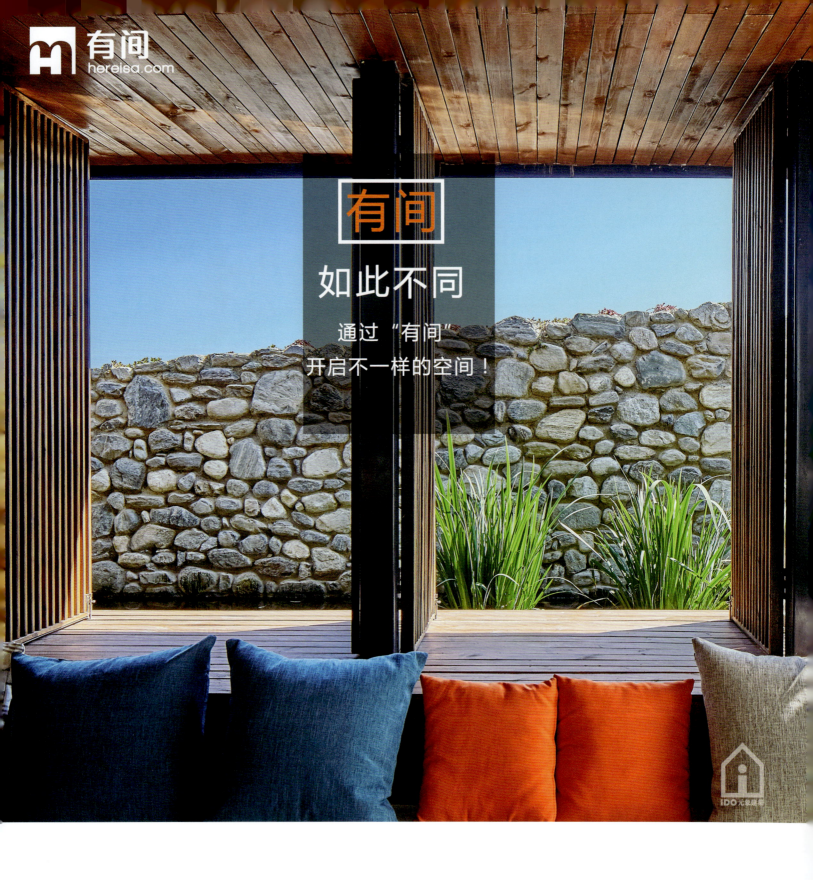

米兰·上海，双城之约

Salone del Mobile. Milano Shanghai
米兰国际家具（上海）展览会

Shanghai Exhibition Center　上海展览中心

2016上海国际室内设计节盛大启幕

2016上海国际室内设计节9月9日在上海商城剧院迎来她第七个年头的华丽绽放。今年的主题是"设计·亚洲",主办单位邀请到了亚洲各地区的顶尖设计大师、艺术家、学者齐聚一堂,分别以主题演讲与论坛讨论两种形式,与现场一千多位观众分享了他们对亚洲设计的真知灼见。9月9日上午,上海市人民政府副秘书长金兴明在市政府接见了国际室内建筑师设计师团体联盟(IFI)常务理事会全体成员。上海市经济和信息化委员会分管领导陈跃华与IFI主席Sebastiano Raneri共同签署了《IFI室内设计(上海)宣言》。在下午的开幕仪式上,全场千余名观众见证了这一激动人心的历史时刻。随后,现场嘉宾共同推动开幕式启动杆,正式宣告2016上海国际室内设计节开幕。金座杯国际建筑室内设计奖是上海国际室内设计节组委会为当今国际室内建筑设计领域设立的最高荣誉奖。今年得主共有两位,分别是中国著名城市古建学者阮仪三以及国际著名建筑大师隈研吾。阮仪三因对中国历史城镇与建筑保护所作出的杰出贡献,被授予金座杯大师奖荣誉;而隈研吾因故未能亲自到场领奖,通过视频向组委会以及现场来宾发表了他的获奖感言,并表示感谢。

尖叫设计首轮融资暨APP上线发布酒会

2016年8月14日晚,尖叫设计庆祝首轮融资成功的酒会于上海UDV联创设计谷举办。150余位互联网家居产业的资深人士、设计师代表、知名媒体人应邀出席,共话行业发展。同时展出的19件家具均为大师的经典之作,现场设有拍卖环节,让来宾将心仪的老家具带回家。尖叫设计作为中国首家家居设计D2C电商平台,通过引进国外知名品牌与投资自有设计师品牌这两大方式建立起属于自己的丰富产品线。在与设计师合作时,尖叫设计凭借丰富的媒体运营和推广经验帮助他们进行品牌化包装。同时,依靠强大的供应链数据库,为设计师在设计生产时提供解决方案。通过尖叫设计的线上销售平台,设计师能更快速准确地找到客户,从而实现产品到商品的最终转化。面对估值3亿的尖叫设计,此次共投入4000万资金的富坤创投和道杰资本只是众多主动接洽的投资公司中的先导力量,不断注入的资本动力,将助力尖叫设计更加快速有序地在家居行业网络化转型升级中布局与发展。

2016上海设计之都活动周

2016上海设计之都活动周于8月26日在上海展览中心开幕。本届设计周以促进设计原创发展、推动设计应用转化、探索设计业态创新为主要目标,聚焦时尚、科技、绿色三大领域,通过"设计城中城"主场展览、"设计欢享月"全城系列活动、"设计·城市之外"对接项目及"设计365计划"四大板块,呈现设计提升生活品质、融合行业领域、促进商业创新和产业转型、推动城市生态发展等方面的成果。观众不仅可以欣赏了解到最新的家居时尚潮流、艺术设计理念、创新产品、绿色可持续设计及城市生态宜居设计等成果,还可以切身接触3D打印、虚拟现实、人工智能终端和机器人等炫目而有趣的技术产品。上海设计周以传播设计为初衷,并逐渐成为城市与生活方式创新的推动力量,以及产业与商业模式创新的践行者。

2016中国(上海)国际时尚家居用品展

中国(上海)国际时尚家居用品展览会(Interior Lifestyle China)于2016年9月20至22日在上海新国际博览中心举办,并迎来展会举办的十周年庆典。十周年巨献"南北东西",力邀四位著名艺术家及设计师陈幼坚、吴滨、瞿广慈和仲松,重新审视"南北东西"之"东西"的两层意义及东方与西方文化的融合。展会同期活动围绕"餐厅"展开,ON DESIGN设计秀"你看起来很好吃"呈现出一台色香味俱全的创意设计秀。年度主题展示区"流动的盛宴"被打造为一个餐饮文化概念展示区和流水席,呈现全球知名厨房和桌面用品品牌。主办方联手天猫家居及旗下知名国际品牌,力邀10位明星达人和22位明星主厨共同打造"天猫全球家年华·超级厨房"活动。在上一届大获成功的"by iF家居风尚大奖"今年再度回归,并设置获奖作品实体展示区,让观众现场大饱眼福。

W+S旗下"未墨"品牌揭幕

2016年9月10日晚,W+S生活设计家VIP之夜暨旗下"未墨"品牌揭幕仪式于上海淮海中路1298号举办。W+S品牌隆重推出旗下全新产品线"未墨",让北欧设计风格与中国明式家具悄然邂逅,反复交织中缔造共通,简洁的线条、天然的纹理、协调的比例与温和高雅的几何形态,表达了对自然、生命以及天地的敬畏与崇尚。年轻艺术家高伟刚先生倾情为W+S打造的全新作品亦首次面世,整个作品采用了极其日常的厨房用具,在被赋予了炫目的纯金表面和庞杂体量的设计同时,将生活的简单与艺术的深奥绝妙接洽,与W+S所提倡的"无处不型格"的纯至理念不谋而合。富有质感的灯影交错间,别致的姿态讲述着艺术的魔力。觥筹交错,衣香鬓影,宾客争相留下与艺术家居的动人倩影,自由随性地享受着一场热烈而优雅的艺术聚会,寻觅属于自己的故事与情感。

2016秋冬家纺展软装跨界论坛在沪召开

2016年8月25日,以"传承·创新·融合"为主题的2016中国国际家用纺织品及辅料(秋冬)博览会家纺软装跨界论坛在上海国家会展中心4.1号馆举办。本次论坛由中国家用纺织品行业协会、中国国际贸易促进委员会纺织行业分会、法兰克福展览(香港)有限公司主办,《设计世界INTERIOR DESIGN CHINA》和《今日家具FURNITURE TODAY》共同承办。中国家用纺织品行业协会会长杨兆华先生、中国室内装饰协会副会长兼秘书长张丽女士出席了本次论坛。Alice Constable-Maxwell女士、吴德鸿先生、杜恒女士和Aellen先生四位主讲嘉宾做了精彩的演讲。现场近300位设计师、品牌代表和媒体朋友与演讲嘉宾们一起展开了一场精彩的跨界之旅。在互动环节中,嘉宾对于从纺织品到室内、软装和家具的设计跨界现象、如何通过艺术来提升纺织品设计的附加值、设计师的身份转换等话题进行了唇枪舌剑的探讨。

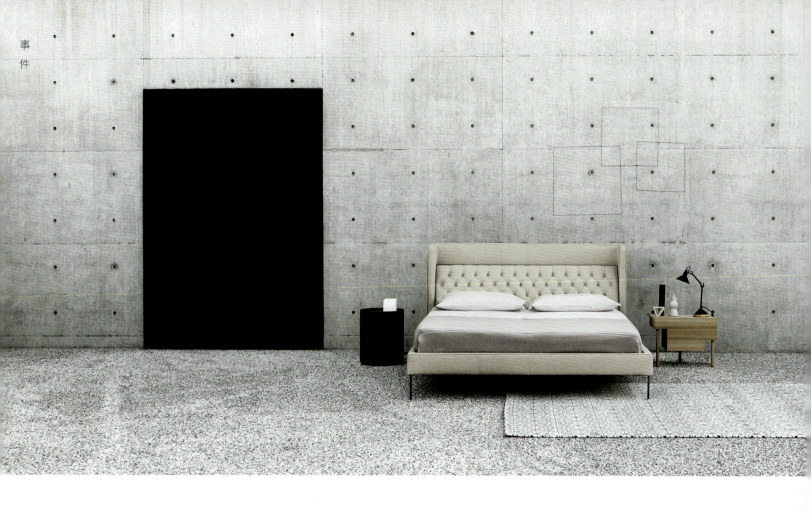

米兰国际家具(上海)展览会 11 月开幕

资料提供 | 米兰国际家具(上海)展览会

家具和设计界的国际风向标——米兰国际家具展(Salone del Mobile.Milano)将于 2016 年 11 月 19 日至 21 日在上海展览中心举办第一届米兰国际家具(上海)展览会,将带来最好的意大利家具设计产品并呈现很多精彩内容。此次展会精选了 55 个意大利品牌的顶级家具和设计产品,同时,还邀请了一系列时尚、汽车、食品品牌,充分展示意大利生活方式,让大家完全沉浸在意大利式氛围中,并感受世人所喜爱的意大利之美。

本次展会设计将由 Studio Cerri & Associati 工作室的建筑师 Alessandro Colombo 亲自负责,他将为观众们带来一次独一无二的饕餮盛宴,与观众一起完成一次美丽的发现之旅,共同发掘意大利手工工艺的美感和品质以及意大利制造的奢华和优雅。"意大利广场"是整个展会设计中的一大亮点,它是意大利生活方式、文化体验的聚集地,在这里,观众可以在享受精致、轻松的氛围同时,与志同道合者们互相交流、建立联系。与此同时,这里也是一处可以聆听和学习的文化场所,因为这里还会举办大师班:一个米兰国际家具展的固定项目,意在全球范围内分享意大利享有国际声誉的建筑师们的设计心得及设计趋势。为了促进米兰和上海这两大都市之间的交流,将有如下人士出席本次活动:Stefano Boeri,建筑师、城市规划专家、全球最佳高层建筑奖获得者,其获奖作品为"米兰的垂直森林大厦",该大厦被誉为"世界上最美丽和最别具一格的摩天大楼";Fabio Novembre,建筑师和设计师,他为意大利国内外的餐厅、俱乐部和商场完成了一系列设计项目,也设计具有创新和独特风格的家具;Marco Romanelli,室内建筑领域的建筑师和室内设计师,他的设计项目对居住和设计主题进行了密集的批判性反思;Tiziano Vudafieri,阿尔多·罗西的学生,他经常穿梭于米兰和上海之间,专注于建筑、公共和私人空间的室内设计、餐厅酒吧设计以及产品设计。

"卫星展"则提供了另一种展示空间。这里是中国年轻设计师的舞台,是企业与最具潜力的年轻设计力量会面交流的绝佳平台。卫星展开创于 1998 年,旨在为 35 岁以下具备创新潜力的年轻设计师提供有力的支持。本次卫星展是此展继莫斯科之后首次在中国亮相,将会有众多中国知名院校参与其中。

泉二字，立马前往。我们一直面带莫名傻笑泡到太阳西斜，树木金黄，简直心旷神怡，此景只应天上有了。突然隔塘木门响动，听声音是两个小孩，我们好奇，爬上石头隔墙张望。只见一男一女两个摩梭小孩，小女孩已经泡在水里，小男孩把小箩筐里的苹果倒在水里，也下了水。两人打闹了一阵，躺在池边，说说笑笑，身边艳丽的苹果起伏舞蹈，纯洁无暇……我呆若木鸡。"

林迪试图去还原这份回忆，还原一段已经远去的，关于年轻与他乡的旅行故事。

孟也：心在哪里，远方即在那里（图4）

孟也的远方，是关于家与父亲。一张张火车票，从空间上部打开的旅行箱中散落，旁边摆放着关于父亲的回忆录。他希望用设计，表达对于聚与离的无奈情绪和回家、团圆的渴望。车票代表着回不去的过往、无法再现的场景与不能再一次相见的遗憾。

沈雷：比想不起、忆不到更远的地方就是远方了吧（图5）

沈雷的装置以悬挂的半瓶酒作为主要元素，矮柜的抽屉中放置着一叠纸质文件，里面有他写的文字和图像，是他对远方所有的概念。这瓶酒是林迪送给沈雷的生日礼物，在他看来，与友人一起分享喜怒哀乐，一起喝酒，甚至纵情到酒后断片，都是珍贵的时刻，那一刻的友情就是远方。

孙云：我们都曾是彼此的远方（图6）

孙云的装置展品主体是一件跟随他十几年的旅行箱，在一次巴黎旅程中被彻底损坏，这次他在里面放了一盆龙舌兰。龙舌兰一生开一次花，开花后会用尽全力将种夹举至自身数十倍的高度，在正午阳光最热烈的时候，种夹爆裂并将种子弹射到最远的地方。植株与种子的关系，就好比设计师与品牌之间的关系，设计师正如花季，用尽全力创造属于自身绚烂的绽放。

吴滨：远方就是那个无法触及也无需触及的美丽幻像（图7）

吴滨的展品是一件黑色皮衣、一双皮靴、一副白色头盔、一双亮黄色的皮手套和一只铆钉皮包，看着他们整齐挂在墙上的样子，仿佛就能想象出那件因为空间限制没有摆放的展品——一辆拉风的机车摩托。这些东西都是伴随吴滨走过很多地方的物件，而这些地方对于吴滨来说就是远方。虚幻的远方通过这些具象的手段去呈现，让观展者自行去想象抵达远方后的风景。

仲松：远方，是能令人感受意味无穷，却又难以用言语阐明的意蕴和境界（图8）

仲松的远方是关于意境的感悟。意境离我们并不遥远，就在日常生活中，是呈现出生命律动且韵味无穷的诗意空间。他将远方与意境通过三件简单家具呈现出来，直接、简单并质朴。

朱晏庆：远方即眼下朝梦想贴近的长路（图9）

朱晏庆认为远方即是眼下朝着梦想不断贴近的长路，于是他用一种抽象的装置表达了自己的理解。21片如棱镜般的切片至上而下等间距串联为整体，简单的材料不断重复，正如朝着未来与梦想不断接近的信念和脚步，累积出自己心中的远方。

11个人的远方
2016上海家纺展国际家居流行趋势概念展区

| 撰　文 | Arz |
| 资料提供 | 法兰克福展览有限公司 |

为期4天的中国国际家用纺织品及辅料博览会（简称上海家纺展）于8月27日在中国国家会展中心（上海虹桥）完美落幕。此次展会延续了往届大受欢迎的设计和潮流趋势活动，为观众带来了趋势预测、概念设计、产品展示和研讨会等多项活动，旨在为参观者呈现最前卫的设计以及潮流发展方向。

尤值得一提的是，国际时尚家居流行趋势区通过一系列产品展示，呈现四大趋势主题——甜美梦境、现实乌托邦、快乐宣言与细腻魅惑。暗品设计工程顾问有限公司项目主持朱柏仰、倍艺设计机构创办人陆洪伟二人受邀作为策展人，加上9位知名设计师（任萃、郭侠邑、林迪、孟也、沈雷、孙云、吴滨、仲松和朱晏庆）和6个精选参展品牌（包括 Casa chonburi、CETEC、Designers Guild、JAB、LaCanTouch 和 Prestigious，以"11个人的远方"作为趋势观念展主题，通过现代艺术的创作，各自诠释对"远方"的解读。

展区设计横贯展厅两侧，一处为长条体的带状空间（物件、文件与影像），另一侧为策展主题的创意及面料品牌商的布艺展示。9位设计师通过物件、影像与文件三种类型的展示，诠释个人对"远方"的理解。"旅行"是物件展区的主题，以实物装置呈现设计师对远方与旅行之间的表述。影像是设计师关于"远方"的陈述，通过一段话的录像讲述内心见解。文件是设计师关于"远方"的诠释手稿，包括各个单页的汇集——新的、旧的、过去的、现在的。

任萃：远方是没wifi（图1）

任萃是本次观念展唯一一位女性设计师，其展品也流露出与众不同的细腻与精致。她对于远方的理解是一段回不去的记忆和无法抹灭的过去。展品利用许多过去的物件，如小学时收集的橡皮擦与铅笔、信件、旅行中的房卡等，利用冰块状的poly与亚克力封存，如同琥珀将昆虫包覆，比喻看得到却摸不着的回忆。

郭侠邑：远方不一定是灯塔，但一定是晴空相伴（图2）

"家"是郭侠邑作品围绕的主题。他以旅行箱作为主体，箱子上与背景墙的元素远看像布艺，近看却是一张张照片的拼贴，照片的主题都是人物，均是郭侠邑用70年代的胶卷拍摄而成。对他来说，家是居住的空间，是感情的承载物，也是远方的回忆。在家中，在居所中所发生的事件，都值得去回味。而今，新家是旧家的远方，旧家是新家的远方，而存在于两者之间的情愫联系是那么的微妙。郭侠邑希望过往的喜悦能再延续，亲情与友情温度依旧，美好的关系继续发生。

林迪：远方，永恒地展开了心境的新边疆，亲近世界的辽阔与人世的多彩（图3）

一个用刀叉组成的旅行箱，里面装满了色彩鲜艳的苹果。观展者很容易认为这与美食有关，然而这却承载了他的回忆：

"大一的秋天，我在丽江永宁公社写生。听当地人说朝北边走4、5公里的地方有一个天然温泉，半个多月没洗澡的我们听见温

```
1 2 | 7 8
3 4 |   9
5 6 | 10 11
```

1-11 东京城市一瞥

纪行

纪行

1.2 东京虹夕诺雅
3-8 东京城市一瞥

| 1 | 2 3 |

1-3 东京安缦酒店

东京安缦，是一个让"Aman Junkies（安缦痴）"情感突然复杂起来的酒店。我不算安缦痴，但从成为职业设计者起，安缦的确给我启示良多。总部设于新加坡，酒店却广布世界各地风景绝佳处，安缦的英文名称来自梵文，意味"平和"。我却固执地素读直译成"一个男人"，正如一个流迹天涯的男人，寻找着家的感觉，是而不像酒店也许就是安缦的设计特色吧。说到底，安缦的设计中有一种"反设计"的精神气质，你说呢？

2016年7月我去了趟日本，也是我第一次踏上这个令大多数中国人情感复杂的地方。第一天来到京都，从精致的庭院和建筑看到日本的传承精神，但对我而言多了些景点的味道，却少了点期盼的生活状态，于是留了三天时间在东京，一天留给东京安缦，想静静地素读一回安缦的第27家酒店。

如果借当下热词"匠人精神"说酒店，估计安缦必是无人能出其右者。"匠人精神"精益求精，意味着亲力亲为，从朴素出发而入奢侈殿堂，是安缦的梦想，可是东京安缦却大异其趣，当我坐在东京安缦51楼近30m层高的大堂时，除了惊叹设计者Kerry Hill先生对于传统和当代结合的深厚功力，空间尺度上也体现出建筑师特有的比例感，自由的动线让体验者像水一样在空间流淌相遇，整体的深灰调、和纸、樟木、山石、插花、茶道等元素点缀，构建出静溢的画面感，完成了安缦和东京的完美结合，恢弘而精致，但也深深体会到安缦集团的雄心和焦虑。遥想2014年底东京安缦的开业，而当初决定进驻东京是在2008年金融风暴之后。所谓创新无不一端是现实，另一头是梦想，仅从字面理解"Aman Tokyo"也许是安缦唯一的"直接+超大型城市名"命名的酒店，是不是有点"破釜沉舟，在此一店"的想法呢？

在东京安缦开业前夕，创始人艾德里安·泽查（Adrian Zecha）卸任董事长兼首席执行官，继任者弗拉季斯拉夫·多罗宁执政至今，多罗宁明确表示坚持安缦精神，但进军各大城市，否则难以维持和加强其作为行业先锋的地位。

如今安缦是当仁不让的全球酒店中的奢侈品牌，第31家上海养云安缦也是全球目前最大规模之安缦，占地约43万m²，养云安缦操刀者依然是Kerry Hill先生，也就不得不说东京是安缦转身之处，成为对Kerry Hill深信不疑的基石，同时也是对中国市场的企图心。2016年7月，东京虹夕诺雅也开业了，距离安缦就200m左右，客房数84间，和安缦相同，公然叫板的背后也体现出对安缦进城战略的认同。在日本，虹夕诺雅堪称国宝，属于星野集团，因其营造了轻井泽度假圣地，成就了如今品牌地位。对于两大品牌的大城市战略，也许代表了酒店发现的新方向，精品酒店及民宿的时代可能就此终结。从逃离到回归，城市环境的丰富和完善，将会从新构建人和城市的关系，甚至意味着时代的审美从风光转向人文！

作为设计者的我深知是情怀常识和见识构成了认知世界的方式。东京之行最让自己惬意的是在涩谷区茑屋书屋附近的停留，深有所感的是东京早已不是日本的东京，在此处我毫无异国感，只想停留并不想逃离。东京的安静与清洁让我佩服不已，久居日本的友人告知这一切并非政府的管制，而是每个人的自觉，因为"不给别人添加麻烦"的观念已经深深地植入每个东京人及在东京的人的心中，我也中招了，为美好的情怀和美好的体验感动。最让我共鸣且轰鸣的是，在六本木21-21 DESIGN SIGHT偶然的一幕，一位栗发美女观展到开心处，居然在回廊上翩翩起舞，在无声中把欢愉和爱意用舞姿和眼神传递给不远处的爱侣，安藤忠雄先生在设计这条回廊时是否考虑这样的功用呢？我想我以后会带爱人去看芭蕾舞的，如果有女儿一定让她学会跳上一段，说不定什么时候就派上用场了啊！END

纪行

东京，安缦在此转身

撰文、摄影 ｜ 刘宗亚

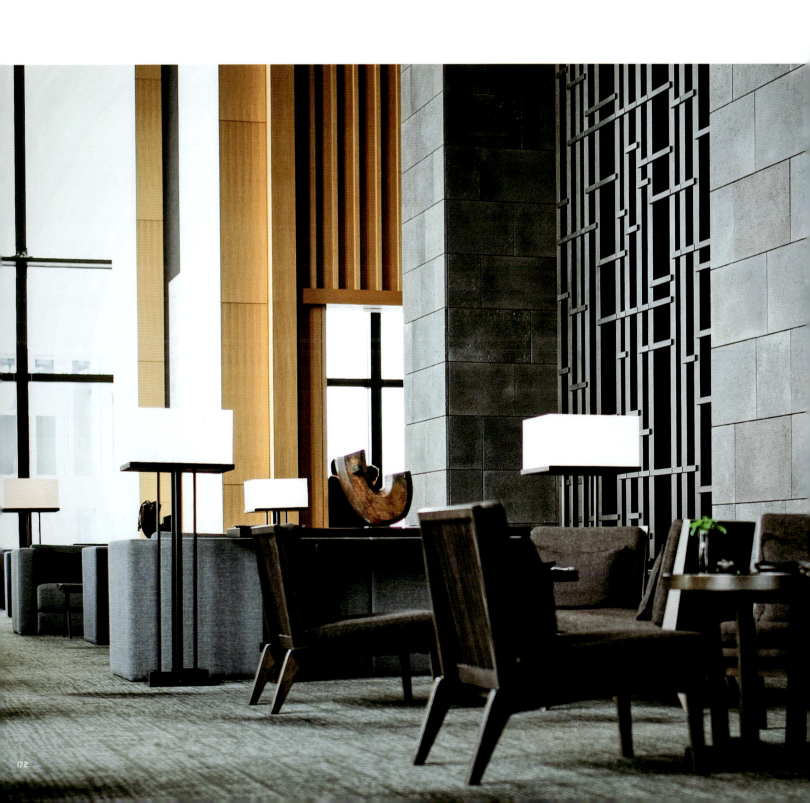

量后，史上第一负能量——内疚，占据了我的身体，服用完肥儿丸后，我如释重负地入睡了。凌晨三点，一阵巨大的难以抗拒的腹部绞痛唤醒了我，这种突如其来的力量令人四肢瘫软，无比恐慌。我无法整理自己的思维，挣扎着支撑起来，滚下上铺，跄跄地打开寝室门，拼劲全力奔向走廊尽头的洗手间。终于，一切都赶上了，当我拖着绵软的双腿爬上上铺，瞥见在下铺甜美酣睡的鹿，突然间明白了：原来这就是后悔的代价！

到大三，琪先瘦了。她到食堂里只买米饭和青菜，回到寝室里，一个人躲在蚊帐里吃。

过了些天，只有米饭了。

一个多月前，琪在校园里路遇一个男生，男生说是从清华来的，钱包被人偷了，身无分文，只能向琪借钱买火车票，承诺回到清华立即汇还。好心人琪把所有生活费都取出来借给了他。然后，就没有然后了。

少食和焦虑让琪迅速消瘦，直到寝室里的女生们凑钱以那骗子的名义偷偷汇给了她。身边的案例让我对有关食物的经济状况深有关注，我听说有些特困的学生到食堂只买米饭，然后到免费汤筒那里汲些汤水，打发一餐。我每餐就挑大厅里汤筒旁边的座位坐下，观察来盛汤的学生们饭盆中是否只有米饭。如此这般良久，终于有一日看到一个男生只拿了一个装满米饭的饭盆，于是上前搭话："我今天不小心多买了两份菜，你能帮我的忙吗？"，一边不由分说地把自己准备好的大排全部倒在他的盆里，头也不回的跑了。

这样的傻事干了几次，往深处想想，越来越没勇气。有一天在食堂里碰到了一个老乡，说同乡某某家里父亲生病，经济十分困难，同乡会正在发动捐款。我回去算算，留下到下次母亲汇生活费前的饭钱，其余的全都捐了出去。

可是和我一样随意的母亲，料我还有大笔的奖学金积蓄，早不把汇款的事放在心上。我又从来以伸手要钱为耻，于是过了汇款日不久，虽勉力维持，我也面临即将彻底破产的窘境。

床头的一个随手装硬币的瓷扑满，就是我的全部金钱。我不敢去数里面的零钱到底是什么数目，只能每天从里面抠出几个，再掂掂份量还有多少。同济新村前的煎饼果子最为实惠，一元五角，能抵一餐。一日省了中饭，晚上骑车出校门，买了煎饼果子，摊主给装在一个小薄塑料袋里，我把它挂在车把上想骑回寝室慢慢享用。许是那天肚饿骑得太快，许是那天煎饼太烫装的太急，总之，那薄如蝉翼的塑料袋在摇曳中破裂了，"啪哒"，煎饼果子掉在地上。

发现时，我已骑出了一箭之地，惊慌失措地骑回来，看到那地上热腾腾的浅黄色的一摊。而那来来去去的行人车辆，竟都不知道发生了这样的惨事，兀自匆匆忙忙。顿觉腹空难忍，人生多艰，慢慢地蹲在地上，守着遇难的煎饼，大哭了一场。

捱了漫长的几日，晓华发现了，帮助了我这个"短暂性贫困"的"特困生"，母亲汇款来的那日，我请他到南门外去吃火锅，他说："我救了你，你要包我一辈子啊。"我说："必需的啊"。

所以一直想去澳洲再请他吃顿火锅。

前几日去无锡田园东方的绿乐园耍，在华德福幼儿园旁边，有高高低低的树屋和原木的攀爬架。小朋友和我玩得不亦乐乎，在一处拐角的树荫旁，立着一块小小的牌子，上面写着"没有遗憾，不是青春；不知所措，才是人生。"

我让五岁半的儿子念了一遍。

高蓓，建筑师，建筑学博士。曾任美国菲利浦约翰逊及艾伦理奇（PJAR）建筑设计事务所中国总裁，现任美国优联加（UN+）建筑设计事务所总裁。

吃在同济之：
饥与饱之间

撰 文 | 高蓓

  大多数女生和一部分男生都在大学里遭遇过"新生肥"，就是入学第一年的食量增长，迅速发胖，我觉得还要加上一些外地学生水土不服引发的内分泌失调症状。比如说我，大一晚上的腹饥咕咕是黄昏落下思乡开始的并发症，经常在走向食堂的半途，饥肠辘辘顿觉乡愁四起。有一次忽然想到自己已经三个多月没有坐过沙发了，不由悲从中来，啜泣着去买了四两米饭加两个面饼。心里巨大的失落感用肠胃的饱足来填补，还是有点效果的。吃到肠肥，自然脑满，即所谓的缺氧状态，实在想不了太多了。

  第一个春天，寝室里的女生到三好坞去拍照，拍出了一个个满脸胶原蛋白的肿胀感觉，迎着风和日丽、桃花灼灼，或躺或卧，那么艳丽那么萌蠢到不忍二十年后卒视。除了四食堂二楼的面饼，我还钟情于楼下小卖部的豆干、风味餐厅的排骨年糕、同济新村前的煎饼果子和校门口商店里的炒制花生，中午躺在宿舍的床上，嗑着花生粒就睡着了。

  寝室里洋溢着吃的气氛，上海女孩漪批发了成箱的"美厨"方便面，等于把小卖部开到了寝室里，晚上只要有人开动，香得销魂，香得深沉，闻者莫不为之动也。加上鹿的火腿肠和楼下的茶叶蛋，增肥，就是这么简单。

  鹿是一个"made of ideas"的女生，当然不仅仅体现在做设计上。她对体重上升极为不满，但却不像我们似的忧心忡忡。行动，是她摆脱烦恼的最好方法。经过长时间的研究和思考，她选择了一款终极神器——"肥儿丸"！这是一种深褐色的小丸药，装在简单的白纸小袋里，袋子上印着一个年画般乐呵的大胖小子，双层下巴的褶皱线条被粗糙的油墨连在了一起，形成厚大的一坨。"肥儿丸,吃了这个不是会肥吗？"我不解。"这个专治小儿积食，小孩吃多了，吃这个就泻肚。""然后呢？""然后小孩肠胃空了，就又能吃下东西了，就能长胖，所以叫肥儿丸啊。""哦，所以呢？""所以我们吃多了，可以吃这个泻完肚，等于没吃。""可是，再吃不是又变肥？""你又不是小孩子，泻完就不要再多吃了嘛。"

  哦，所以这个应该叫做"吃得太多的后悔药"。

  世上竟然有后悔药，而且无毒副作用，我当然要试一下。

  一晚用膳毕，计算完自己吞下的食物总

南京老城南的院子

出些轻浮的东西。墙角的花开得细小而繁多，灰暗又散漫。空气像一个又一个圆形的气泡，那种懒散近乎轻佻，以至于我的鼻腔多出了一种药物的气味。天牛无法下水，攀在一条干瘪的石榴枝干上，摆头弄尾。它与我一样，虽然慢，但并不怀疑自己的命运。从现在开始，每隔一刻钟，我得用丝瓜藤蔓的液体浇灌在自己的手臂上，类似浇一盆月季。几天前，我被一杯开水烫伤了，不严重，但也不简单。汤疤子出的主意，讲以前都是这么搞的。烫伤的表皮因为浇了丝瓜藤蔓的汁，凉爽了许多，温度似乎也下降一些。起床之后，我就已经把丝瓜藤蔓的汁放在冰箱里了，如同把自己的影子埋在檐下最凉快的阴影里，守候门前的凉风。

九点钟过后，我会坐在一张宽大的板凳上，对着南窗临池。每天一页。如同当年的一位姑娘对镜成妆。窗口好像是一个镜框，河流撑着船，一会儿往前，一会儿往后。有一艘船停在窗的另一侧，像是昨天晚上坏在这儿的，蓬上有早上新鲜的鸟粪，黑色的，点点滴滴，一大片。街道上新种的一排香樟，真不是什么好树，不落叶，还挡光，连鸟吃了果子，都拉不出好屎。

立秋之后的天空，总染着一点绿色，延续了水影与桨的声响。那声音真是个新鲜的摆设，如同一个破旧时钟的河殇。修船师傅戴了个施工的安全帽，我不明白修一个船上的发动机与戴安全帽有什么必然的联系。我想此刻马达应该已经震得他心头发烫了吧。不知道什么原因，时间在河边上就会显得慢一点。现在，谁还在乎指间漏掉的辰光呢，光是微信点赞的时间就可以为每个人修一座塔了。

透过窗，远远地，还能看到那座有风起来的仙鹤桥。仙鹤桥在过去名头很大，从明永乐年开始，每年中秋节，都会有一对仙鹤飞来，在桥上方盘旋数圈，待月满的时候，再凌云而去。民国二十六年的中秋，非常奇怪，仙鹤没有出现，而等待看鹤的人因为战事临近，似乎也不再在意。这不在意不要紧，但仙鹤一下子就消失了，也没出现过了。城南的人乱了神。他们无法想象没有仙鹤飞临的日子。抗战胜利后，他们从东郊石锁村请了石匠来，在桥头雕了两只鹤，一雄一雌，一高一低，挺祥和的样子。从此，他们又开始安心入睡了。而真的仙鹤对于他们也就渐渐没有了意义。

过了十点，那条风线就会又回旋到这里，并淹没在来源的地方。在这样一个偏僻的以海螺命名的巷子里，我把一页写好的字团了起来，放在桌子的另一边，膨松之极。而后，又松懈下来，像一种发出呼哧呼哧声的膨化食品。城南，到底还存在吗。沿着秦淮河的房子，一幢一幢地在消失，如同一去不返的仙鹤。剩下的是一条空气中流动的河流，是风，是一条记忆中的线索。对于过去，或者未来，我们总得找到一些这样的线索。此刻，在眼前松驰的桌面上，我似乎听到了比秦淮河更远的海的声音。

陈卫新

设计师，诗人。现居南京。地域文化关注者。长期从事历史建筑的修缮与设计，主张以低成本的自然更新方式活化城市历史街区。

想象的怀旧——海螺巷

撰　文 | 陈卫新

去年，也就是八月刚过的时候，我搬到了海螺巷。古人不必写半年工作总结，所以他们可以用一整天的时间来聊天看云，并依着时节与心情过日子。二十四个节气的确可以让人体会到天气一点一点的变化。那种细微的变化，如同紧贴着我们一根一根的汗毛发生的。刚刚立秋，皮肤的表面就开始干爽起来。南京的天空也变得更空，秦淮河的水经过几年的治理已经不臭了，邻居们也不再把垃圾直接倾倒在里面。回想起来，人有时候其实挺说不清楚的，骨子里都有点邪恶的念头。比如说这倒垃圾吧，也会有相互攀比的心。比谁倒得多倒不见得，比谁倒得轻松是真有的。

南京城以"海"字打头的巷子有两条，还有一条叫海福巷，在城外。海螺巷不长，东西方向。一头连评事街，一头至水西门，两侧都是居民房子，房子的形态也是各式各样。有几户连院，低伏在几棵硕大的枇杷或玉兰下面，似乎还透着过去大户人家特有的隐秘气息。在巷子的中段，有一个少见的小弯。迎面走路，不小心就会碰上。那弯曲的弧度像个螺的背，光滑、神秘。南边的房子，过去都是河房，现在好些已经大修过，沿水的老建筑几乎都拆干净了。房间外面依旧是秦淮河，只是河岸的形态再也没有了过去的幽深变化。事实上，在海螺巷还是有些东西从来没有变过的，比如一条奇妙的风线。风线是从水里升起来的，在仙鹤桥边上腾空，然后转向几家山墙上的荒草，接着，又降下来穿过整条海螺巷。这种情况，每天只一次，大约在九点钟的时候。平常这个时间，巷子里的人极少，上班的上班去了，买菜溜鸟的还没回来。开始觉察到的时候，我是很激动的，以为是个什么重大发现。后来，邻居汤疤子一脸不屑地说："就是这个样子的啊！多少年了，大家都晓得的啊。你真是一个呆逼。"是的，真是一个呆逼呢。

城南人骂人就是这样子。同样的词，夸人有时候也是这样的。城南的院子总是会长

不过对于建筑学的基本任务，现在还有一个点："促进社会进步"。于是基于欧美的政治性，精英们出于对全球化的批判，对第三世界有了新的需求，希望第三世界能够创造地域性建筑反对全球化。

如果我们研究创新审美空间、通过技术实践进步解决由小到大的实际问题、锤炼思想，这需要花很长的时间。但是，假设我要拯救的悲惨世界遥远在千里之外，我只需要在这里讲PPT，就让你觉得我已经拯救了这个世界，促进社会进步了，就OK了，这很轻松，赢得你们的赞誉。所以，我们的建筑学基本任务就变成了机会主义者们欢快的舞台，绕开三个基本任务，终能以捷径达到"促进社会进步"。

2016年，亚历杭德罗·阿拉维纳（Alejandro Aravena）帅哥获得了普利兹克奖，这是他的智利伊基克市政府经济适用房项目"一半住宅"，等户主有了钱，就可以把另外一半建造起来。那么这案例有没有成为智利普遍使用的模式呢？不好意思，没有。我查了半天，只有一个案例，阿拉维纳的设计并没有成为普遍知识。他和前面那个黑人一样，拿了一个第三世界的问题到第一世界来表达自己解决问题的能力，让第一世界的人觉得，真的解决了问题。

伊东丰雄也是非常了不起的建筑师，他开始没有拿到金狮奖，也没有拿到普利兹克奖。突然日本地震了，海啸了，机会来了，他就做了一个为灾民设计的住宅。立马他拿到了威尼斯双年展金狮奖。日本当地人对这个模型的建设是愤怒之至，甚至用两个字来形容：可耻。他把灾民的苦难当成得奖的荣耀，贡献给其他国家。至于当地灾民，是否从中得益，没有人关心。对于真正的灾民来说，解决问题的不过是简易丑陋的板房。

如果你没有解决问题，你所说的促进社会进步，就是两个字：伪善。伪地域性建筑，一定是拿解决问题来凹显一个审美上的矫情。你仔细想想，Rezwan先生的船真不矫情，但Makoko学校，比我们以前见过的都要矫情。

地域性建筑

所谓的地域性建筑，是建筑师扎根在当地，对当地的人、气候、生活习惯、宗教习惯有深刻认知，然后以他得到训练的知识，提炼、吸收后再反吐出来的建筑。

这个"地域性建筑"，当照片出来时，我就说这房子不行，抗震有问题。夯土结构，形心要在正中，单坡屋顶没有在正中。夯土结构墙要厚，下墙厚，上墙薄，不能够大量地开洞，不能够背后倚着高坡，这是中国夯土建筑的规范。你看这个，背后有高地坡，单坡屋顶，三墙开大洞，全部都是违反规范。但是不影响它获得英国皇家建筑师的金奖。为什么呢？符合第一世界对第三世界认识的好看。

你们记住哦，普利兹克奖，一步步很简单。如果在座哪位想拿普利兹克奖的话，先不要说建造出名垂史册的建筑，先把人生道路的每个台阶都预先估量好，然后一步一个脚印，一个台阶，走上普利兹克的高峰。这是我对大家的奉劝。

在很长一段时间，我觉得业余建筑师是一个很严肃的问题，是不应该拿来讨论的。可是当回顾建筑历史时，我发现了一个蹊跷的事情：我们这批职业建筑师的祖师爷也是业余建筑师。我们的路德维希·密斯·凡·德·罗和勒·柯布西耶都是业余建筑师。他们的人生历史就是一次奋斗史，经受挫折，没有先例援引，没有威尼斯双年展，没有普利兹克，没有这一切所有的标签。他们借着现代主义的运动，走上了历史舞台，逆袭成为主流建筑圈，然后培养出我们这样的职业建筑师。

差不多从十年多以前开始，这个新的潮流又开始了，我们又在鼓励一批业余建筑师。但是这些人中一旦出现了机会主义的成分，就不像柯布西耶这批人这么扎实。只要掌握了学术阵地、媒体阵地、出版、展览、演讲等阵地，他们就可以通过借用某一种重要的政治策略，而获得他们心目中的皇冠。

如果建筑学一直在我们这些职业建筑圈子里打转，走不出我们自己做的茧，看不到业余建筑师的探索的话，那么我们会衰弱；但是这些业余建筑师如果走不出他们的茧，他们也会衰弱。他们的茧是什么？想通过奖项获得所谓建筑学的认可。所以我希望，我们都能够破茧而出。所以这句话是我对上半段说话的总结：机会主义者的地域性建筑就是耍流氓。

我在网上，发现了一个真正的地域性建筑师，一个"土炮"，玻利维亚建筑师马马尼（Freddy Mamani Silvestre）。他的房子以妖艳、"杀马特"的风格，存在于这个地方。完全从当地民族的色彩喜好、习惯花纹、以及他们认为的自豪感出发的。

我们也可以找出一百个理由，说他的作品颜色鲜艳、造型古怪等。OK，但是别忘了，这是这个建筑的特点，并解决了当地的一个问题：印加的自豪感。你们没有去过南美，你们不知道印加的失落感，在南美洲的西班牙后裔鄙视当地人和西班牙的混血后裔，鄙视当地人和印加人的后裔，鄙视印加人。

这个被当成贱民一般鄙视的马马尼，他很可怜，没有固定办公室，只有一台很差的笔记本电脑，主要以画草图的方式来完成图纸，他画不出我们所说的施工图，他跟工人交代都是用当地语言，然后工人按照他的意思，把这些东西建造出来。一栋、一栋，在这个灰蒙蒙的城市中，出现了60栋，慢慢地改变了这个城市。这个城市的人是如此热爱这个设计师。埃尔阿尔托对于马马尼来说，其实就是巴塞罗那之于高迪。他承揽业务的方式，甚至就是在大街上行走，然后有人看见他，说"过来过来"。这才是"从群众中来，到群众中去"。不是穿着剪裁精良的西装的黑人建筑师脚不沾地地来到了贫民窟，然后带着摄像机，告诉大家我来过了。回到冷气间去做了一个东西，证明他解决问题了。但是如果马马尼的房子放到主流媒体界，亚历杭德罗·阿拉维纳是看不上的，他是天主教大学毕业的，哈佛的教授，他和这个"土炮"没有共同语言。他本能地会在第一世界嘲笑这第三世界的"土炮"。

我读过一本很重要的小说，叫做《卑微的神灵》（The God of Small Things）。对马马尼这样的人来说，在我们认为卑微的城市里做着我们认为卑微的工作，却让卑微的城市、卑微的人有了前所未有的自豪感。这难道不是一种真正的地域性？这难道不是一种真正的对待全球化的骄傲姿态？这些人被忽视，你不觉得我们的主流建筑界是腐朽的吗？

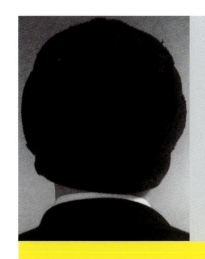

闵向

建筑师,建筑评论者。

我闻到了西方建筑界腐朽的气息

撰 文 | 闵向

如果威尼斯双年展邀请我去展览,在两年前,我一定羞答答地一边骂一边去。但是现在,这可能已经激起不了我的兴趣了。尤其看到里面的中国展,我只能用一句话说:呵呵。

孔勒·阿德耶米(Kunlé Adeyemi)的Makoko "漂浮"学校获得了2016年威尼斯建筑双年展银狮奖。对于这个从第三世界走出来的精英建筑师,这是他职业生涯多么重要的一个标签,因为遥远的普利兹克奖,或许就在那里挥手。

"漂浮"学校2013年开始动工,2015年10月投入使用,2016年6月倒塌,倒塌前3个月学生便撤走。真正使用时间是半年都不到,而评委对它的赞誉之词,仿佛它是一个多么重要的东西。

这个黑人建筑师也有自己的说辞,说这个建筑是有一定的"使用期限或是实验寿命"。这个说法很狡猾,倒塌是因为有"使用寿命",虽然寿命也只有三个月。他的效果图里,这个实验原型堆满在整个水上贫民窟上,来展示给在冷气间里的威尼斯展的评委看。那些评委顿时觉得,我们培养出来的精英真的可以拯救世界。但事实上他只造了一个,还塌了。

一想到这位建筑师来自尼日利亚,我们会觉得他可能是穷人,并不是。他是地地道道的第三世界的精英,他的所有履历,都符合一个中产阶级精英走向世界舞台的成功路线。

中国的建筑界其实也有人这样玩,成功的路线像爬山一样:假设普利兹克奖是山顶,在爬山的过程中需要有人指点,沿着公认的一步步的台阶攀登。当然我个人并不认为普利兹克奖是山顶。

在遥远的孟加拉有一个姓Rezwan的人,我都查不到他的全名,他默默地做出了孔勒·阿德耶米想做却没完成的事。孟加拉大概有三分之一的领土,会在6月到10月的5个月时间里,遭到洪水侵袭。学生有学不能上,大人有工作无法做。Rezwan专门设计并制作了一艘船,把学校搬到船上。从2013年到2016年,现在他的船队已经有了100多条船,给一万多个家庭提供了服务。

这个建筑师是什么背景呢?不好意思,达卡一所大学,连达卡大学都不是。你看他穿着的样子,就是一位极其普通的"土炮"。他发了300封Email后才获得了一项3000美金的资助。于是,他就用这3000美金搭了一所漂浮学校。就是这艘船,质朴而不做作,在建筑学上没有丝毫可以给别人夸耀的地方。让我们再想想Makoko的"漂浮"学校,形象感鲜明,怎么看,都像一个精心设计的建筑作品。孔勒·阿德耶米在遥远的贫困地方,让你们觉得他解决了一件事情,很了不起。但你们可能不知道,他没有解决,孔勒·阿德耶米只是让痛苦的境遇激起你们的同情心,从而让他自己在富裕的世界中获得了褒扬。至于建筑在贫困之地是否成功,他或许狡猾地知道你们根本就不会去,你们也不关心结果。孔勒·阿德耶米的银狮奖,难道散发的不是建筑界非常腐朽的气味吗?

建筑学的基本任务

我们来谈谈建筑学的基本任务:审美、技术、思想。

思想,一面就是在建筑学领域内的思维,能够走出建筑学影响其他行业。比如建筑师理查德·巴克敏斯特·富勒(Richard Buckminster Fuller),美国人认为他是20世纪60年代最了不起的发明家建筑师。分了烯里的富勒烯(Fullerene),就是化学家受到这位建筑师的启发而发现的。另外一面是建筑学外面的思想,如果能够进入建筑学,促进建筑学发展,则也很好。比如类型学进入建筑学以后,形成了建筑类型学的思想。但是老师教你们的建筑类型学,可能是不着调的类型学,因为可能是来自罗西的建筑类型学,那是基于建筑形式,而不是基于真正的建筑学思考。

1　家居组合展示
2　Journal 系列书桌
3　Normann Copenhagen 上海旗舰店
4　Norm 系列灯具组合
5　家居组合展示（搭配 Norm69 灯具）

1.2 家居组合展示
3 FLOW 系列灯具

　　Normann Copenhagen 是一家丹麦的设计公司，以打造原创、简洁且高品质的家居产品为使命，其设计充满着浓郁的北欧风情，是简约现代风格的代表。Norman Copenhagen 的所有产品均以"家"为初衷，充满着温馨的生活氛围。其产品颇具玩味，给人以轻松、亲和的观感。在工艺上，Norman Copenhagen 拥有诸多新颖独特的表达，常能看到传统工艺和工业材料与新的生产方式的融合。

　　色彩也是 Norman Copenhagen 的强项，无论是柔和、冷酷、中性还是大胆的色度，都可以从他们的设计中寻找到。各种功能与造型的产品通过色彩的搭配，能够适用于不同类型的房间和各种风格的装修。色彩清新且活泼，功能简约而实用，相似的元素和理念贯彻于所有系列与类型的产品中，而每一件单独的作品又具有独立的特质与设计感，这也是 Norman Copenhagen 能够稳定、持久地吸引人们，且能不断带来惊喜的原因。

　　Norman Copenhagen 的诞生始于一段友谊。Poul Madsen 和 Jan Andersen 于 1999 年合作创立了 Normann Copenhagen。在此之前的许多年，他们曾经营各自的公司。相似的兴趣和价值观，使他们走到了一起。二人在哥本哈根开了一家小店，出售来自不同品牌的设计产品与他们自己的创作。2001 年他们结识了丹麦设计师 Simon Karkov。Simon Karkov 向他们展示了自己在 1969 年设计的作品 Norm69 灯（此后该设计一直躺在他的阁楼里）。Poul 和 Jan 非常喜欢那盏灯，并决定投入生产。这就是 Normann Copenhagen 作为一家设计生产商的起点，Norm 69 灯也成为品牌的经典产品。

　　对 Poul 和 Jan 而言，设计是一场爱恋，他们凭直觉为 Normann Copenhagen 挑选产品。好的设计能撩动他们的内心，与优秀设计产品相处的过程仿佛一场倾心之恋。那么，是什么让他们爱上设计的呢？Poul Madsen 这样解释道：

　　"好的产品应该是这样的——当我们看着产品时，心想'这东西真特别，我们之前从来没见过'。设计真正的特别之处来源于设计流程的各个环节和部分。有时候产品的功能很独特，有时候产品的材质很新颖，有时候产品的外形很吸引人，甚至有时触动我们的只是两个元素的结合，或者一种微妙的感觉。一般来说，我喜欢线条简洁、风格简约的设计，但总会有一些小东西使设计更有韵味。大家可以将我们的风格称之为'有态度的极简主义风格'。"

　　从一开始，Normann Copenhagen 便广泛与世界各地的知名设计师及青年才俊合作，时至今日依然如此。如今 Poul 和 Jan 精挑细选了越来越多的家居产品，产品系列不断充实，涵盖了家具、灯具、精美织物以及屋内装饰品等，并且数量和类型在不断增加，任何与"家"有关的物件，无论大小，均可在商店中寻得。

　　值得一提的是，Normann Copenhagen 也积极在中国拓展市场，Harbook+ 湾里书香与 Normann Copenhagen 合作的亚洲第一间旗舰店位于 2016 年 8 月 26 日在上海南京西路芮欧百货正式开幕。除了其经典的家居设计产品外，也带来了新的概念产品"Daily Fiction"，此系列是关于日常的小设计，例如日记本、礼品包装、贴纸、卷笔刀、剪刀和各种书写工具等，使中国的设计师与设计爱好者对品牌有了更具象化的接触与认识。

　　Poul Madsen 和 Jan Andersen 对高品质设计的坚持，使 Normann Copenhagen 在过去的几十年中，保持不断地发展与进步。他们坚持以富于创意的形式挑战自我，探索新的设计领域。对于未来，他们依然充满信心："我们期待与最具才华的设计师合作，打造最完美的产品。同时希望让我们的产品系列具有独创性与多元性，经得起时间的考验。我们想用真诚的设计，唤醒人们的激情和将其据为己有的欲望，并因为喜爱而购买。希望我们的产品能轻松触及每位消费者，无论他们身在世界的哪个角落。"

Normann Copenhagen 的温馨之家

资料提供 | Normann Copenhagen

实录

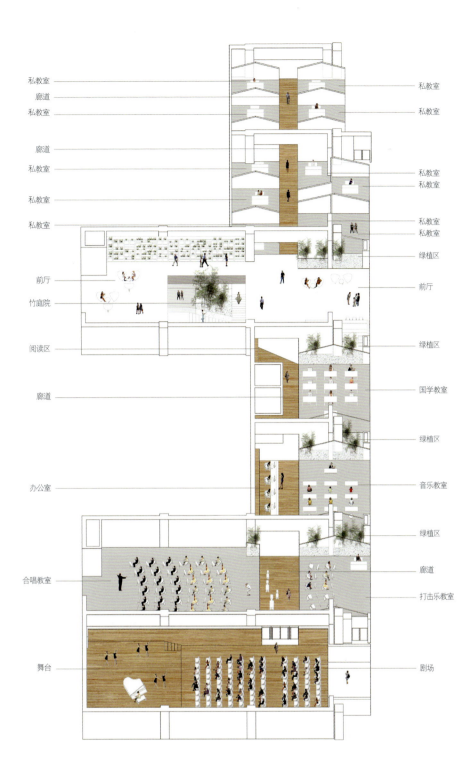

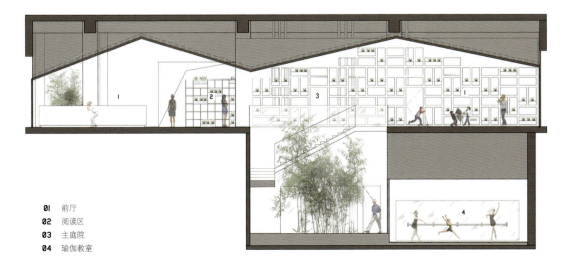

01 前厅
02 阅读区
03 主庭院
04 瑜伽教室

1 场景轴测
2 中庭剖面
3 竹林庭院

1	3
2	4

1 办公区
2 图书区
3 一层平面
4 音乐教室

一层空间
01 前厅
02 舞台
03 剧场
04 竹庭苑
05 私教室
06 服务区
07 阅读区
08 办公区
09 绿植区
10 化妆间
11 候演区
12 设备间
13 国学教室
14 音乐教室
15 合唱教室
16 打击乐教室

负一层空间
17 竹庭苑
18 办公室
19 更衣间
20 瑜伽教室
21 舞蹈教室

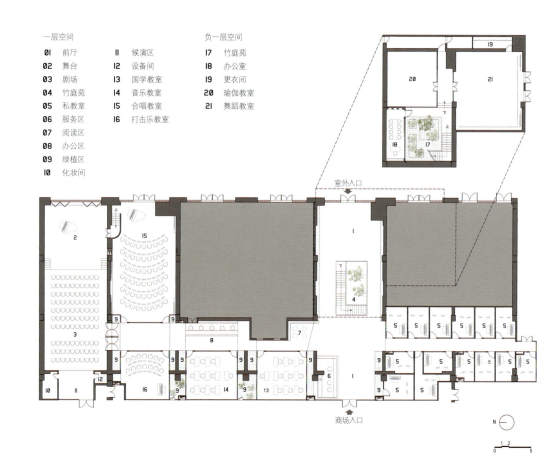

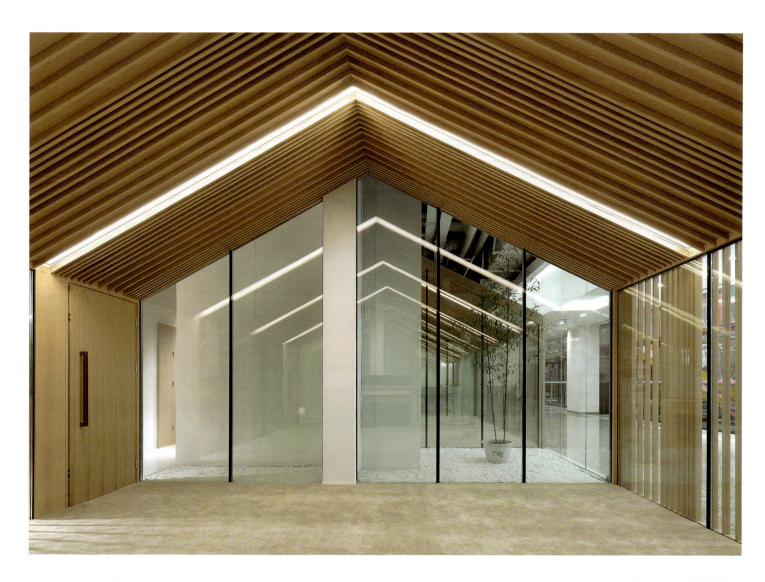

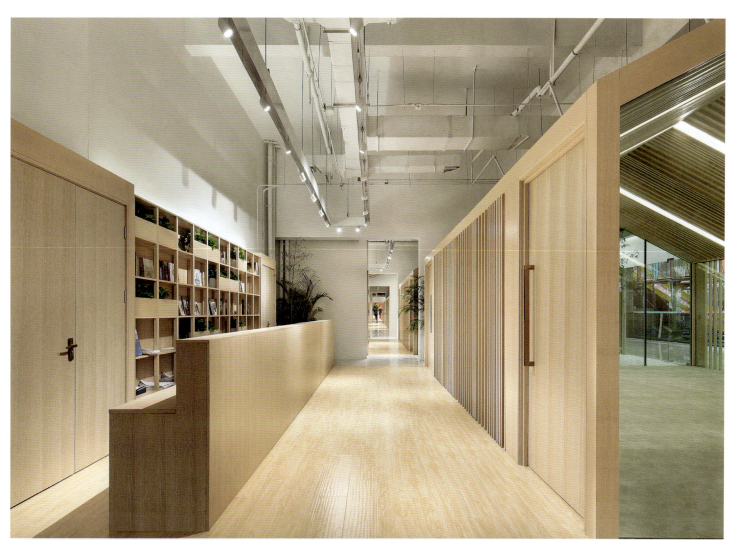

1		
	2	
	3	

1　私教区
2.3　大厅

保利 WeDo 是保利文化集团旗下的新型儿童教育品牌，旨在挖掘和培养孩子在音乐方面的天赋和潜能，提高综合艺术修养。建筑营应邀设计其位于北京工体北路永利国际商场内的教学空间。如何通过空间设计突破固化的结构限制，实现开放、自由、灵活的现代教学环境，并让孩子与空间产生亲密感，是设计所思考的首要问题。

项目分布于商场一层七个柱跨之间，空间基本结构为框架＋剪力墙，总面积约 1000m²，并附带约 300m² 的地下室。建筑营尽量拆除了所有砌块墙体，打通原本封闭的房间，用一条走廊将教室及公共空间进行连接。所有教学空间向商场中庭水平展开，包括音乐教室、私教室、接待厅、剧场和排练厅等。坡屋顶延伸至墙面和地面，构成了连续延伸的教室和公共区域。整个教学空间好似一座半透明的"室内村落"，根据使用需求呈现出多样的尺度与质感空间，让孩子在亲切、自然、舒适的环境中演奏和学习。

建筑营引入绿色景观来柔化结构墙体的限制，让教学与自然时刻保持接触。中庭拆除了局部楼板，竹庭院延伸至地下的舞蹈教室、瑜伽教室和办公空间，同时构成入口大厅的景观焦点，也是上下层交通转换的节点。在教室之间利用墙体的空隙产生景观区，形成室内的"室外"空间。而植物与书架的组合让孩子能够轻松自然地选择休息或是阅读。

音乐教室要同时满足隔声和吸声的声学要求，其墙面均采用了三层中空玻璃进行隔音，吊顶采用木纹转印铝制格栅和铝板。除了隔声处理之外，坡屋顶的形态和格栅的起伏表面也使得声场更趋均匀。小剧场由于空间高度有限，因此不设吊顶，仅在人的尺度范围内采用了木质吸声板，在视觉上让空间变高，同时取得良好的声学效果。

保利 WeDo 教育机构
POLY WEDO EDUCATION INSTITUTION

摄　　影	夏至
资料提供	建筑营设计工作室
地　　点	北京市朝阳区
设计公司	建筑营设计工作室
设计团队	韩文强、王莹、李云涛
建筑面积	1300㎡
设计时间	2015年10月~2016年1月
施工时间	2015年12月~2016年3月

| 1 | 3 | 4 |
| 2 | 5 |

1　室外庭院
2　柔和的灯光设计
3　阁楼空间
4　编织表皮
5　用餐区

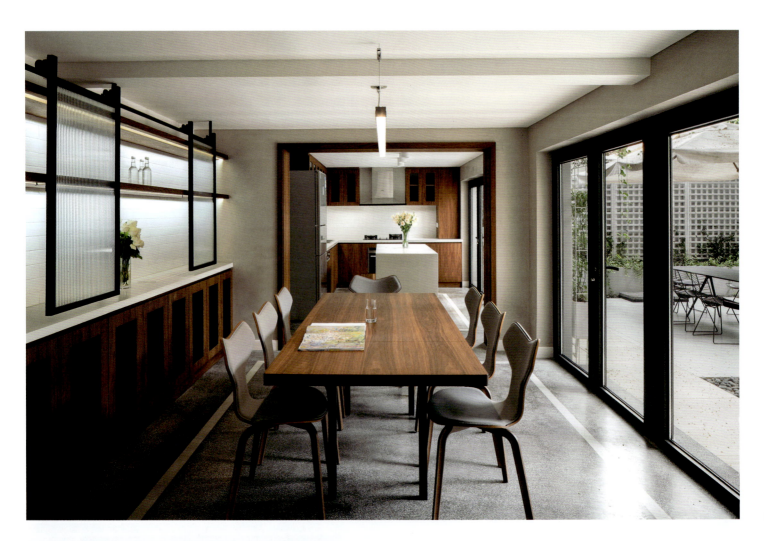

实录

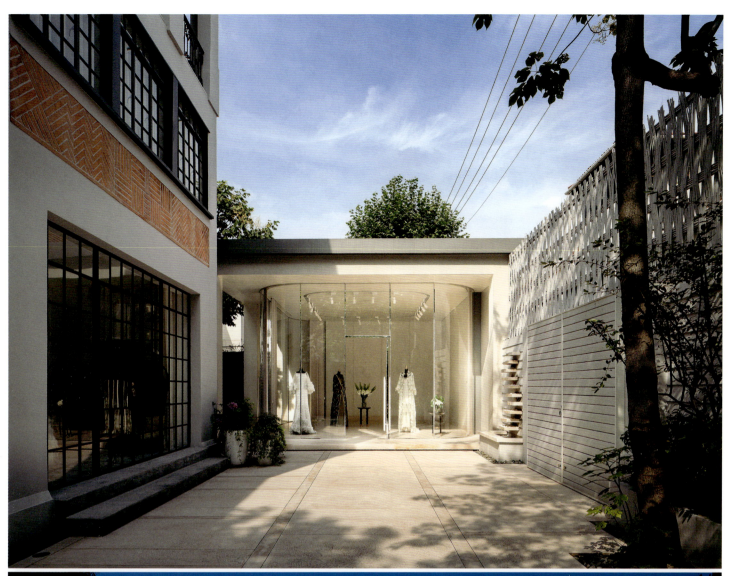

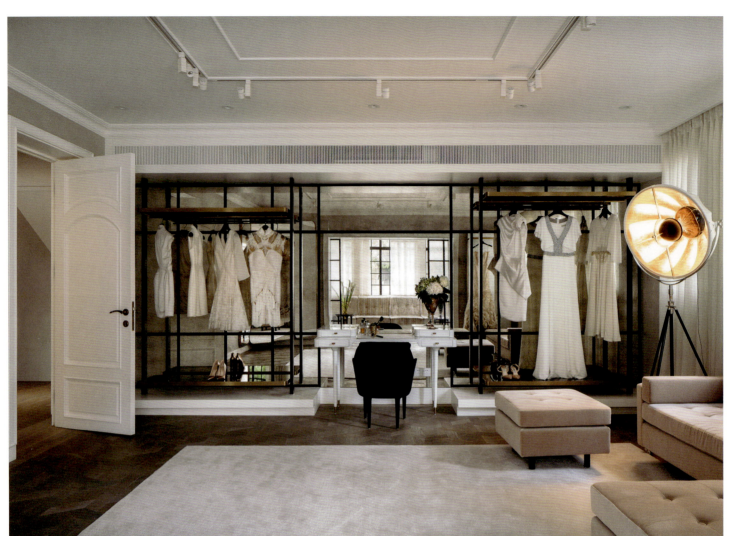

| 1 | 3 |
| 2 | 4 |

1 入口空间
2 富有设计感的家具
3.4 纯净的室内

| 1 | 2 | 3 |

1 明亮的大堂
2 室外庭院
3 简约的外立面设计

　　2016年7月16日,瑰丝·陈花园(House Of Grace Chen)在上海正式开幕。作为瑰丝·陈高级定制品牌在中国的旗舰店,品牌创始人同时也是中国顶级高级定制设计师Grace Chen与Kokaistudios建筑事务所联手,创造性地将一幢前法租界近百年历史的花园洋房改造成一处华美的艺术殿堂。功能包括展示厅、画廊、试衣间、办公室、厨房、阅览室以及VIP套房。对于瑰丝·陈而言,这无疑是一个里程碑式的发展和品牌提升的象征。

　　最初,当高定服装设计师Grace Chen初次接触Kokaistudios时,她提到希望将这幢始建于1924年的西班牙风格历史别墅改造为同名品牌之家的愿景,设计师立即被这一想法吸引了,这也促成了他们在该项目上的合作。

　　此项目的设计范围包括别墅的建筑改造、室内设计、玻璃展示厅布置和花园景观。Kokaistudios一直把设计看成是满足客户需求的产品。设计师从瑰丝·陈品牌华美而工艺复杂的服装中汲取灵感,制定了与品牌精神吻合的设计策略——决定用女性化、高雅而不失现代感的设计与别墅本身典雅的风格相匹配。

　　此栋西班牙风格的别墅始建于1924年,坐落于上海市最具魅力的街区之一——华山路。入口处的大门为黑色金属条与铜条交织而成,灵感源自运用于瑰丝·陈服装上的编织工艺。大门的设计保护了别墅的隐私,同时又激发了来访者的兴趣。别墅共三层,从顶层可俯瞰改造后焕然一新的花园庭院。庭院的空间既可以举办活动又可用作走秀用途,十分贴合客户的需求。

　　Kokaistudios按私密性需求制定了空间排布的策略:一层为公共空间,设置主展示厅和休息区,以及服务于活动的厨房和就餐区;二层为更衣室和办公区;三层则是为远道而来的客人准备的VIP套房和图书室。Kokaistudios在建筑改造方面保留了历史别墅原有的一些细节,例如法式门窗、露台的大理石马赛克拼花地面、外立面的红砖装饰等。值得一提的是,该建筑在20世纪80年代经过一次现代风格的加建。针对这一部分的立面,设计师选择用金属网格和绿植覆盖,为项目整体增加生态和自然的气息。

　　在色彩和材质方面,设计师偏向选择自然柔和的基调,一方面烘托出舒适的环境,另一方面亦能很好地衬托华美的女装产品。大量的家具和镜面均为定制,在风格上符合别墅的历史感和典雅的风格,另外又带有一些现代元素。选用的品牌包括享誉国内外的Flos和主设计师为Filippo Gabbiani先生家族的意大利玻璃工艺品牌Gabbiani灯饰等。一层和二层的墙面采用了工艺复杂的Marmorino涂料,创造出柔和与温暖的效果,三楼的图书室区域则营造出"未完成"的感觉,保留了外露的红砖,并选用了鸽子灰涂料。这一区域倍显私密,可以举办沙龙活动,仿佛旧日优雅时光的再现。END

实录

瑰丝·陈花园
HOUSE OF GRACE CHEN

摄影	Seth Powers Photography
地点	上海徐汇区华山路1515号
设计公司	Kokaistudios建筑事务所
设计团队	Filippo Gabbiani、Andrea Destefanis、郑泳、陶玮、陈颖、辜瑞雪、黄冰冰
建筑面积	660m²
景观面积	200m²

去做好。然而，忽视文化的介入和引导，商业一定会落入庸俗，和之前的想象差之千里。我认为，时下很紧要的一点，就是为老的建筑去寻找到一个新的身份。没有身份是很可怕的一件事，很多老建筑就是因为没有身份了，就随之失去了人们的关注和尊重。人和建筑都是一样的，你要给他一个好的身份，那么它就会被尊重、被重视、被呵护，那么，这个就是好的结局。所以，我认为不用去回避商业，但同时你要用自己的专业能力和技巧把这些事往一个更好的方向去引导。这可以说是我以后的方向吧，会花很大的精力去做这些事。

ID 对于商业来说，它的趋利性特征是十分显著的。但对于历史保护类项目而言，有时难免会牺牲一部分经济利益，来成全它的社会及人文价值。您在实践中会怎样在这之间去找到一个平衡点？

陈 在经济利益和社会利益、文化价值之间，如果你不去平衡这样一种关系，肯定是会失败的。一个项目交到你手里，不管起点是高是低，也不管业主的诉求是怎么样的，其背后一定会对你说的这个经济利益、商业利润有追求。这个确实是没法避免的。但是，我觉得设计师在这里面是有关键作用的，应该通过自己的方式去引导。当然，这个方式肯定不是简单地说教，或者单纯地和人家谈情怀。这个是最没有用的。首先你得站在他的商业的角度去看，然后你再通过你对这整个项目的理解，用自己专业的高度去引导，把它能引向一个好的、两者能兼顾的方向。完全逐利或是一厢情愿地讲情怀，都是不可行的。这其中的一个度，其实需要设计师去把握、去控制。

我有个例子，我在做一个老酒店改造的时候，有一个屋顶上面全都是屋架。从经营者的角度来看，这屋架相当于是个累赘。他不理解这些构件的意义或者说是利用价值，觉得很难看，不过就是一堆棍子叠着而已。这时候，如果你单纯地和他讲这些是有传承的，这是没有用的。但如果你从专业的角度，你可以从好几个方面去和他谈。比如，你可以说明，全部置换这个屋架需要花很高的代价，得花很多钱；除了这个，你还可以告诉对方，这部分空间通过设计、改造之后是能够去满足商业上的需求的，而且这个架构是一百年前的东西，它很有可能在将来成为整个商业空间内里最有价值、最不可替换的部分。你如果用这些理据，让对方知道他不仅能省钱，之后还会有升值空间，他也就能接受了。这样一来，双方其实是没有分歧的。

ID 相信再过一段时间，能看到不少有您参与的老建筑保护项目。

陈 我确实有意识地在找这一类的项目。现在，凡是能和老的街区和建筑相关的项目，我都特别感兴趣。而且，我也很愿意花精力来做些项目，虽然有的时候，能获得的回报并不多。但我觉得这个对我来说，已经不是最关键的了。有时候我也会想，很幸运之前商业的那一块做得还算顺利。所以，现在我对于商业利益的追求才会比较放松，甚至能够不去太计较所谓的得失。

所以说，每一步都不是白走的，都是必须的。虽然会有反思、有自省，甚至内心的想法与心态都会有一些转变，但我还是觉得这样一个过程是不能缺失的。以前的每一步，都是积累，然后才能走到今天。我现在觉得挺庆幸的，能够把更多的时间放在自己感兴趣的项目设计上面，而之前那么多年来商业设计的专业积累也能够去反哺、支撑我现在的兴趣。

之后，我会持续地去关注、思考这方面的项目，也会更多地去尝试、去实践。这就是我当下想要走的一个方向，还是挺明确的，相信以后也会一直走下去。

| 1 | 2 | 4 | 5 |
| 3 | | | |

1-3　Big House 实景
4　华侨城"纯水岸·东湖"销售会所
5　Life 精品酒店

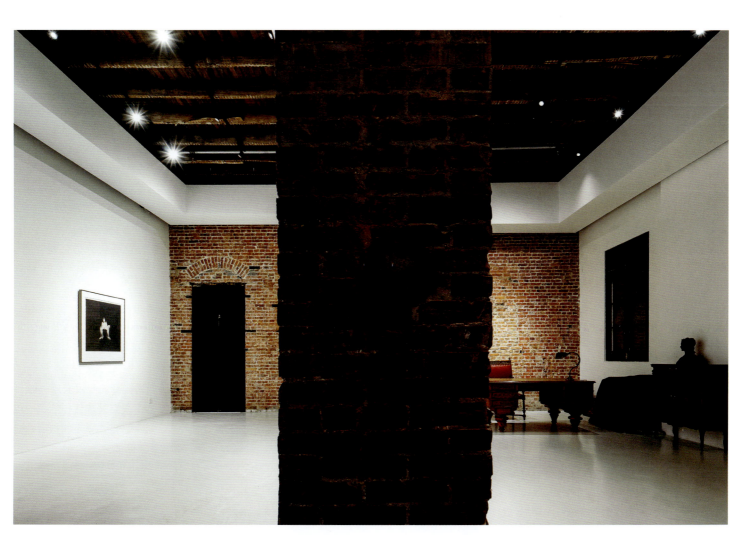

问题。这之后，吉庆街就被大规模整顿改造了。改造后，它变成了一个看似非常高大上的地方，这是管理者和规划者简单给出的一个新定位。但是，原先的尺度、体验感全没有了，人们关于这条街的记忆和认同感也都被抹去了，那自然曾经令人流连忘返的吉庆街也就这么消失了。

由此可见，在老建筑、老街区的改造中，对于"记忆点"的保护不可或缺，因为人的空间体验感是和记忆相关的。当这些记忆点不被关注或者被轻易抹去了，再去谈保护和使用，已为时太晚。尺度、肌理一旦消失了，这个地方就是死的。我和武汉一些大设计院的建筑师也交流过，其实他们对于这个问题也是很痛心的，就像是吉庆街的案例，都觉得很遗憾和惋惜。或许，在当前这种宏大的框架体系下，大家都各有各的无奈。那么，从小的点入手是不是可以去做一些工作？我现在做的就是召集了一些想法相近的人，去把这些记忆点、城市肌理、生活场景给发掘出来。它们承载了些什么？该如何被保护？保护到什么程度？我们想发出自己的声音。

ID 您说到在历史建筑保护这方面，您召集了一个团队。那么，这个团队里都是空间设计师？还是会有各自不同的专业背景？

陈 这个团队首先是志同道合的人，他们会来自不同的行业，有不同的专业背景。很多这种类型的项目，我觉得单纯靠设计师个体，是远远不够的。因为其中往往会涉及到很多方面，比如政策、资金方面的问题，比如对商业的理解和对城市文脉的挖掘。我们每个人的能力也是有限的。但在一个团队里，大家的大方向一致，具体的思考方式和擅长的领域却各有不同，我觉得这样的一个模式比设计师自己埋头单干要好，也相信项目在这样一个团队的通力协作下，最终作品会更适合现实的需要，也会呈现出一个更高的完成度。

值得一提的是，在这个团队里，我特意邀请了一些在商业策划方面做得很棒的合作者。这是因为，我始终觉得即使是这类历史保护项目，也不能离开好的商业策划。我们近来完成了一个项目Big House，是一个1915年左右的老纱厂办公楼的改造。到去年2015年，已经有一百年的历史了。我们想把它变成和一个城市当代生活比较相关的一个场所，里面会有画廊、设计师买手店、有意思的酒吧、瑜伽馆等等。我们正在做的也有几个类似的，比如说武汉最老的电影院和民国时候俄国驻武汉总领事馆的改造。现在，我开始有意识地去接触或是收集这样的信息，然后再去介入相关的工作。虽然这些项目不完全是所谓的文化项目，仍旧是偏商业性质的。但我觉得历史建筑保护和商业是不相背离的。其一是因为并非所有的老建筑都要被做成文化项目；其二，老建筑空间和适合的商业项目结合之后，在保留了历史气息的同时，更符合现代人的使用需求，那这样的转变就是一个很好的方向，具有很高的实际效益。

ID 很多时候，我们谈及历史建筑、街区保护，总会多去描画它的文化或者是社会价值，而对其中的商业价值有些避忌。但您觉得这其实是不必的，是吗？

陈 我认为不必回避商业。我没有想去做非常纯粹的文化保护，觉得追求这样的一种纯粹意义并不大。其实，现在很多保护项目就是这样的，好像是去追求一些很纯粹的东西。但恰恰是对细节钻研的深度不够，结果出来以后两边都搭不上。我是这么看的，对城市人文的保护，如果失去了商业的滋养，很难

1.2　Big House 改造现场

3-6　Big House 实景

的、临时性的房子,但我每一次都会花费很大的精力去布置。那时就有人和我说,年轻老师的宿舍肯定是过渡的,何必呢?我不清楚是不是别人都是这么想的,但我还是坚持每次入住一个空间,就应该以一种最好的状态在里面。

那么,这最好的状态是怎样的?我觉得就设计者而言,还是赋予空间以启发性、暗示性的作用会比较恰当,而不是说要去教别人怎么来看待自己的住居,或是怎么去过生活。

ID 您提到另一个感兴趣的方向是历史建筑的保护再生。似乎以往提到老建筑、老街区保护,人们会更多想到较为宏大的规划层面的内容。那么,您觉得作为一个室内设计师,在这当中可以做些什么?

陈 的确,作为一个室内设计师,可能会有一些疑问,会认为这个职业和老建筑、街区的保护利用工作,好像并不是直接相关。但是我的观点不是这样的,我反而认为对于这种老的建筑、老的街区的保护和使用,其实并不应该只是单纯地从宏观的角度入手。更多的时候,它应该是反过来的,首先应该去找到末端,就是我们所谓的城市的"记忆点"。这些记忆点可以被直观地理解为人为痕迹,包含着尺度、肌理这类要素。它们可以帮助我们去反推,然后给之后的规划及改造保护方案等以作参考。在我个人看来,规划层面上惯用的尺度都太大了,这样的后果就是,广度有余,而深度不足,更不用说精度了。有次去南京,拜访陈卫新,他一直专注于老建筑的保护工作。交流间的一些想法,给彼此都有很大的启发。作为室内设计师,对于历史建筑的保护工作来说,可能是最末端、最后的一个环节,但我们的专业特性和特有的关注点,使我们的作用可能并不只存在于末端,我们两人都认识到,对一个老建筑、老街区的改造,如果只是追求宏观的效果,极有可能会犯"以面盖点"的错误,继而因小失大,甚至造成具有破坏性的后果。

再打个比方,或许在一个规划师的眼里,一堵墙、一棵树、一扇窗子,这些统统都可能会被埋在大尺度下面,几乎是不存在的。但是对于老的社区、街区,或者老的空间来说,这些细部的东西却是最有价值的。那些物质化的记忆点,特别是小尺度而生活化场景中的物质记忆点,在当下"求大"、"求快"、"求高"的主流浪潮中往往会变成最容易被忽视、被简化、被粗暴对待的弱势部分。而事实上,当这些记忆点被抹去之后,再谈对这个地方的保护,可能也就失去了意义。所以,我一直强调,历史建筑的保护需要从微观的、点到点的模式去做,需要被反推。那么,对于细节的挖掘、提取、留存和保护,谁去做最合适?我觉得就是我们,是空间设计师。因为我们最容易接触到真正的使用者,对他们的空间体验感以及乐于接受的尺度感也有最直观的认识与感触。

ID 您前面提到,我们有一些保护工作,其实反倒是造成了破坏。

陈 是的,这种例子有很多,在武汉也有。我特别想提的是一个叫做吉庆街的地方,以前在武汉特别有名。那个时候,所有的游客都会到这条街上去吃东西,里面吹拉弹唱,特别有意思,可以说是武汉夜宵文化的一个标志。当然,它看上去有些脏乱差,也比较挤,甚至还有所谓的环境污染、扰民之类的

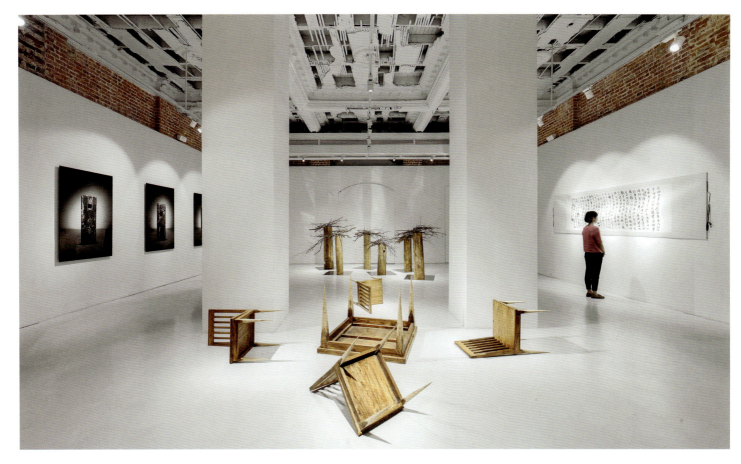

1-3　Big House 实景

但您前面提到，想去做一些更感兴趣的事情，这是不是也会反映在您之后的作品上？

陈　之前我们商业类的项目确实比较多，像是会所、餐厅、酒店之类。未来，我对自己有一个规划。我做了十年的商业设计，经常会反省或是自问：这些设计的价值在什么地方？除了帮助业主实现了所谓的商业价值，其他方面的价值在哪里？然而，设计行业和商业是这么紧密地咬合在一起，可能在某一段时间里，你会沉醉在所谓商业的成功之中。但也会有一些时候，你会感到沮丧、彷徨甚至失望。试想，把自己的对生活、对美、对品质的这些积累和思考，花费心血去转换成的项目，最后只能追求一个原始的、只是关于"利益"的结果，难免会有一些不甘心。所以，我之后会更多地偏向两个方向：一个是人居，一个是老建筑保护与再生。做设计是耗费心血的，我想把更多时间和精力放在这两个方向上。当然，这并不意味着我会刻意回避商业的设计。公司要生存，就离不开商业。但是，在我明确了未来想去做的事情之后，内心还是宽慰了不少。而且很多事，我也觉得没必要去一味地拔高，去高谈阔论那些社会价值、社会意义。我之所以想去做这些，更多还是遵从自己内心的需要，给自己的内心找到一些慰藉。当看到一个普通狭小的住宅、一栋老建筑或是老街区因为适合的设计参与，能够慢慢地往一个好的方向去改变时，人的感触会很深刻。这或许也是可以让自己感动的一个回应吧。

ID　您提到了以后的一个方向是关于人居的，您之前有参与过一期《梦想改造家》节目，反响很热烈。

陈　原先，我对居住这块的关注是比较少的。但是参与了这个节目之后，我还是很有触动的。你会发现生活在这个城市的普通居民，或者说是生活水平偏低的人群，从表面上看，他们借着当下发达的资讯也能够知晓很多所谓前沿的、时尚的东西，但他们真实的生活却还是和这个由设计改变的时代，隔着很远的距离。他们很难切身接触到好的设计。所以说，以后也想在这方面做一些努力，尝试把好的空间设计，通过某种形式变成让普通人也能够享用。好的空间设计一定是有价值的，但这个价值要怎么转换，使更多的人都能使用？或者说，怎么能使更多人也能够相对容易地享用到好的空间设计？这需要去探索，我也在参与，看看能不能做一些改变。

ID　确实，一个好的居住环境能给人们的生活带来很大的改观。

陈　空间对人的暗示性，是不容置疑的。虽然有时候只是一些感观上和功能上的细微变化，也有可能也会使居住者的生活态度发生改变。而设计师要去做的，其实就是运用自己的专业能力，让生活在那个空间内的人产生这种转变。我觉得，这个有时候会很关键。试想，一个人假若对自己住了几十年的空间，都只感觉是临时性的，总想着要搬走，这让人觉得很悲伤。但如果你能够通过空间上的一些改变和调整，让居住者对这个空间产生一种归属感，把这里当作是可以依赖的家，这其实也是给他们的生活注入了新的期望。

我想，每个人对自己住的地方都是会有一些情愫的。记得我之前读书，再到后来刚刚参与工作的时候，曾多次更换过一些很小

1.2 汉阳造45号

ID =《室内设计师》
陈 = 陈彬

ID 您之前是学版画的,这对您现在从事室内设计有什么影响?

陈 对,我大学本科读的是绘画系版画专业。所以,即便是做室内设计十多年了,我对于空间的理解和介入方式,还是会被之前艺术学习的思维方式所影响。特别是版画,它在练习和创作过程中会比较偏重规划、逻辑、预判这类能力的培养,至今我都认为这对做设计是很有帮助的。

ID 能和我们说说您是怎么想到从艺术转到室内设计领域的呢?

陈 这个并不是我主动想要去做的转变。很多事情的发生都取决于生活的轨迹。从美院毕业之后,我被选去一家综合性大学任教。那时的综合性大学一般是比较少设有纯艺术类专业的。所以,我最初去的是大学土建系的环境艺术专业。然后,就很自然地接触到和设计相关的事情,也觉得挺有意思的。慢慢地就开始尝试着去做,之后就越来越偏重于室内设计。环艺专业的面很广,我觉得室内更适合自己,所以也就一直做到了现在。

ID 差不多十年前,您组建了自己的设计公司。想问您有没有给自己,或者说是公司定下过什么目标?比如说要发展到什么高度?

陈 这个倒是真的没有。其实,我最近也在反思,一个学艺术背景的人去运营管理一家公司,可能总会和那些企业管理、经济相关专业的人是不一样的。这个或许也是很多类似的设计公司都会有的一个问题。组建者或多或少是学艺术相关的,而对于公司的管理,初期基本会如自然生长一般,慢慢就做到一定规模上去了。但真正到了一定规模之后,难免还是会发现自己的短板,或者说是瓶颈。不过,我觉得设计公司本质上还是靠作品说话,有好的作品,才会有好的营运状况,才可能有品牌。

我们公司是2006年成立的,到今年也有十年了。在那之前,我并没有给自己定下一个很明确的目标,最初是一个人做(设计),然后发现要把这个事儿做好得有一个团队,慢慢就有了一个团队,然后这个团队就发展到现在这样的规模。前十年,我觉得真的就是一个自然生长的过程,把作品做好,被更多人知道,然后也获得了一些奖项之类。现阶段,我们也在尝试一些新的模式,比如说让公司的管理更加扁平化,而不再是之前那种金字塔形的。这样一来,就可以让不同的团队在这个公司平台上去协作,希望之后需要直接参与的管理性事务会相应减少一些。

ID 我们是不是可以这样理解,比起一个管理者,您内心更倾向于认同自己为一名设计师?

陈 我的内心始终只是一个设计师,这一点从来没有改变过。这和别人怎么说、怎么想的,都没有关系。在这方面,和我有相似想法的人,其实有很多。一方面,公司管得挺好的,但另一方面,内心还是很想单纯做设计。当然了,既然做到了这个程度,一定是很难完全脱离管理的。像我刚刚说到的扁平化,就是想寻找一个解决方法。公司更加平台化之后,传统意义上的那种公司管理的成分就会相应地减少。这样一来,对我个人来说,就可以把更多的时间和精力放在自己感兴趣的事情上。

ID 换句话说,当下相较于外界的认可,您会更想听从自己内心的想法?

陈 对,这也是我要说的。我其实不是一个特别热衷社交的人,也不是很善于去和各种各样的人打交道。但没有什么人是可以完全跳脱出商业、跳脱出行业的。所以说,获得外界的认可,在当前的商业模式里,可能也是无法回避的,是需要的。但我觉得,要适度。而我对于自己内心的那种向内性的思考,比重的确是越来越多。这可能也是年龄的问题。

ID 看您以往的作品,商业类的项目居多。

陈彬：
每一步路都不会是白走的

撰　文 | 朱笑黎

陈彬：

大学教授，设计师，城市记忆设计研究者，ADF 后象设计师事务所创始人，中国建筑装饰协会设计委员会委员，中国陈设艺术专业委员会副主任委员。坚持尊重历史和东方美学的同时，强调以当代的视点和体验进行设计研究和实践，坚持做"有美感、有细节、适度而优雅的设计"。带领团队凭借对商业形态和设计语境的独特认知，为所参与的项目注入让人耳目一新的设计元素和商业潜能，创造出艺术与商业双重成功的空间作品，同时被商界和设计界关注。

近年来，他更加关注城市文脉保护和旧建筑空间再利用策划设计，提倡城市记忆美学和建立微观设计档案，并持续研究和实践。作品多次荣获国际国内专业奖项，包括并不仅限于以下奖项：英国 Andrew Martin 国际室内设计大奖、德国 iF 设计大奖、APIDA 香港亚太室内设计大奖、CIID 学会奖、现代装饰国际传媒奖、金堂奖等等，并当选 2015 年度中国室内设计周"室内设计十大人物"，2016"金座杯"中国建筑室内设计卓越奖。

常用节能荧光灯光源系列（四）

中文名	代号	图例	OSRAM 名称	功率(W)	代替白炽灯功率(W)	最小尺寸(mm)	灯头型号	电压(V)	色温(K)	显色性(Ra)	光通量(lm)	PHILIPS 名称	功率(W)	代替白炽灯功率(W)	最小尺寸(mm)	灯头型号	电压(V)	色温(K)	显色性(Ra)	光通量(lm)
节能荧光灯	PL		小功率节能荧光灯 PL-S	5	25	φ27×85	G23/2G7	220	2700/3000/4000	80~89	250	小功率节能荧光灯 PL-S	5		φ28×83	G23	220	2700/4000	82	250
				7	40	φ27×114	G23/2G7	220	2700/3000/4000/6000	80~89	400		7		φ27.1×113	G23/2G7	220	2700/3000/4000/6500	82	400
				9	60	φ27×144	G23/2G7	220	2700/3000/4000/6000	80~89	600		9		φ27.1×145	G23/2G7	220	2700/3000/4000/6500	82	600
				11	75	φ27×214	G23/2G7	220	2700/3000/4000/6000	80~89	900		11		φ27.1×214	G23/2G7	220	2700/3000/4000/6500	82	900
													13		φ27.1×177.7	GX23	220	2700/3000/4000/6500	82	900
			标准型节能荧光灯 PL-C	10	60	φ27×87	G24d-1/G24q-1	220	2700/3000/4000	80~89	600	标准型节能荧光灯 PL-C	10		φ27.1×95	G24d-1/G24q-1	220	2700/3000/4000/6500	82	600
				13	75	φ27×115	G24d-1/G24q-1	220	2700/3000/4000	80~89	900		13		φ27.1×117	G24d-1/G24q-1	220	2700/3000/4000/6500	82	900
				18	100	φ27×130	G24d-2/G24q-2	220	2700/3000/4000	80~89	1200		18		φ27.1×129	G24d-2/G24q-2	220	2700/3000/4000/6500	82	1200
				26	2×75	φ27×149	G24d-3/G24q-3	220	2700/3000/4000	80~89	1800		26		φ27.1×150	G24d-3/G24q-3	220	2700/3000/4000/6500	82	1800
			大功率节能荧光灯 PL-T	13	75	φ45×90	GX24d/GX24q-1	220	2700/3000/4000	80~89	900	大功率节能荧光灯 PL-T	13		φ41×91	GX24d-1/GX24q-1	220	2700/3000/4000	82	900
				18	100	φ45×100	GX24d-2/GX24q-2	220	2700/3000/4000	80~89	1200		18		φ41×96	GX24d-2/GX24q-2	220	2700/3000/4000	82	1200
				26	2×75	φ45×115	GX24d-3/GX24q-3	220	2700/3000/4000	80~89	1800		26		φ41×111	GX24d-3/GX24q-3	220	2700/3000/4000	82	1800
				32	150	φ45×131	GX24d-3/GX24q-3	220	2700/3000/4000	80~89	2400		32		φ41×123	GX24d-3/GX24q-3	220	2700/3000/4000	82	2400
				42	200	φ45×152	GX24d-4/GX24q-4	220	2700/3000/4000	80~89	3200		42		φ41×145	GX24d-4/GX24q-4	220	2700/3000/4000	82	3200
													57		φ41×182	GX24d-5/GX24q-5	220	2700/3000/4000	82	4300
												超高功率节能荧光灯 PL-H	60		φ59×167	2G8-1	220	3000/4000	82	4000
													85		φ59×208	2G8-1	220	3000/4000	82	6000
													120		φ59×285	2G8-1	220	3000/4000	82	9000
			长型节能荧光灯 PL-L	18		φ38×217	2G11	220	2700/3000/4000	80~89	1200	长型节能荧光灯 PL-L	18		φ37.7×220	2G11	220	2700/3000/4000/6500	82	1200
				24		φ38×317	2G11	220	2700/3000/4000	80~89	1800		24		φ37.7×321.6	2G11	220	2700/3000/4000/6500	82	1800
				36		φ38×411	2G11	220	2700/3000/4000/6000	80~89	2900		36		φ37.7×416.6	2G11	220	2700/3000/4000/6500	82	2900
				40		φ38×533	2G11	220	2700/3000/4000	80~89	3500		40		φ37.7×541.6	2G11	220		82	3500
				55		φ38×533	2G11	220	2700/3000/4000/6000	80~89	4800		55		φ37.7×541.6	2G11	220	3000/4000/6500	82	4800
				80		φ38×533	2G11	220	3000/4000	80~89	6000		80		φ37.7×541.6	2G11	220	4000	82	6000
			方型节能荧光灯 PL-Q	16		141×138×15	GR8/GR10q	220	2700/3500	80~89	1050	方型节能荧光灯 PL-Q	16		141×138×15	GR8/GR10q	220	2700/3000/3500	82	1050
				28		207×205×24	GR8/GR10q	220	2700/3500	80~89	2050		28		207×205×24	GR10q	220	2700/3000/3500/4000	82	2050
				38		207×205×24	GR10q	220	2700/3500	80~89	2700		38		207×205×24	GR10q	220	2700/3000/3500/4000	82	2850
			双排型节能荧光灯 PL-F	18		79×122×17.5	2G10	220	2700/3000/4000	80~89	1100									
				24		79×165×17.5	2G10	220	2700/3000/4000	80~89	1700									
				36		79×217×17.5	2G10	220	2700/3000/4000	80~89	2800									
电子节能灯	EL		U型电子节能灯 ELE	3	15	φ30×115	E14	220	2700	80~89	100	U型电子节能灯 ELE (Essential 标准型)	3	15	φ21×95/90	E14/E27	220	2700/6500	81	126
				5	25	φ36×124/121	E14/E27	220	2700	80~89	240		5	25	φ28×125	E27	220	2700/6500	81	275
				7	40	φ45×136/131.5	E14/E27	220	2700	80~89	400		8	40	φ28×140	E27/B22	220	2700/6500	81	460
				11	60	φ45×126/117	E14/E27	220	2700	80~89	630		11	60	φ28×155	E27	220	2700/6500	81	650
				15	75	φ45×128	E27	220	2700	80~89	900		14	75	φ28×170	E27	220	2700/6500	81	850
				20	100	φ45×141	E27	220	2700	80~89	1200		18	100	φ43×165	E27	220	2700/6500	81	1170
				23	120	φ58×173	E27	220	2700	80~89	1500		23	125	φ43×175	E27/B22	220	2700/6500	81	1450
				30	150	φ58×180	E27	220	2700	80~89	1900		35	175	φ60×226	E27	220	2700/4000/6500	80	2345
													50	250	φ66×290	E27	220	2700/4000/6500	80	3290
													70	350	φ66×330	E27	220	2700/4000/6500	80	4550
												U型电子节能灯 ELE (Genie 紧凑型)	5	25	φ37×107/105	E14/E27	220	2700/4000/6500	80	235
													8	40	φ44×110/105	E14/E27	220	2700/4000/6500	80	400
													11	60	φ44×115	E27	220	2700/4000/6500	80	570
													14	75	φ44×130	E27	220	2700/4000/6500	80	760
													18	100	φ48×133	E27	220	2700/4000/6500	80	1040
												螺旋型电子节能灯 ELT Tornado	5	25	φ45×89/77	E14/E27	220	2700/6500	81	300
													8	40	φ45×96/84	E14/E27	220	2700/6500	81	500
													11		φ45×116	E27	220	2700/6500	81	700
													12	60	φ45×103/91	E14/E27	220	2700/6500	81	725
													13		φ45×127/122	E14/E27	220	2700/6500	81	700
													15	75	φ50×104	E27	220	2700/6500	81	950
													20	100	φ59×125	E27	220	2700/6500	81	1200
													24	125	φ60×115	E27	220	2700/6500	81	1450
													45		φ96×207	E27	220	4000/6500	80	2850
													65		φ96×221	E27	220	4000/6500	80	4000
													80		φ102×260.5	E40	220	4000/6500	80	5300
			环型电子节能灯 ELC CIRCOLUX	24	150	φ225×99	E27	220	2700	80~89	1700	环型电子节能灯 ELC Quickfix	25		φ227×50.5	WIRE	220	2700/6500	81	1800
												PAR38电子节能灯 EL-PAR38 (120° 光束角)	18	80	φ52×168	E27	220	2700/6500	81	850
													23	120	φ52×177	E27	220	2700/6500	81	1250
			标准型节能灯泡 ELG-A	5	25	φ60×111	E27	220	2700	80~89	150	标准型节能灯泡 ELG-A	5	25	φ55×108	E27	220	2700/6500	81	200
				7	35	φ60×111	E27	220	2700	80~89	320		8	40	φ55×108	E27	220	2700/6500	81	400
				10	50	φ60×123.5	E27	220	2700	80~89	500		11	60	φ55×108	E27	220	2700/6500	81	570
				15	75	φ65×142	E27	220	2700	80~89	800									
				20	100	φ70×152	E27	220	2700	80~89	1160									
			球型节能灯泡 ELG-P	15	75	φ97×169	E27	220	2700	80~89	700	球型节能灯泡 ELG-P	5	25	φ52×86/82	E14/E27	220	2700/6500	81	190
				20	100	φ117×190	E27	220	2700	80~89			8	40	φ55×95/90	E14/E27	220	2700/6500	81	370
			烛型节能灯泡 ELG-B	5	20	φ46×131	E14	220	2700	80~89	140	烛型节能灯泡 ELG-B	5	25	φ40×105/103	E14/E27	220	2700/6500	81	190
				7	25	φ46×131	E14	220	2700	80~89	280		8	40	φ40×118/116	E14/E27	220	2700/6500	81	370

常用卤钨灯光源系列（二）

中文名	代号	图例	名称	灯泡类型	功率(W)	最小尺寸(mm)	灯头型号	电压(V)	色温(K)	显色性	光通量(lm)	名称	灯泡类型	功率(W)	最小尺寸(mm)	灯头型号	电压(V)	色温(K)	显色性	光通量(lm)
低压卤钨灯珠	JC		HALOSTAR STARLITE	清光	5	φ9.5×33	G4	12	3000	Ra=100%	60	花生米卤钨灯	清光	10	φ9.5×33	G4	12	2900	Ra=100%	140
					10	φ9.5×33	G4	12	3000	Ra=100%	130			20	φ9.5×33	G4	12/24	2900	Ra=100%	320
					20	φ9.5×33	G4	12	3000	Ra=100%	320									
					35	φ12×44	GY6.35	12	3000	Ra=100%	600									
					50	φ12×44	GY6.35	12	3000	Ra=100%	910			50	φ12×44	GY6.35	12/24	2900	Ra=100%	850
					75	φ12×44	GY6.35	12	3000	Ra=100%	1450									
					90	φ12×44	GY6.35	12	3000	Ra=100%	1800									
			HALOSTAR 24V		100	φ12×44	GY6.35	24	3000	Ra=100%	2200			100	φ12×44	GY6.35	24	2900	Ra=100%	2200
					150	φ16×44	GY6.35	24	3000	Ra=100%	3200									
单端卤素灯			单端JD型卤素灯	清光、磨砂	25	φ18×67	B15d	220	2900	Ra=100%	260									
					40	φ18×67	B15d	220	2900	Ra=100%	490									
					60	φ18×67,φ32×105	B15d/E27	220	2900	Ra=100%	780									
					75	φ18×86,φ32×105	B15d/E27	220	2900	Ra=100%	1000									
					100	φ18×86,φ32×105	B15d/E27	220	2900	Ra=100%	1350									
					150	φ18×86,φ32×105	B15d/E27	220	2900	Ra=100%	2400									
					250	φ18×98,φ32×105	B15d/E27	220	2900	Ra=100%	4100									
	HALOLUX			清光、奶白	40	φ48×117	E27	220	2900	Ra=100%	490	石英扭拧灯(HalogenA)	清光、奶白							
					60	φ48×117	E27	220	2900	Ra=100%	840			60	φ47×109	E27	220	2900	Ra=100%	840
					100	φ48×117	E27	220	2900	Ra=100%	1600			100	φ47×109	E27	220	2900	Ra=100%	1550
					150	φ48×117	E27	220	2900	Ra=100%	2550			150	φ47×109	E27	220	2900	Ra=100%	2550
双端卤钨灯(小太阳)					60	φ12×74.9	R7s	220	3000	Ra=100%	840			60	φ12×78	R7s	230	2900	Ra=100%	810
					100	φ12×74.9	R7s	220	3000	Ra=100%	1600			100	φ12×78	R7s	230	2900	Ra=100%	1600
					150	φ12×74.9	R7s	220	3000	Ra=100%	2500			150	φ12×78	R7s	230	2900	Ra=100%	2400
					200	φ12×114.2	R7s	220	3000	Ra=100%	3500			200	φ12×78	R7s	230	2900	Ra=100%	3400
					300	φ12×114.2	R7s	220	3000	Ra=100%	5300			300	φ12×118	R7s	230	2900	Ra=100%	5600
					500	φ12×114.2	R7s	220	3000	Ra=100%	9500			500	φ12×118	R7s	230	2900	Ra=100%	9900
					750	φ12×185.7	R7s	220	3000	Ra=100%	16500									
					1000	φ12×185.7	R7s	220	3000	Ra=100%	22000			1000	φ12×189.1	R7s/Ra4	230	2900	Ra=100%	21500
					1500	φ12×250.7	R7s	220	3000	Ra=100%	36000									
					2000	φ12×327.4	R7s/Fa4	220	3000	Ra=100%	44000									

常用荧光灯管光源系列（三）

中文名	代号	图例	名称	功率(W)	最小尺寸(mm)	灯头型号	电压(V)	色温(K)	显色性(Ra)	光通量(lm)	名称	功率(W)	最小尺寸(mm)	灯头型号	电压(V)	色温(K)	显色性(Ra)	光通量(lm)
直管荧光灯管	TL		极细直管荧光灯管 TL2	6	φ7×218.3	W4.3×8.5d	220	3000/4000/6000	70~79	330								
				8	φ7×319.9	W4.3×8.5d	220	3000/4000/6000	70~79	540								
				11	φ7×421.5	W4.3×8.5d	220	3000/4000/6000	70~79	750								
				13	φ7×523.1	W4.3×8.5d	220	3000/4000/6000	70~79	930								
			超细直管荧光灯管 TL5	4	φ16×136	G5	220	4100	60~69	140	超细直管荧光灯管 TL5	4	φ16×135.9	G5	220	4100	60	140
				6	φ16×212	G5	220	3000	>90	220		6	φ16×212.1	G5	220	4100/6200	60	260
				8	φ16×288	G5	220	3000/5400	>90	300		8	φ16×288.3	G5	220	3000/4000	82	470
				13	φ16×517	G5	220	3000	>90	600		13	φ16×516.9	G5	220	3000/4000	82	1000
				14	φ16×549	G5	220	2700/3000/4000/6500	80~89	1200		14	φ16×549	G5	220	2700/3000/4000/6500	85	1350
				21	φ16×849	G5	220	2700/3000/4000/6500	80~89	1900		21	φ16×849	G5	220	2700/3000/4000/6500	85	2100
				28	φ16×1149	G5	220	2700/3000/4000/6500	80~89	2600		28	φ16×1149	G5	220	2700/3000/4000/6500	85	2900
				35	φ16×1449	G5	220	2700/3000/4000/6500	80~89	3300		35	φ16×1449	G5	220	2700/3000/4000/6500	85	3650
			高输出超细直管荧光灯管 TL5-H	24	φ16×549	G5	220	2700/3000/4000/6500	80~89	1750	高输出超细直管荧光灯管 TL5-H	24	φ16×549	G5	220	2700/3000/4000/6500	85	2000
				39	φ16×849	G5	220	2700/3000/4000/6500	80~89	3100		39	φ16×849	G5	220	2700/3000/4000/6500	85	3500
				49	φ16×1449	G5	220	2700/3000/4000	80~89	4300		49	φ16×1449	G5	220	2700/3000/4000	85	4900
				54	φ16×1149	G5	220	2700/3000/4000/6500	80~89	4450		54	φ16×1149	G5	220	3000/4000/6500	85	5000
				80	φ16×1449	G5	220	2700/3000/4000/6500	80~89	6150		80	φ16×1449	G5	220	3000/4000/6500	85	7000
			直管荧光灯管TL8	10	φ26×470	G13	220	2700	80~89	650								
				15	φ26×438	G13	220	2700/3000/4000	80~89	950								
				16	φ26×720	G13	220	2700/4000	80~89	1250								
				18	φ26×590	G13	220	2700/3000/4000/6500	80~89	1350	直管荧光灯管TL8	18	φ26×549	G13	220	2700/3000/4000/6500	82	1350
				30	φ26×895	G13	220	2700/3000/4000/6500	80~89	2400		30	φ26×849	G13	220	2700/3000/4000/6500	82	2400
				36	φ26×970	G13	220	2700/4000	80~89	3100		36	φ26×1149	G13	220	2700/3000/4000/6500	82	3350
				38	φ26×1047	G13	220	3000/4000	80~89	3300								
				58	φ26×1500	G13	220	2700/3000/4000/6500	80~89	5200		58	φ26×1500	G13	220	3000/4000/6500	83	5200
			室内、外用荧光灯管 TL12	20	φ38×590	G13	220	4000	60~69	1150								
				40	φ38×1200	G13	220	4000	60~69	2800								
				65	φ38×1500	G13	220	4000	60~69	4400								
环形荧光灯管	TC		超细环形荧光灯管 TC5	22	φ16,φ225	2GX13	220	2700/3000/4000/6500	80~89	1800	超细环形荧光灯管 TC5	22	φ16,φ230	2GX13	220	2700/3000/4000/6500	85	1800
				40	φ16,φ300	2GX13	220	2700/3000/4000/6500	80~89	3200		40	φ16,φ305	2GX13	220	2700/3000/4000/6500	85	3300
				55	φ16,φ300	2GX13	220	2700/3000/4000/6500	80~89	4200		55	φ16,φ305	2GX13	220	3000/4000/6500	85	4200
												60	φ16,φ346	2GX13	220	3000/4000/6500	85	5000
			环形荧光灯管TCE	22	φ29,φ216	G10q	220	2700/4000	80~89	1350	环形荧光灯管TCE	22	φ29,φ215.9	G10q	220	4000/6500	85	1285
				32	φ30,φ307	G10q	220	2700/4000	80~89	2050		32	φ29,φ304.8	G10q	220	3000/5000/6500	85	2300
				40	φ30,φ409	G10q	220	2700/4000	80~89	2900		40	φ29,φ406.4	G10q	220	6500	85	3200
U形荧光灯管	TU			18	φ26,304	2G13	220	4000	70~79	950								
				36	φ26,601	2G13	220	3000/4000	70~79	2400								
				58	φ26,759	2G13	220	3000/4000	70~79	3900								

LED AR111 光源

一：AR111 LED光源 10W,15W
(OSRAM芯片,色温:2700K)

10W (lx)	15W (lx)	AR111/LED/12V(15°) h(m)
5400	16200	1
1350	4050	2
600	1800	3
337	1013	4
216	648	5
150	450	6

10W (lx)	15W (lx)	AR111/LED/12V(24°) h(m)
4650	13920	1
1163	3480	2
517	1547	3
291	870	4
186	556.8	5
129	387	6

10W (lx)	15W (lx)	AR111/LED/12V(50°) h(m)
2400	4200	1
600	1050	2
267	467	3
150	263	4
96	168	5

二：AR111 LED光源 10W,15W
(OSRAM芯片,色温:3000K)

10W (lx)	15W (lx)	AR111/LED/12V(15°) h(m)
5700	17000	1
1425	4250	2
633	1888	3
356	1063	4
228	680	5
158	472	6

10W (lx)	h(m)	AR111/LED/12V(24°)
4950	1	
1237	2	
555	3	
309	4	
198	5	
138	6	

10W (lx)	15W (lx)	AR111/LED/12V(50°) h(m)
2500	4400	1
625	1100	2
278	489	3
156	275	4
70	176	5

3.常用光源光通量表（一、二、三、四）

常用白炽灯光源系列（一）

中文名	代号	图例	灯泡类型	功率(W)	最小尺寸(mm)	灯头型号	电压(V)	色温(K)	显色性	光通量(lm)	灯泡类型	功率(W)	最小尺寸(mm)	灯头型号	电压(V)	色温(K)	显色性	光通量(lm)
					OSRAM								PHILIPS					
标准型灯泡	GLS		磨砂	15	φ60×110	E27	230	2800	Ra=100%	90	磨砂							
				25	φ60×110	E27	230	2800	Ra=100%	220		25	φ60×104	E27/B22	230	2800	Ra=100%	170
				40	φ60×110	E27	230	2800	Ra=100%	420		40	φ60×104	E27/B22	230	2800	Ra=100%	275
				60	φ60×110	E27	230	2800	Ra=100%	710		60	φ60×104	E27/B22	230	2800	Ra=100%	485
				75	φ60×110	E27	230	2800	Ra=100%	940								
				100	φ60×110	E27	230	2800	Ra=100%	1360		100	φ60×104	E27/B22	230	2800	Ra=100%	994
				150	φ65×123	E27	230	2800	Ra=100%	2160								
				200	φ80×156	E27	230	2800	Ra=100%	3040								
			清光	15	φ60×105	E27	230	2800	Ra=100%	90	清光							
				25	φ60×105	E27	230	2800	Ra=100%	220		25	φ60×104	E27/B22	230	2800	Ra=100%	175
				40	φ60×105	E27	230	2800	Ra=100%	420		40	φ60×104	E27/B22	230	2800	Ra=100%	283
				60	φ60×105	E27	230	2800	Ra=100%	710		60	φ60×104	E27/B22	230	2800	Ra=100%	500
				75	φ60×105	E27	230	2800	Ra=100%	940								
				100	φ60×105	E27	230	2800	Ra=100%	1360		100	φ60×104	E27/B22	230	2800	Ra=100%	1025
				150	φ65×123	E27	230	2800	Ra=100%	2160								
				200	φ80×156	E27	230	2800	Ra=100%	3040								
球型灯泡	LUSTRE		磨砂	15	φ45×80	E27/E14	230	2800	Ra=100%	90	磨砂							
				25	φ45×80	E27/E14	230	2800	Ra=100%	200		25	φ45×78	E27/E14	230	2800	Ra=100%	215
				40	φ45×80	E27/E14	230	2800	Ra=100%	400		40	φ45×78	E27/E14	230	2800	Ra=100%	405
				60	φ45×80	E27/E14	230	2800	Ra=100%	660		60	φ45×78	E27/E14	230	2800	Ra=100%	650
			清光	15	φ45×80	E27/E14	230	2800	Ra=100%	90	清光							
				25	φ45×80	E27/E14	230	2800	Ra=100%	200		25	φ45×73	E27/E14	230	2800	Ra=100%	215
				40	φ45×80	E27/E14	230	2800	Ra=100%	400		40	φ45×73	E27/E14	230	2800	Ra=100%	405
				60	φ45×80	E27/E14	230	2800	Ra=100%	660		60	φ45×73	E27/E14	230	2800	Ra=100%	650
烛型灯泡	CANDLE		磨砂	15	φ35×104	E14	230	2800	Ra=100%	90	磨砂							
				25	φ35×104	E14	230	2800	Ra=100%	200		25	φ35×96	E27/E14	230	2800	Ra=100%	215
				40	φ35×104	E27/E14	230	2800	Ra=100%	400		40	φ35×96	E27/E14	230	2800	Ra=100%	410
				60	φ35×104	E27/E14	230	2800	Ra=100%	660		60	φ35×96	E27/E14	230	2800	Ra=100%	670
			清光	15	φ35×104	E14	230	2800	Ra=100%	90	清光							
				25	φ35×104	E27/E14	230	2800	Ra=100%	200		25	φ35×96	E27/E14	230	2800	Ra=100%	215
				40	φ35×104	E27/E14	230	2800	Ra=100%	400		40	φ35×96	E27/E14	230	2800	Ra=100%	410
				60	φ35×104	E27/E14	230	2800	Ra=100%	660		60	φ35×96	E27/E14	230	2800	Ra=100%	670
			水晶	25	φ35×104	E14	230	2800	Ra=100%	200								
				40	φ35×104	E14	230	2800	Ra=100%	400								
			琥珀金								琥珀金 (仅摇曳泡)	15	φ35×125	E14	230	2800	Ra=100%	100
												25	φ35×125	E14	230	2800	Ra=100%	205
				40	φ35×125	E14	240	2800		350		40	φ35×125	E14	230	2800	Ra=100%	390
微型灯泡	PILOT		磨砂	15	φ26×57	E14	230	2800	Ra=100%	110								
				25	φ26×57	E14	230	2800	Ra=100%	190								
			清光	15	φ26×57	E14	230	2800	Ra=100%	110	清光	15	φ22×49	E14	230	2800	Ra=100%	90
				25	φ26×57	E14	230	2800	Ra=100%	190		25	φ25×57	E14	230	2800	Ra=100%	172
												40	φ25×86	E27/E14	230	2800	Ra=100%	400
												60	φ60×108	E27	230	2800	Ra=100%	625
蘑菇泡	AK		奶白	25	φ50×88	E27	230	2800	Ra=100%	240	奶白	25	φ50×91	E27	230	2800	Ra=100%	190
				40	φ50×88	E27	230	2800	Ra=100%	455		40	φ50×91	E27	230	2800	Ra=100%	365
				60	φ50×88	E27	230	2800	Ra=100%	760		60	φ50×91	E27	230	2800	Ra=100%	620
				75	φ60×105	E27	230	2800	Ra=100%	1000								
				100	φ60×105	E27	230	2800	Ra=100%	1420								
灯丝管				35	φ30×300	S14s/S14d	230	2800	Ra=100%	270		35	φ30×300	S14s/S14d	230	2800	Ra=100%	
				60	φ30×500	S14s/S14d	230	2800	Ra=100%	420		60	φ30×500	S14s/S14d	230	2800	Ra=100%	
				120	φ30×1000	S14s	230	2800	Ra=100%	840		120	φ30×1000	S14s	230	2800	Ra=100%	

LED MR16 光源

一：MR-16/LED 4W、5.5W
（OSRAM芯片,3颗灯珠,色温：2700K）

4W	5.5W	MR16 (12°)
lx		h(m)
2200	2580	1
550	645	2
244	286	3
138	161	4

4W	5.5W	MR16 (24°)
lx		h(m)
747	879	1
186	220	2
83	98	3
47	55	4

4W	5.5W	MR16 (36°)
lx		h(m)
635	717	1
159	180	2
71	80	3
40	45	4

二：MR-16/LED 4W、5.5W
（OSRAM芯片,3颗灯珠,色温：3000K）

4W	5.5W	MR16 (12°)
lx		h(m)
2420	2838	1
605	709	2
269	315	3
151	177	4

4W	5.5W	MR16 (24°)
lx		h(m)
822	976	1
206	241	2
91	107	3
51	69	4

4W	5.5W	MR16 (36°)
lx		h(m)
699	789	1
174	197	2
78	88	3
44	49	4

三：MR-16/LED 5.5W、7W
（OSRAM芯片,4颗灯珠,色温：2700K）

5.5W	7W	MR16 (12°)
lx		h(m)
3260	3880	1
815	970	2
365	431	3
204	243	4

5.5W	7W	MR16 (24°)
lx		h(m)
987	1172	1
245	293	2
110	130	3
62	73	4

5.5W	7W	MR16 (36°)
lx		h(m)
874	1037	1
219	260	2
97	115	3
55	65	4

四：MR-16/LED 5.5W、7W
（OSRAM芯片,4颗灯珠,色温：3000K）

5.5W	7W	MR16 (12°)
lx		h(m)
3586	4268	1
897	1067	2
398	474	3
224	267	4

5.5W	7W	MR16 (24°)
lx		h(m)
1086	1289	1
272	322	2
121	143	3
68	81	4

5.5W	7W	MR16 (36°)
lx		h(m)
961	1141	1
240	285	2
107	127	3
60	72	4

LED MR16 光源

一：MR-16/LED 7W、10W
（高亮4颗灯珠,色温：2700K）

7W	10W	MR16 (12°)
lx		h(m)
4849	6540	1
1212	1635	2
539	727	3
303	409	4

7W	10W	MR16 (24°)
lx		h(m)
4157	5400	1
1040	1350	2
462	600	3
260	337.5	4

7W	10W	MR16 (36°)
lx		h(m)
2050	3072	1
512	768	2
228	341	3
128	192	4

二：MR-16/LED 7W、10W
（高亮4颗灯珠,色温：3000K）

7W	10W	MR16 (12°)
lx		h(m)
5091	6910	1
1272	1727	2
566	768	3
318	432	4

7W	10W	MR16 (24°)
lx		h(m)
4335	5700	1
1083	1425	2
481	633	3
271	356	4

7W	10W	MR16 (36°)
lx		h(m)
2112	3200	1
528	800	2
235	355	3
132	200	4

LED PAR30 光源

一：PAR30 LED光源 28W,40W
（OSRAM芯片,色温：2700K）

28W	40W	PAR30/LED/220V(24°)
lx	lx	h(m)
12600	17100	1
3150	4275	2
1400	1900	3
788	1069	4
504	684	5
350	475	6

28W	40W	PAR30/LED/220V(36°)
lx	lx	h(m)
7000	11000	1
1750	2750	2
777	1222	3
438	688	4
280	440	5
194	306	6

二：PAR30 LED光源 28W,40W
（OSRAM芯片,色温：3000K）

28W	40W	PAR30/LED/220V(24°)
lx	lx	h(m)
13000	17300	1
3250	4325	2
1444	1922	3
812	1082	4
520	692	5
361	481	6

28W	40W	PAR30/LED/220V(36°)
lx	lx	h(m)
7200	11300	1
1800	2825	2
800	1226	3
450	706	4
288	452	5
200	314	6

LED PAR38 光源

一：PAR38 LED光源 18W,
（OSRAM芯片,色温：2700K）

18W	PAR38/LED/220V(50°)
lx	h(m)
6000	1
1500	2
667	3
375	4
240	5

二：PAR38 LED光源 18W,
（OSRAM芯片,色温：3000K）

18W	PAR38/LED/220V(50°)
lx	h(m)
6250	1
1563	2
695	3
391	4
174	5

节能型（二）

OSRAM节能型MR11灯杯光源

MR11节能型光源(GU4)

20W	35W	MR11/12V(10°)
lx	lx	h(m)
5500	8500	1
1375	2125	2
610	945	3
345	530	4

20W	35W	MR11/12V(36°)
lx	lx	h(m)
700	1400	1
175	350	2
77	155	3
43	87	4

OSRAM节能型AR70灯杯光源

AR70节能型光源(BA15d)

20W	50W	AR70/12V(8°)
lx	lx	h(m)
7700	12500	1
1925	3125	2
856	1388	3
481	781	4
308	500	5

20W	50W	AR70/12V(24°)
lx	lx	h(m)
900	2600	1
225	650	2
100	289	3
56	167	4

OSRAM节能型MR16灯杯光源

MR16节能型光源(GU5.3)

14W	20W	35W	50W	MR16/12V(10°)
lx	lx	lx	lx	h(m)
2800	5500	11000	15000	1
700	1375	2750	3750	2
311	611	1222	1666	3
175	345	688	937	4

20W	35W	50W	MR16/12V(24°)
lx	lx	lx	h(m)
2000	4100	5300	1
500	1025	1325	2
222	456	589	3
125	256	331	4

14W	20W	35W	50W	MR16/12V(36°)
lx	lx	lx	lx	h(m)
480	1000	2200	2850	1
120	250	550	712	2
53	111	244	316	3
30	62	137	178	4

20W	35W	50W	MR16/12V(60°)
lx	lx	lx	h(m)
450	1050	1450	1
112	263	362	2
50	115	161	3
28	66	90	4

OSRAM节能型AR111灯杯光源

AR111节能型光源(G53)

35W	50W	60W	AR111/12V(6°)
lx	lx	lx	h(m)
22500	33000	42000	1
5625	8250	10500	2
2500	3666	4667	3
1400	2062	2625	4
900	1320	1680	5
625	916	1250	6

35W	50W	60W	AR111/12V(24°)
lx	lx	lx	h(m)
4200	5500	7000	1
1050	1375	2125	2
467	611	944	3
263	344	607	4
168	220	340	5
117	153	236	6

50W	60W	AR111/12V(40°)
lx	lx	h(m)
2000	2800	1
500	700	2
222	311	3
125	175	4
80	112	5

OSRAM节能型AR48灯杯光源

AR48节能型光源(GY4)

20W	AR48/12V(8°)
lx	h(m)
3100	1
775	2
345	3
194	4

20W	AR48/12V(24°)
lx	h(m)
2600	1
650	2
288	3
162	4

LED MR11 光源

一：MR-11/LED　1*1W　1*3W
（普瑞芯片，色温：2700K）

1*1W	1*3W	MR11(12°)
lx	lx	h(m)
225	384	1
57	96	2
25	42	3

1*1W	1*3W	MR11(24°)
lx	lx	h(m)
158	270	1
40	68	2
18	30	3

1*1W	1*3W	MR11(45°)
lx	lx	h(m)
105	178	1
27	45	2
12	20	3

三：MR-11/LED　3*1W
（普瑞芯片，色温：2700K）

3*1W	MR11(12°)
lx	h(m)
660	1
165	2
73	3

3*1W	MR11(24°)
lx	h(m)
224	1
56	2
25	3

3*1W	MR11(45°)
lx	h(m)
190	1
48	2
21	3

二：MR-11/LED　1*1W　1*3W
（普瑞芯片，色温：3000K）

1*1W	1*3W	MR11(12°)
lx	lx	h(m)
259	442	1
65	111	2
29	50	3

1*1W	1*3W	MR11(24°)
lx	lx	h(m)
182	312	1
46	78	2
21	35	3

1*1W	1*3W	MR11(45°)
lx	lx	h(m)
121	205	1
31	52	2
14	24	3

四：MR-11/LED　3*1W
（普瑞芯片，色温：3000K）

3*1W	MR11(12°)
lx	h(m)
726	1
182	2
81	3

3*1W	MR11(24°)
lx	h(m)
247	1
62	2
28	3

3*1W	MR11(45°)
lx	h(m)
210	1
53	2
24	3

普通型（一）

OSRAM普通型MR11光源

20W	35W		MR11/12V(10°)
lx		h(m)	
4000	6200	1	
1000	1550	2	
444	689	3	
250	387	4	

20W	35W		MR11/12V(36°)
lx		h(m)	
700	1400	1	
180	340	2	
80	150	3	
45	85	4	

OSRAM普通型MR16光源

20W	35W	50W		MR16/12V(10°)
lx			h(m)	
5400	8000	12500	1	
1350	2000	3125	2	
600	889	1390	3	
340	500	780	4	

35W	50W		MR16/12V(24°)
lx		h(m)	
3100	4400	1	
775	1100	2	
345	489	3	
194	275	4	

20W	35W	50W		MR16/12V(36°)
lx			H(m)	
780	1500	2200	1	
190	375	550	2	
85	167	245	3	
48	94	140	4	

20W	35W	50W		MR16/12V(60°)
lx			h(m)	
350	700	1200	1	
88	175	300	2	
39	78	133	3	
22	44	75	4	

OSRAM普通型AR111光源

35W	50W		AR111(4°)
lx		h(m)	
30000	40000	1	
7500	10000	2	
3333	4444	3	
1875	2500	4	
1200	1600	5	
833	1111	6	

35W	50W	75W	100W		AR111(24°)
lx				h(m)	
2500	4000	5300	8500	1	
625	1000	1325	2125	2	
278	444	589	944	3	
156	250	331	531	4	
100	160	212	340	5	
69	111	147	236	6	

50W	75W		AR111(6°)
lx		h(m)	
17000	30000	1	
4250	7500	2	
1889	3333	3	
1063	1875	4	
680	1200	5	
472	833	6	

50W	75W	100W		AR111(40°)
lx			h(m)	
1400	2000	2800	1	
350	500	700	2	
155	222	311	3	
87	125	175	4	
56	80	112	5	
39	55	78	6	

普通型（一）

OSRAM普通型PAR灯光源

PAR16

35W		GU10/PAR16(36°)
lux	h(m)	
450	1	
112.5	2	
50	3	
28	4	

50W		GU10/PAR16(36°)
lux	h(m)	
650	1	
162.5	2	
72	3	
41	4	

PAR20

50W		E27/PAR20(10°)
lx	h(m)	
3000	1	
750	2	
333	3	
187.5	4	

50W		E27/PAR20(30°)
lx	h(m)	
1000	1	
250	2	
111	3	
62.5	4	

PAR30

75W		E27/PAR30(10°)
lx	h(m)	
6900	1	
1725	2	
765	3	
430	4	

75W		E27/PAR30(30°)
lx	h(m)	
2200	1	
550	2	
245	3	
140	4	

PAR38

75W		E27/PAR38(12°)
lx	h(m)	
7200	1	
1800	2	
800	3	
450	4	

50W	75W	100W		E27/PAR38(30°)
lx			h(m)	
1200	2400	3100	1	
300	600	775	2	
135	267	345	3	
75	150	195	4	

普通型（一）

OSRAM节能型卤钨灯光源

节能型卤钨灯光源(E14)

20W	30W		E14/220V(120°)
lx	lx	h(m)	
235	405	1	
58.7	101	2	
26	45	3	

OSRAM节能型JC灯珠光源

JC节能型溴钨灯(G4)

7W	14W		JC/12V(120°)
lx	lx	h(m)	
105	240	1	
26.5	60	2	
12	27	3	

OSRAM节能型卤钨灯光源

节能型卤钨灯光源(E27)

20W	30W	46W		E14/220V(120°)
lx	lx	lx	h(m)	
235	405	700	1	
58.7	101	175	2	
26	45	77.8	3	

OSRAM节能型JC灯珠光源

JC节能型溴钨灯(GY6.35)

25W	35W	50W	60W		JC/12V(120°)
lx	lx	lx	lx	h(m)	
500	860	1180	1650	1	
125	215	295	413	2	
56	95.5	131	183.5	3	

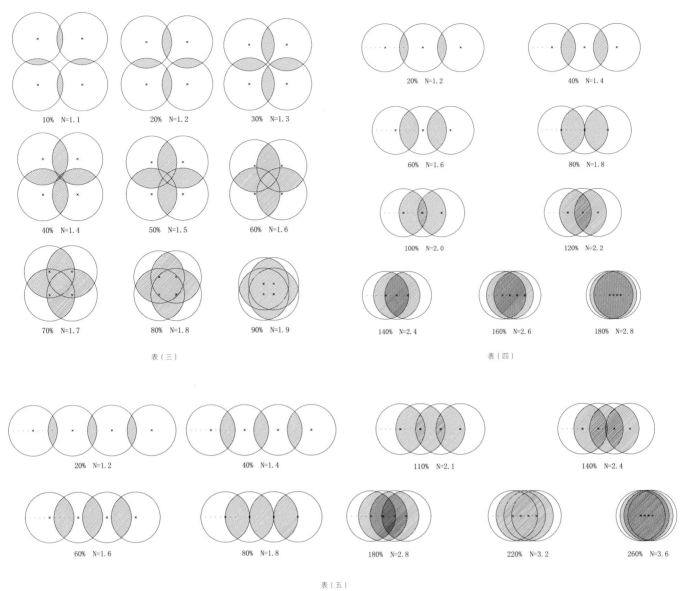

表（三）　表（四）

表（五）

2. 常用光源照度表（一、二、三）

(本照度表由卓源机电提供)

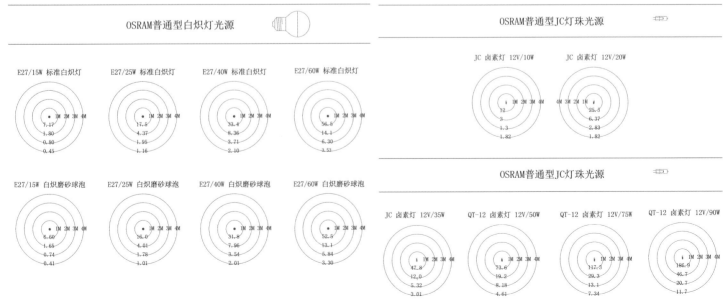

六、照度公式运算程序表

为提高照度公式计算效率和计算正确率,在 Excel 表格中编辑成各照度公式程序,运用表格程序时,只需按"备注"栏说明,在"输入值"栏内输入相应参数,即可快速得出所求照度值。详见表 2

照度公式计算表

表2

已知光强求照度(表一)

	输入值	计算	备注
F(光强)	1350		输入光强(1米照度)
d(距离)	1.6	527	输入光源到光束被截面的距离(m)
磨砂片或散光片	2		"1"为增加磨砂片或散光片; "2"为不增加磨砂片或散光片
叠加面积倍数	2.2		最小值为必须"1"
总照度		1160	
任意角照度	0.955	1108	输入三角函数 $\cos^3\theta$ 值

已知光通量求照度(表二)

	输入值	计算	备注
默认值			
光通量	320		
透光角度比例	0.6	17280	以台灯为例:上部透光为40%,下部为60%,计算下部填"0.6",白炽灯填"1"
π		64	最小值为必须"1"
灯光距离	0.45		最小值为必须"1"
控照器角度	100		70°就填70
重叠面积倍数	1		最小值为必须"1"
总照度		272	

附图表

1. 光源投射圈叠加比例参照一览表(一、二、三、四、五)

(*N 为叠加系数)

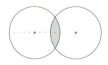 10% N=1.1
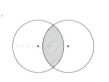 20% N=1.2
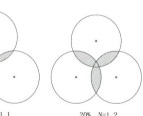 30% N=1.3

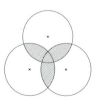 10% N=1.1
(空) 20% N=1.2
(空) 30% N=1.3

 40% N=1.4
 50% N=1.5
 60% N=1.6

 40% N=1.4
 50% N=1.5
(空) 60% N=1.6

 70% N=1.7
 80% N=1.8
 90% N=1.9

 70% N=1.7
 80% N=1.8
 90% N=1.9

表(一)   表(二)

在不考虑反光罩情况下，MR-11、MR-16 系列光源与片子配件接合，将改变光源面积、照度、形状

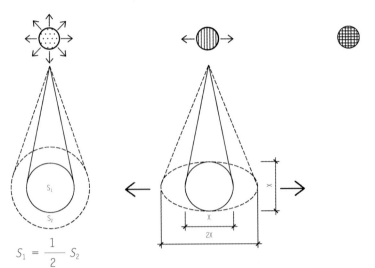

$S_1 = \dfrac{1}{2} S_2$

光通量不变
光圈面积扩 1 倍（乘以 2）
平均照度 lx 减半

光通量不变
扩光方向直径增 1 倍
平均照度 lx 减半

不扩散光圈，不改变照度，格栅片呈灰黑色。
其作用：
1) 防眩光
2) 减弱在吊顶上的视觉效果

范例（七）：按图 18 所示，已知光源距地 3m，选用光源参数为 MR-16, 36°, 35W，光强为：1350 lx，加磨砂片，求地面照度及地面 S_2 照射圈直径。

解：$E = \dfrac{I}{r^2} \div 2 = \dfrac{1350}{3^2} \div 2 = 75$ lx

∵ $S_2 = 2S_1$

$\varphi_1 = 1.95$ m

根据 $S = \pi r^2$ 推算

∴ $\varphi_2 = 2.76$ m

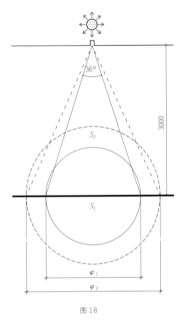

35W	MR16/12V (36°)
lx	h (m)
1350	1
340	2
245	3
140	4

图 18

范例（八）：按图 19 所示，已知光源距地 3m，选用光源参数为 MR-16, 36°, 35W，光强为 1350 lx，加散光片，求地面照度及 S_2 地面照射圈直径。

解：$E = \dfrac{I}{r^2} \div 2 = \dfrac{1350}{3^2} \div 2 = 75$ lx

∴ $\varphi_1 = 1.95$ m

∴ $\varphi_2 = 2 \times 1.95 = 3.9$ m

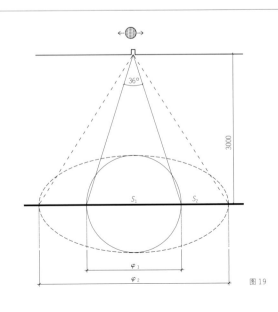

35W	MR16/12V (36°)
lx	h (m)
1350	1
340	2
245	3
140	4

图 19

3. 已知光通量求照度，选用公式（三）：$E = \dfrac{90°}{r^2 \pi} \dfrac{F}{\theta} \times$ 泄光比

a. 灯具为单一方向开口泄光

范例（五）：按图16所示，已知光源距地2.5m，选用光源参数为：GLS暗筒灯，标准型节能灯泡，E27，15W，2700K，光通量为800 lm，灯具遮光角度 θ 为70°，求地面照度。

解：∵ 由于灯具内反光罩具有扩光功能，导致光线投射时会出现直射光范围（主要照明圈）和反射光范围（次要照明圈）见图15

∴ 该范例为方便计算，取主要照明范围值

∴ $E = \dfrac{90°}{r^2 \pi} \dfrac{F}{\theta} \times \dfrac{90° \times 800}{2.5^2 \times 3.14 \times 70°} = 52 \text{ lx}$

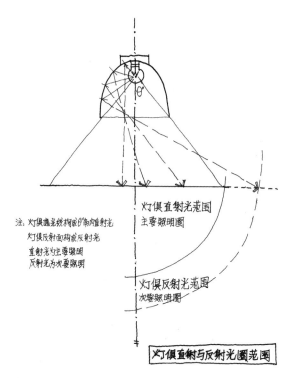

图15 灯具直射与反射光圈范围示意图

名称	功率(W)	光通量(lm)
标准型节能灯泡	15	800

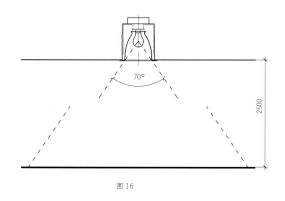

图16

b. 灯具为不同方向开口泄光

范例（六）：按图17所示已知光源距地700mm，选用光源为标准型节能球泡，7W，光通量为320 lm，求台面照度。

解：$E = \dfrac{90°}{r^2 \pi} \dfrac{F}{\theta} \times$ 泄光比

$= \dfrac{90° \times 320}{0.7^2 \times 3.14 \times 90°} \times 0.5$

$= 104 \text{ lx}$

名称	功率(W)	光通量(lm)
标准型节能灯泡	7	320

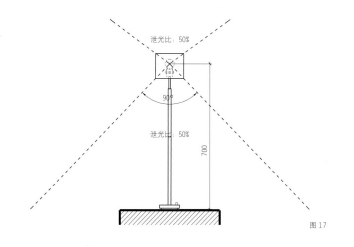

图17

五、不同光源片子对照度的影响

运用不同光源片子，可改良光源品质。

光源片子配件包括散光片（条纹片）、磨砂片、格栅片（蜂窝片）

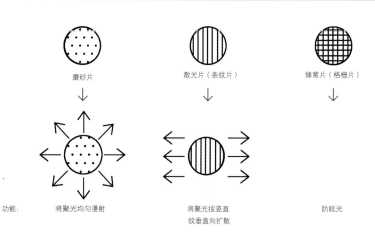

b. 多个光束斜角叠加照射。

多个光束斜角叠加照射，需要计算光源投射圈叠加后的平均照度。

范例（四）：按图14所示，已知光源距地3m，选用光源参数为MR-16，36°，35W，光强为1350 lx，求装饰画顶端照度E1，画面中央照度E3，以及地面照度E4。

解：从图14得出E1叠加系数N为1；E3叠加系数N为1.8；E4叠加系数N为2.9

$$E_1 = \frac{I}{r^2} \times cos\theta^3 \times N = \frac{1350}{0.68^2} \times cos15°^3 \times 1 = 2630 \text{ lx}$$

$$E_3 = \frac{I}{r^2} \times cos\theta^3 \times N = \frac{1350}{1.45^2} \times cos0°^3 \times 1.8 = 1155 \text{ lx}$$

$$E_4 = \frac{I}{r^2} \times cos\theta^3 \times N = \frac{1350}{3^2} \times cos5°^3 \times 2.9 = 429 \text{ lx}$$

（注：为方便计算θ角度取接近值，按四舍五入原则计算，此范例14°计15°，2°计0°，6°计5°。）

35W	MR16/12V（36°）
lx	h（m）
1350	1
340	2
245	3
140	4

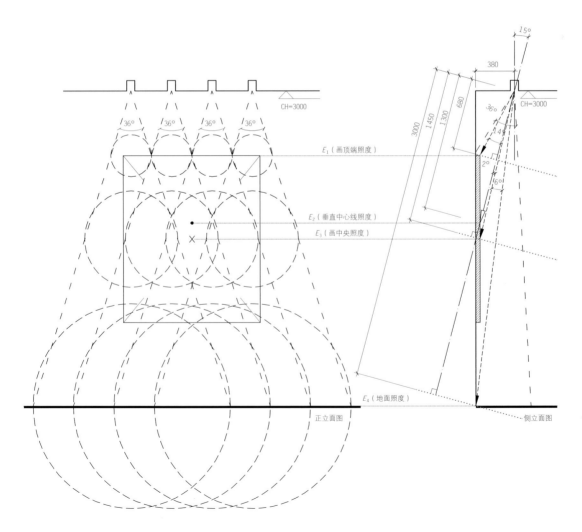

图14 多射灯与画面示意图

b. 多个光束垂直叠加照射。

多个光束垂直叠加照射需要计算光源投射圈叠加后的平均照度。

光圈叠加计算是根据光圈叠加面积比例来计算其倍数，此叠加比计算值参见附图表：光源投射圈叠加比例参照一览表

公式（五）：已知叠加系数求平均叠加照度：

E_N 平均叠加照度 = E（单光束照度）× N（叠加系数）= $\dfrac{I}{r^2} \times N$

其中，N(叠加系数) = 1 + 叠加面积的倍数

E_N 为平均叠加照度

范例（二）：按图 12 所示，已知光源距地 3m，选用光源参数为 MR-16，36°，35W，光强为 1350 lx，求地面平均照度。

解：参见附图表：光源投射圈叠加比例参照一览表（一），从图 -12 得出叠加系数 N 为 2.2

$E_N = \dfrac{I}{r^2} \times N = \dfrac{1350}{3^2} \times 2.2 = 330$ lx

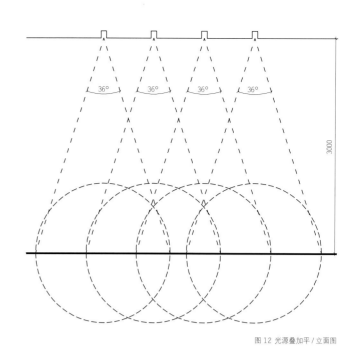

图 12 光源叠加平 / 立面图

---

2. 已知中心照度，求任意角度照度，选用公式（二）：

P1 照度 (lx) = P 照度 (lx) × $\cos^3 \theta$

a. 单光束斜角照射。

斜角照射一般多用于陈设立面明明。

范例（三）：按图 13 所示，已知光源距地 3m，选用光源参数为 MR-16，36°，35W，光强 1350 lx

求装饰画顶端照度 E_1，画面中央照度 E_3，以及地面照度 E_4。

解：$E_1 = \dfrac{I}{r^2} \times \cos\theta^3 = \dfrac{1350}{0.68^2} \times \cos 15°^3 = 2630$ lx

$E_2 = \dfrac{I}{r^2} \times \cos\theta^3 = \dfrac{1350}{1.45^2} \times \cos 0°^3 = 642$ lx

$E_3 = \dfrac{I}{r^2} \times \cos\theta^3 = \dfrac{1350}{3^2} \times \cos 5°^3 = 148$ lx

（注：为方便计算 θ 角度取接近值，按四舍五入原则计算，此范例 14°计 15°，2°计 0°，6°计 5°。）

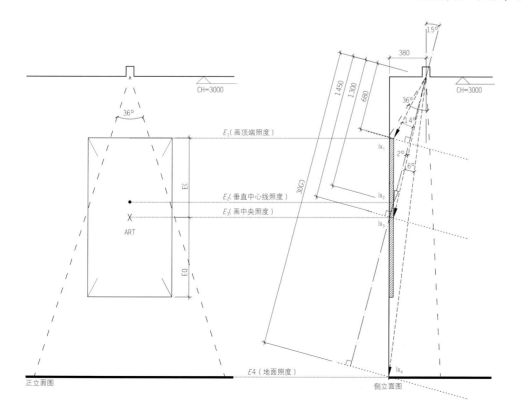

图 13 单射灯与画面示意图

3. 公式（三）：已知光通量求照度

$$\because E = \frac{F}{\Omega^2} = \frac{光通量\ lm}{距离^2 \times 立体角}$$

Ω 为立体角，$90°$ 为 π；$180°$ 为 2π；$360°$ 为 4π

且任意角 θ 的立体角可推导为 $\frac{\pi \times \theta}{90°}$

$$\therefore E = \frac{90°\ F}{r^2 \pi\ \theta}$$ （注：该公式使用于灯具为单一开口方向泄光）

4. 公式（四）：当光源由灯具向不同开口方向照射时，可按开口泄光比例，求各距离方向照度值。

$$\therefore E = \frac{90°\ F}{r^2 \pi\ \theta} \times 泄光比$$

泄光比：当灯具光通量向不同开口方向照射泄光时，每个开口按各自大小所占总开口量的比例。

例如：按图10所示，已知光源距地距离为 r_1，距顶面距离为 r_2，求该光源到地面照度及到顶面照度公式。

$$\therefore 向下泄光比_1 = \frac{X_1}{X_1+X_2} \times 100\%$$

$$向上泄光比_2 = \frac{X_2}{X_1+X_2} \times 100\%$$

$X_1=40cm$ $X_2=24cm$

$\therefore$ 泄光比$_1 \approx 0.6$
泄光比$_2 \approx 0.4$

$\therefore$ 地面照度公式：$E = \frac{90°\ F}{r^2 \pi\ \theta} \times 0.6$

顶面照度公式：$E = \frac{90°\ F}{r^2 \pi\ \theta} \times 0.4$

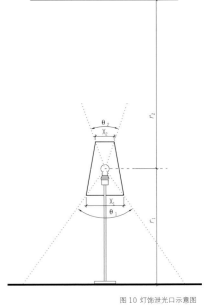

图10 灯饰泄光口示意图

注：各光源光强参照附图表（二）：常用光源照度表
各光源光通量参照附图表（三）：常用光源光通量表

四、简易照度计算运用实践

1. 已知光强，求中心照度，选用公式（一）：$E = \frac{I}{r^2}$

a. 单光束垂直照射。

范例（一）：按图11所示，已知光源距地3m，选用光源参数为 MR-16，36°，35W，光强为1350 lx，求地面的照度。

解：$E = \frac{I}{r^2} = \frac{1350}{3^2} = 150\ lx$

35W	MR16/12V（36°）
lx	h(m)
1350	1
340	2
245	3
140	4

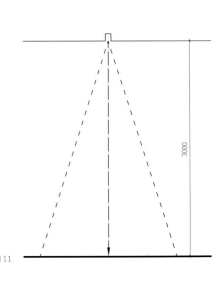

图11

二、概念与符号

F：光通量　单位：lm（流明）
单位时间内发出的光量

I：光强　单位：cd（坎德拉）
单位立体角中发射的光通量。

E：照度　单位：lx（勒克斯）
每单位面积的光通量，即 lm/m^2

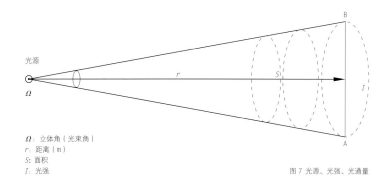

Ω：立体角（光束角）
r：距离（m）
S：面积
I：光强

图7 光源、光强、光通量

三、常用照度计算公式

1. 公式（一）：已知光强求任意距离中心照度（图8）

$$E = \frac{I}{r^2} = \frac{光强}{距离^2} = \frac{该光源1m的照度}{该光源被求距离的平方}$$

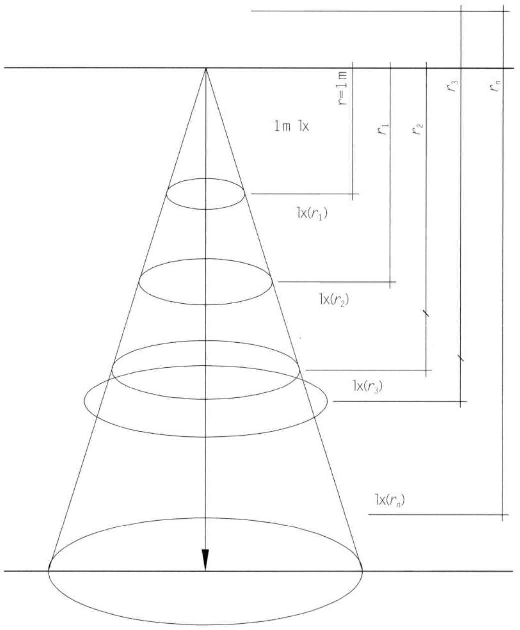

图8 光束与中心照度示意图

2. 公式（二）：已知中心照度求任意角 θ 的照度

P_1 点为 θ 角照度，P 点为 P_1 点的垂直中心照度。（图9）

P_1 照度(lx) = P 照度(lx) × $\cos^3 \theta$

（注：三角函数值见表1，三角函数表）

三角函数表　　表1

θ	$\cos^3 \theta$	θ	$\cos^3 \theta$	θ	$\cos^3 \theta$
0°	1.000	35°	0.550	70°	0.040
5°	0.989	40°	0.450	75°	0.017
10°	0.955	45°	0.354	80°	0.005
15°	0.901	50°	0.266	85°	0.001
20°	0.830	55°	0.189	90°	0.000
25°	0.744	60°	0.125		
30°	0.650	65°	0.076		

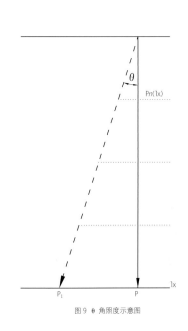

图9 θ角照度示意图

一、简易照度计算过程概述

照明知识，包括对照明材料（透光与反光材质）、照明灯具、光源参数的掌握，最终都体现在照明设计的照度计算中。本照度计算为泓叶（HYID）研究的简易计算法，包括部分公式的推导，在对灯光及空间照明充分理解的基础上，简化传统照明设计中较为繁复的计算过程和方式，求取相对近似的照度参考数值，以期弥补缺乏专业照明设计师参与的条件，使室内设计师能独立完成项目的照明设计和照度计算。

空间照明设计通常是由功能性点状照明与空间环境照明两大部分构成。功能性点状照明需满足相应的功能照度值，空间环境照度可根据空间照度比例设计，来推算相应部位照度值（图1-3）。

在计算灯光照度之前，可通过灯光素描图表达照明概念（图4、5），并明确照明设计三问（图6）：

1）光是从何而来；
2）该光被何界面所截；
3）所截面的照度作用。

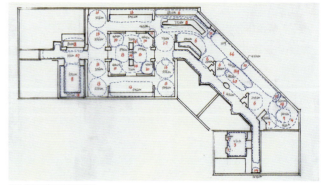

图2 空间照度比平面配置图

图3 光源（投射圈）平面照度布置图

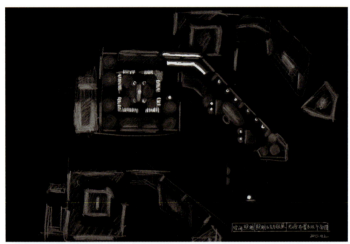

图1 布光方式概念平面图

图4 灯光效果素描关系图

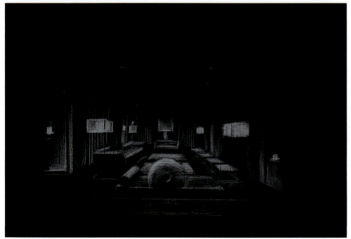

图5 灯光效果素描关系图

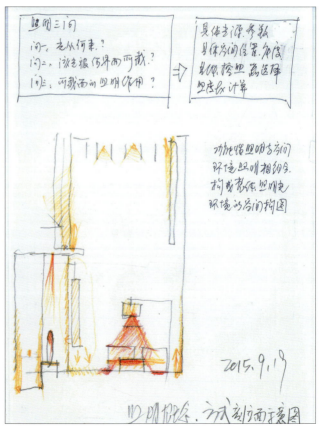

图6 照明概念三问剖立面示意图

HYID 泓叶简易照度计算法

撰　文　｜　叶铮
采　访　｜　朱笑黎

叶铮是中国室内设计界的多产设计师，在长期的设计实践中，他始终以研究的态度来对待设计。在优秀作品频出的同时，他也不断在总结设计的方法，并乐于与大家分享。这里刊登的是泓叶公司的简易照度计算法，实用、简单、方便操作。

ID =《室内设计师》

叶 = 叶铮

ID 请叶老师给我们简单介绍一下这套计算方法吧。

叶 这个是我们公司自己推出的一套计算方法。那为什么要做这个？设计师有时看到灯光设计会有恐惧心理。我们这些设计师很多都是学艺术类背景的，如果要按部就班地按照严格的物理公式来计算照度，那难度是很大的，也可能就这么放弃了。但我们不愿意放弃，因为灯光设计在整个室内设计部分占的影响是相当高的。对这块放弃，就等于对整个设计放弃。许多年前，我就自己开始研究适合我们这些理工科基础薄弱的设计师的简单照度计算问题。

对于设计师而言，十分精确的计算其实意义不大，我们需要的是一个近似值，尤其是要知道一个中心值。比如说，一束光打到我桌子上，台面之上是怎样的，离台面很远的地方当然也会有光，但不是我关心的。按照实用的角度出发，又从便于操作的角度出发，我自己研究了这套计算方法。这些年来，公司一直使用这套方法，在使用中也一直在调整。而且在实际应用当中，项目现场灯光安装完成之后，我们会在现场验证计算结果。结果是非常接近的。

总的来说，我们就是为了操作的简便性，研究了这套方法。所以这套方法的价值不是在学术研究上。室内设计的应用性很强，我们所有的研究是为了满足应用性。其次，就是要满足应用的简便性。方便，可以说是一个很重要的研究方向。因为方便，所以大家都能使用。这和物理学家掌握的深度不一样，主要是为了把握一个视觉效果。

ID 确实像叶老师说的那样，这套算法里的计算步骤都比较精炼，基本一两步就能得到结果。

叶 是的。为什么要用这两步，这就是研究的结果。会用到这两步也是和我们已知的条件有关：已知照度求照度，已知光通量求照度。我就需要这两步就够了。整个行业给你产品书的时候或给你光通量的时候，往往给不出照度。那我就根据已知的条件，包括说明书上的信息和我自己设定的光照角度等，再用上这几个公式，就可以了。

另外一点需要说明的是，照度计算不等于照明设计。如果你对照明设计没研究，那照度设计就是一堆废纸，一点用都没有。对照明设计理解透了，就可以用简单的步骤求解出来。这是对灯光的一个理解，可以用到一个照度比的概念。有些照度计算很复杂，那就可以用照度比来反推。比如我想要一处亮、一处暗，而亮的地方能够算，暗的地方算不出，那我就会想1:10怎么样。当然我们现在也有没能攻克的一方面，就是材料反光系数的问题。因为人看到的照度其实是亮度，而亮度就是照度乘以材料反光系数，但即使建材厂商这方面是不提供材料反光系数的。到相关的物理照明书当中去找，也就是三四条，而且是一个大类别的。但事实上，哪怕是同一种木材，深色和浅色的反光系数都不一样。这对于我们的操作来说，难度太大了。我曾设想把各种材料的反光系数从一到十分成十个级别，然后给出一套系数，但觉得这种做法主观性太强，所以就没有进行下去。但是，在室内设计方面，我觉得我们还是把比较核心的问题给解决了。

ID 想必这套计算方法也是您多年经验积累所得，前面的公式和后面附表内的信息整理应该很花费时间。

叶 确实，这套方法我们也研究了好多年了，是一点点积累出来的。里面好多信息都是我们收集来的，还有一些基本规律的得出，都是我自己做实验的结果。像是灯光的叠加系数、基本灯型的相关信息等，也都是我们这些年来研究整理的所得。我们在附表里提供的灯型信息主要是飞利浦和欧司朗的，但哪怕就是这两个品牌，他们各种灯的信息加在一起也有好几本书的厚度，所以我们就根据经验选了设计中常会用到的几款，拎出来给大家做个参考。

解读

1 2 3	
4 5 6	8
7	

1-3 1:3折叠毯实体模型模拟使用
4-6 工厂确认折叠毯制作
7 折叠毯使用实景
8 多面体书架一角

1 教室区域
2 Tensegrity 悬挂书架灯立面
3 Tensegrity 悬挂书架灯生成过程
4 儿童及成人座椅
5-7 教室区域三种使用方式实景
8 教室区域三种使用方式平面

展示　　　　　阅读　　　　　教室

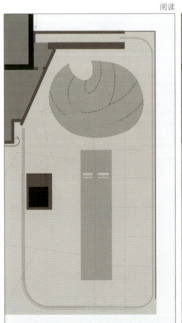

解读

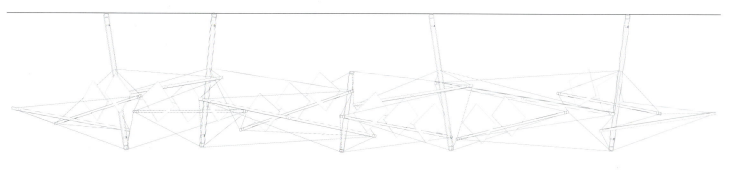

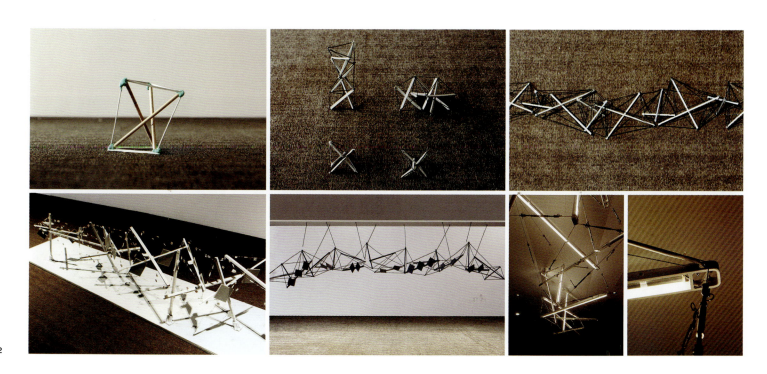

解读

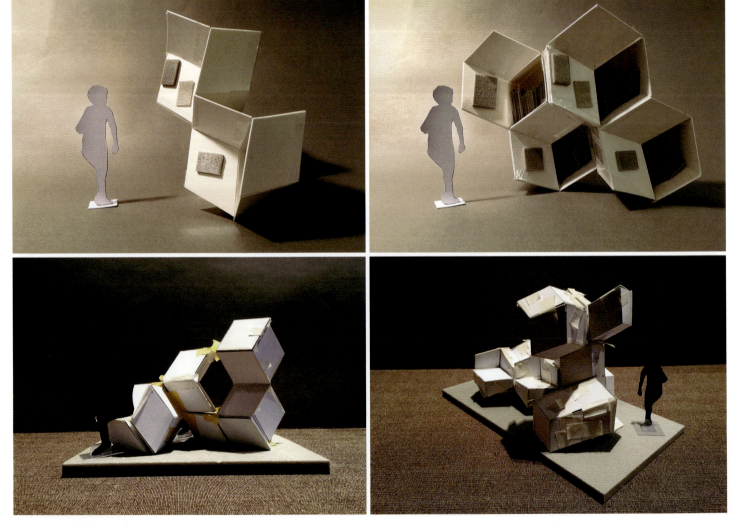

解读

| 1 | 5 |
| 2 3 4 | 6 7 8 9 |

1　多面体书架立面
2　儿童在多面体书架上取书
3.4　多面体书架研究过程模型
5　从收银区看向多面体书架
6-9　多面体书架研究过程模型

解读

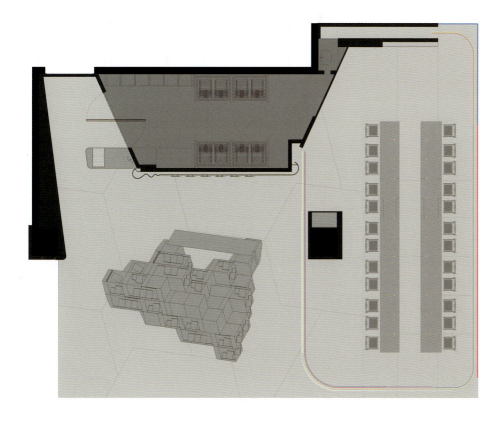

1 总平面
2 工厂确认 1:1 多面体书架实体模型
3 儿童体验 1:1 多面体书架实体模型
4 多面体书架及镜面展示墙
5 粉笔画墙及收银区

可以清晰地看见绘本的侧面与背面，书卡槽巧妙的设计使孩子不用取下绘本就可直接进行简单翻阅，这种立体化的展示更便捷地向读者和顾客介绍绘本；粉笔画墙基于空间的透视效果，画面本身在设计之初就力求获得更强的视觉纵深感，照此原则根据节日庆典主题的不同再进行替换；此外，为防止粉笔画蹭到儿童服装，设计也贴心地考虑了墙面1.2m以下留白。

绘木馆入口高悬的发光 LOGO 应用了三原色原理，通过红黄蓝三色 EL 冷光线的缠绕和叠加，形成了蒲蒲兰店铺经典的彩色标志，这种三原色原理在教室区域也以不同形式的应用与体现。

在教室区域，类咖啡色的原木桌椅与绘本馆的设计浑然一体，周边同样辅以三原色原理为依据的红黄蓝三色窗帘，与红蓝两色玻璃加黄色窗帘相互搭配，形成色彩丰富的空间，当拉上窗帘，三色叠加时，便形成可相对安静的灰色帷幕的教室。同时，家具本身的变化亦产生了空间及功能的变化：在读书会的时候，这张桌子可以折叠起来，成为屏风，两条长桌也可以打开，老师可以在中间来回走动上课。桌子上方的纺锤形吊灯亦是设计师根据 Tensegrity（张拉整体）结构体系自行设计的，这种普遍应用于大跨度建筑的张拉整体结构体系，被设计师大胆地应用到灯具设计中，其设计及施工难度是不言而喻的。在灯具的构建中，设计师还巧妙地在每个受压金属杆件上套入透明亚克力书卡，用于悬挂绘本，并可经常更换。

教室区域还有块眼熟的原创折叠毯。这是来自一位日本国立大学教授的理论的演变和应用，该教授利用计算机辅助软件来生成复杂的折纸艺术，该技术也被直接应用在三宅一生设计的服装上。在取得教授的授权后，设计运用折纸与数学美学的组合，对该理论进行了原创性与实践性的突破，演变生成了这款折叠毯。这块折叠毯并不是通常的二维平面，而是分成上下两部分，上半部分以折叠方式创建三维结构，下半部分以泡沫海绵填充，上下贴合后产生出凹凸的造型。孩子们可以坐在凸的地方，也可以坐在凹的地方，甚至躺下来，不用的时候也可以将毯子卷起来收纳在仓库里。目前，蒲蒲兰绘本馆已经将这块地毯申请了专利。■END

1 从主入口看向绘本区域
2 从商场走廊看向教室区域

有了亚马逊,还有什么必要去书店吗?在如今的信息时代,以往的书店模式已经无法吸引读者。如何面对传统书店进行升级,是每一个书店经营者考虑的难题。在电子书来势汹汹的背景下,蒲蒲兰绘本馆一直存活得不错。它的发展,是一种渐进式的蔓延:书店、阅读、活动,甚至培训,慢慢汇聚成一个儿童的绘本王国。近日开业的蒲蒲兰绘本馆上海高岛屋店探索的则是"培训"这一环。

高岛屋店的设计师是矶崎新+胡倩工作室,这个以创作城市设计、摩天楼与美术馆等大型公建闻名的事务所此次以对待大建筑的方式来设计这个130m²的微空间,历时一年有余。而这种设计方法在盛行圆熟、甜腻的室内设计圈,也许是克制庸俗趣味的一剂良药。

"业主希望除了展示文科的绘本书之外,还能加上文理科的教室。在这个要求下,我们把只有130m²的蒲蒲兰高岛屋店分成两个空间。左边是书店,右边是文理科教室。"胡倩说,"通过工科教室这个崭新的理念,把日本的儿童文理科教育引入到国内3~9岁小孩的辅助教育里,因此文理科教室是蒲蒲兰这里主要的运营手段。在这个前提下,传统的蒲蒲兰绘本书店也在这里得以进一步提升,一改以往书店以量为主的模式,赋予精心挑选的'百本绘本'作为销售亮点,并通过教室开展活动,让孩子们对蒲蒲兰的书更感兴趣。"

如何把图面语言转化为空间经验,对设计师来说,会是件有难度的工作。在本空间中,根据绘本以展示为主的特性,她以特别设计的多面体书架、悬挂照明、折叠桌、折叠毯、可叠椅等来回应这一理念,将那些原本是构成理论上的概念性语言还原成有意义的空间。

在文科的绘本区域,多面体书架、镜面展示墙及粉笔画墙成为空间主题。墨绿色的多面体书架以其几何立体型的多角度展栏设计,充分展现了绘本之美。按照业主的预期,这家店的绘本销售以展陈为主,希望精选100本进行展示,而这也是多面体书架存在的大前提。绘本空间区别于普通的纵横坐标系(笛卡尔坐标系)空间,设计师希望寻求一种新的空间单元,通过此单元的充填,形成一个无缝的新空间,而以菱形十二面体为基本单元拼合成的多面体书架就是这个新空间;此外,镜面展示墙也分担了一部分多面体书架的展陈功能,利用镜面自身的反射效果及绘本的悬空展示,人在侧身面对展墙时

解读

蒲蒲兰绘本馆上海高岛屋店
POPLAR KID'S REPUBLIC PICTURE BOOK STORE SHANGHAI TAKASHIMAYA

撰　　文	徐明怡
摄　　影	陈颢
资料提供	矶崎新+胡倩工作室

地　　点	上海市长宁区虹桥路1438号3F-23店
设计单位	矶崎新+胡倩工作室
设计人员	胡倩、高桥邦明、饭岛刚宗、周临君
业　　主	上海蒲蒲兰文化发展有限公司
主要用途	绘本馆、教室
墙面、吊顶、弱电、定制家具	上海爱思考建筑装饰工程有限公司 伊藤喜商贸（上海）有限公司
窗帘与折叠毯	川岛织物（上海）有限公司
窗帘轨道	东装窗饰（上海）有限公司
地　　面	四国化研（上海）有限公司
照　　明	上海卓工照明工程有限公司
总建筑面积	133m²
设计时间	2015年1月~2015年9月

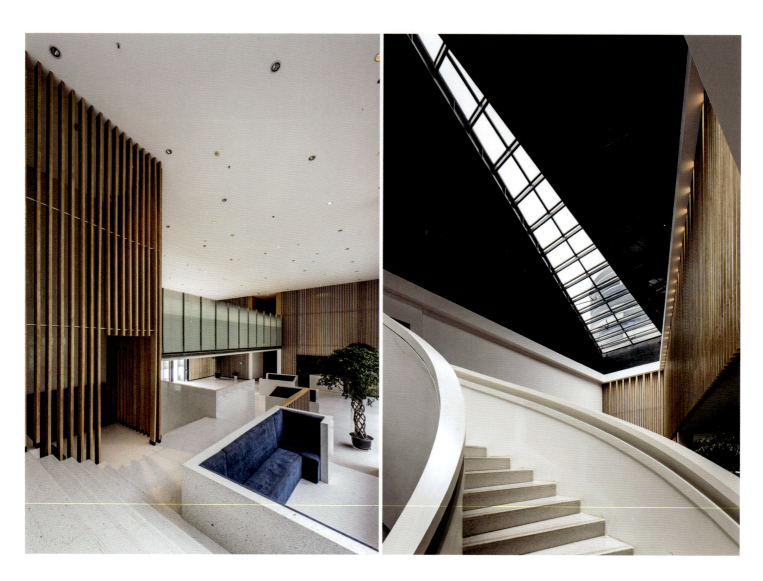

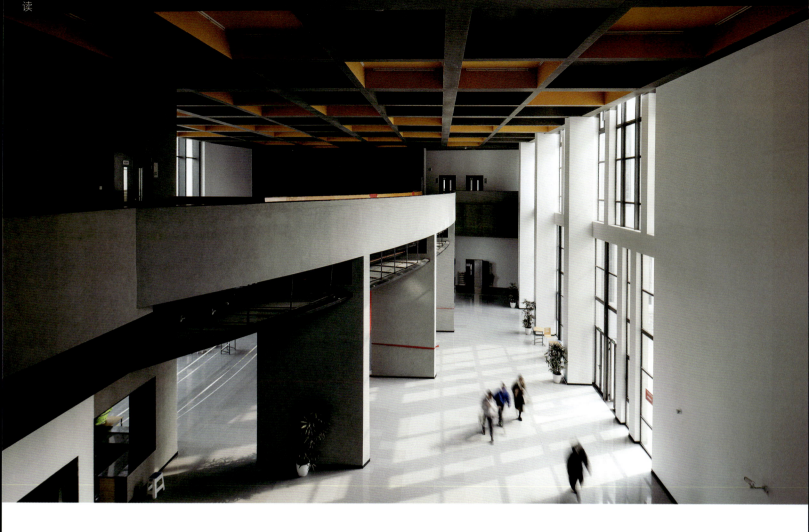

1 舞蹈学院（摄影：陈乙）
2 现代音乐厅（摄影：陈乙）
3-5 继续教育学院（摄影：陈兵）

1	货物入口
2	无功能门厅
3	卫生间（女）
4	淋浴间（女）
5	中化妆（12人）
6	淋浴间（男）
7	卫生间（男）
8	贵宾室
9	舞台升起
10	舞台
11	升降基坑
12	观众厅
13	候场
14	舞台监控
15	吸烟区
16	下沉庭院
17	池座523座，含无障碍座位4个池座
18	灯控设备间
19	声闸
20	灯控
21	声控
22	洗消间
23	池座入口
24	表演厅入口
25	门厅
26	服务台
27	大衣寄存
28	休闲区
29	庭院上空
30	休闲区入口

解读

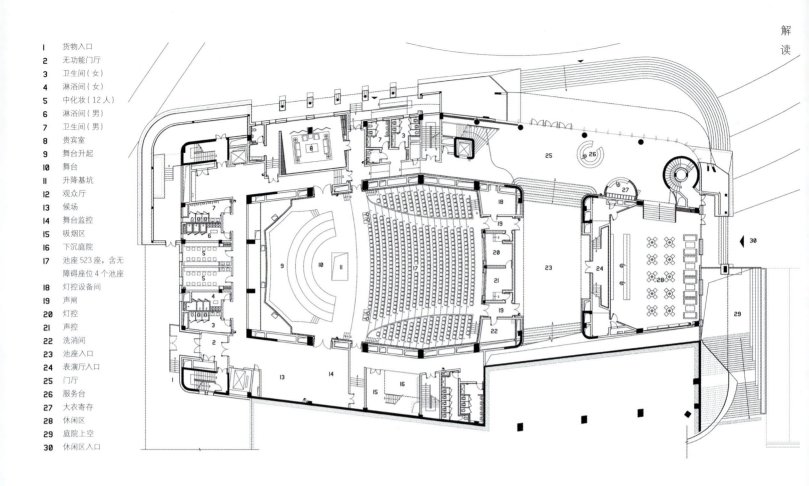

| 1 | 2 |
| 3 | 4 |

1.3.4 音乐厅（摄影：陈乙）
2 音乐厅一层平面

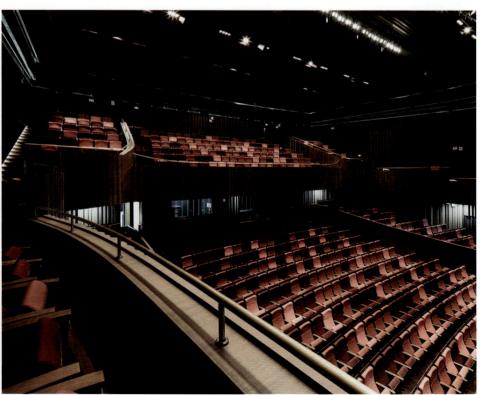

解读

1		5	
2	3 4	6	

1-6 音乐厅（摄影：陈乙）

解读

1	2
	3
	4

1.3.4 大剧院（摄影：陈兵）
2 大剧院外景（摄影：姚力）

109

解读

解读

1.2 综艺楼(摄影:陈兵)
3.4 教学楼(摄影:陈兵)

解读

1	2	
	3	4

1-4 图书馆室内（摄影：陈乙）

白就完成了。彩色盒子对应剧场内部体块的错落变化，参差的座椅色彩变化同样将美带给表演者。

教学楼

建筑是凝固的音乐，不同的材料和形体的组合仿佛流淌的节奏与乐章。混凝土、钢、木、涂料，每一种材料如同不同音阶的音符，在阳光的编织下形成不同的旋律，或庄严，或轻快，或悠扬，或俏皮。莘莘学子每日穿行其中，既是感受者也是共奏者。

大剧院

建筑依山而建，流动的线条像音符在山谷中跳跃。室内设计将建筑的符号在空间内部继续延续，从墙面的线条逐渐飞舞到空中，形成立体的飘带，在白色的宁静空间中慢慢点燃观众的情绪。步入观众厅，单纯的木色从头至尾拥抱着观众，紫色的座椅在温暖中透出华丽的色彩，飘带在观众厅变成坚实的体块，犹如整个音乐学院场地的等高线。不同层次的顶棚、墙面满足了声学和舞台照明的功能需求，也让观众沉浸到最初人类在山洞中欣赏表演的状态，一切只为等待大幕的拉开。

音乐厅

对于音乐学院而言，音乐厅的重要性，自是不言而喻。根据声学上的需求，选择各种恰当的材料构造出肌理的变奏曲，或紧凑或舒缓，或流畅或激情。以不同深度、宽度的沟槽排列，形成几何形状的扩散体，随着空间的改变，配合材质与形式的多样变化，可吸音，可装饰，赋予空间丰富的内涵表现。顶面装置为吊灯照明和装饰，仿似在空中划过的流动旋律，如同和谐地散落在五线谱中的音符，展现出音乐的律动质感，让空间成为具有脱俗性、象征性、隐喻性和唯美主义倾向的音乐活动载体。

音乐、戏剧、舞蹈学院

多种设计类型的交融，更像是一出交响，在并轨之间演奏出和谐。一场多幕剧若是只在一个调性里进行，或许会少了些生机。音乐、舞蹈与戏剧不同的三个艺术门类，为那些充满艺术梦想的年轻人提供了不重复的追梦空间，或叙事，或律动，或幻境，有关联的设计类型之间交织混合，从而使得现实更丰满、思维更敏感。未来的艺术家将是空间实现的参与者与景象制造者，试想音乐学院白色的背景中传来琴声，舞蹈学院的墙壁上投射出德加般芭蕾的浅影，戏剧学院的波纹吊顶中倒射出十八相送的场景，能使人自然而然地参与的空间，也就鲜活了。

继续教育学院

其实际功能更偏向于学校的招待所和小酒店。如何用快捷酒店的造价来实现有趣的效果是设计师从头至尾都在思考的问题。门厅中空间的重新塑造、大台阶上错落的台地、微微打开的客房卫生间、走廊中如指挥棒飞舞的日光灯，种种细节展现在人们面前，而它们都是通过微小处的改变来努力营造的。

解读

| 1 | 3 |
| 2 | 4 |

1-4 图书馆(摄影:姚力)

解读

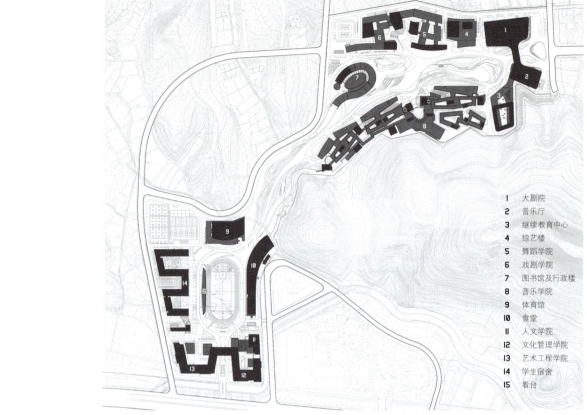

1 大剧院
2 音乐厅
3 继续教育中心
4 综艺楼
5 舞蹈学院
6 戏剧学院
7 图书馆及行政楼
8 音乐学院
9 体育馆
10 食堂
11 人文学院
12 文化管理学院
13 艺术工程学院
14 学生宿舍
15 看台

1	
	2
	3

1 鸟瞰（摄影：姚力）
2 总平面
3 舞蹈学院（摄影：姚力）

项目位于浙江省杭州市西湖区之江板块象山区块，主要建筑包括六大二级学院、教学楼群、学生宿舍、食堂以及其他配套教育设施。项目沿山而筑，用地呈线性展开，城市和自然从不同角度对场地进行限定。面对特殊的场所，建筑设计试图跳出传统大学校园的围城式布局，使之更开放地面向城市和自然。

在整体的布局上，设计采用了"一轴三园"的形式。乐章大道为校区主轴，其形式源自于五线谱，大道从美院北路向320国道延伸，依次串联了公共场馆、教学楼群、图书馆、食堂、体育馆、师生宿舍、南区教学楼群等功能组团。而根据南北校区的功能定位区别，在北区核心区域设置了音乐文化花园，南区中心操场设置下沉式的生活运动花园，使二者成为南北区的活力核心。校园中段过渡部位作为空间上的放松部位，设置供师生学习工作之余休闲放松的林荫花园。

而在场景的营造方面，则以"三街十坊"为主题。校园北侧音乐系组团依山而筑，布局自由，空间灵动。一条"音韵山径"将各处串联整合，形成了漫步山居小径、欣闻琅琅琴声的诗意场景。综合艺术楼、戏剧系与舞蹈系布置于北端远山侧台地，布局理性而不失变化。各单体因台而筑，围而不合，透过南侧音乐学院预留的视线通廊与望江山景相互渗透。"律动旱街"将之串联，再现了传统空间中的院落层进关系。学生公寓布置于校园南区西侧，俯瞰中心下沉式演艺操场。两者之间的"活力花街"承载了音院学生们的日常生活，充满活力，精彩纷呈。"十坊"则指的是望山乐坊，散落于校园各处的露天表演场地与庭院、灰空间以及山体互相组合，形成十处面积不一、气质各异的露天表演场地和景观节点，为学生的学习和生活实践提供了丰富的舞台。

建筑的内部空间设计以简洁清晰的空间组织体系开启理性的思考与激情的碰撞。舒适的家具、柔和的照明与易识的引导更是满足了音乐学院各栋楼在功能法则上的特质需求。建筑是凝固的音乐，反之，凝固的建筑里也能流淌出动态的节奏与韵律。在浙江音乐学院项目中，紧扣"音乐"这一主题，通过材质、色彩和形态的丰富变化，将音乐的灵动之美转化为可视、可感、可触的空间之美。

图书馆

白色光影中，简单材料的组合如同一出重奏或多声部合唱。在某种意义上来说，图书馆也算是社交场所，如今虚拟空间渐渐代替了人与人之间的交流，如何创造"场"的概念变得真实而重要。建筑空间营造出了聚合又发散的多层次语境，这也为室内设计创造了轻描淡写的机会。不同的白色，或高光或哑光，不同的木色，或亲切或久远，斜射及慢反射的光影试图营造古希腊雅典学院的意境。从众、独处、讨论、安静、融合、思考等状态如同合唱团的演出，有序且充满活力，在不同调性的层次间留下淡淡的投影记忆。

综艺楼

整个建筑的功能是两个表演场所：一个是录制节目的黑盒子，另一个是排练节目的小剧场。项目设计希望用最单纯的语言来表达，门厅中用一个白盒子和一个彩色盒子来对应内部的功能关系。建筑室内采用一体化的设计，设计师可以调整采光井与墙面建筑空洞的关系，当这步完成后，只需用涂料刷

解读

浙江音乐学院
ZHEJIANG CONSERVATORY OF MUSIC

摄　　影	陈乙、姚力、陈兵
资料提供	gad绿城设计、内建筑事务所、杭州典尚建筑装饰设计有限公司
地　　点	浙江省杭州市西湖区转塘街道浙音路
建筑设计	gad绿城设计、浙江绿城六和建筑设计有限公司
室内设计	内建筑设计事务所(设计区域：图书馆、音乐厅、舞蹈学院、戏剧学院、行政楼)
	杭州典尚建筑装饰设计有限公司(设计区域：大剧院、继续教育学院、综艺楼、教学楼、宿舍等)
	（排名不分先后）
项目面积	352 967㎡
设计时间	2013年
竣工时间	2016年

1.2 一层大堂被打扮成了图书馆的模样，并用橡木和珍贵的布料进行了装饰

3-5 客房设计依然沿袭优雅而娴熟的风格

```
1 | 4 5
2 3 | 6
```

1 公共区域使用了透明的扶梯，并配合玻璃镜面以及环绕的流水
2.3 楼梯重现了历史建筑昔日的风采
4.5 唯美的中式花鸟植物壁纸与家具搭配得非常精致
6 二层餐厅为玻璃顶棚，配和绿植以及花鸟壁纸，赋予空间自然的气息

主题

1 婀娜的大理石楼梯以及彩绘玻璃窗户都被修复如初
2 酒店外观
3 老建筑中的装饰细节

你能轻易找到那些金碧辉煌的奢华老牌酒店，也能找到惊艳四座的摩登精品酒店，而新近开业的马德里乌索尔水疗酒店则是两者的结合体。

这家酒店的出身非常好，是度假胜地马略卡岛上的卡普洛卡特酒店（Hotel Cap Rocat）的姐妹酒店，并于近日加入了SLH，即世界小型奢华酒店联盟，这是个一直恪守"小但却好"生存理念的酒店联盟。乌索尔水疗酒店与卡普洛卡特酒店一样，出自西班牙知名设计师Antonio Obrador的手笔，这座建成于20世纪早期的巴洛克式宫殿宅邸如今早已变身成一家装潢精美的现代新古典精品酒店。

设计师希望保留这座马德里建筑的新古典主义美学特征和庄严堂皇的气质，但却在酒店的设计中，将传统与现代切换得非常成功，尤其是公共区域。他留下了建筑中的一些原始元素，同时也将一些具有当代元素的设计感相互混合起来，凸显出优雅而又娴熟的设计。

其实，这家酒店涅槃的成功与当地的工匠密不可分。在整个修复过程中，工匠们将老建筑中的一些细节都进行了复原，并令那些传统元素变得非常现代。尤其值得一提的就是入口处那部古老的电梯，而婀娜的大理石楼梯以及彩绘玻璃窗户都被修复如初。酒店大堂则被打造成图书馆的模样，用橡木和珍贵的布料进行装饰，并搭配20世纪中期的桌子和软凳，空间中精致唯美的中式花鸟植物壁纸，也并非某个钟爱中国的老外设计师拍脑袋想出来的，而是从附近一处老建筑里依样拓来。

乌索尔酒店是个以水疗为特色的酒店，主打西班牙皇室顶级护肤品牌Natura Bissé，这是该品牌第一次入驻马德里酒店。水的元素自然也被设计师运用到各个空间中，一层大堂与二层餐厅相连的部分使用了透明的玻璃楼梯，楼梯下环绕的流水与周边的镜面设计令整个空间显得空灵起来。同时，设计师在细节中同样试图将马德里的今夕连接起来。比如，他在许多白墙上都悬挂了20世纪20年代的马德里城市主题的摄影作品，以此来提供另一个新与旧连接的线索。

酒店共有78间客房，其设计依然秉承着公共区域的整体风格，优雅而娴熟，并浸润着马德里的阳光。Antonio坦陈，他几乎睡过酒店的每个房间，但很难在其中找到最爱，他说："每个房间都有自己的魅力，但是四楼带露台的套房尤其迷人，这是舒适度与设计的完美结合。" END

马德里乌索尔水疗酒店
URSO HOTEL&SPA MADRID

撰　　文	Vivian Xu
资料提供	SLH
地　　点	西班牙马德里
设　　计	Antonio Obrador
竣工时间	2014年

| 1 | 3 | 4 |
| 2 | | 5 |

1-3 顶层的区域更像是个复合型社交俱乐部

4.5 恰若置身于植物园的 Le Terraza 餐厅

1 一层入口处
2 位于顶层的前台
3 如同油画般的软装配色

1,3 客房
2 酒店外观

　　一直以来，欧洲大多高级酒店都秉承着"慢生活旅行"的理念，倡导慢节奏的旅行，用充足的时间去发现目的地。但这样的概念是否在繁华的都市酒店也适用呢？

　　西班牙酒店人Pau Guardans在近些年开始探索一种新的都市酒店度假模式，他将传统的"慢生活"理念融入到当代都市奢华酒店中，先后在巴塞罗那与马德里创办了Grand Hotel Central和Unico酒店。近日开业的马德里普林西普酒店是他的第三家酒店，在这家旗舰店中，他重新定义了西班牙奢华酒店的模式。

　　格兰大道是马德里市中心一条华丽的高档购物街，自1904年大街修建以来，就被认为是首都最国际化的地方，街道两边的20世纪建筑更是风采迷人。如今，这些地标建筑大多被用于银行、办公楼、公寓以及当代艺术空间等。普林西普酒店就坐落在这条著名街道的尽头，其原本是座竣工于1917年的文艺复兴风格建筑。这栋历史建筑赋予了酒店非常雄伟的外观，高耸的顶棚、铁艺栏杆以及外立面上的装饰都被完整地保留了下来。

　　步出电梯后，一个非正式的前台区域迎接客人的到来，你很容易就被顶层的拱形入口带到这座城市的中心地带，所有酒店的公共区域亦在这层铺陈开来。这个区域就仿佛是顶层的套房或私人俱乐部，包括餐厅、会客室以及摆放着豪华甲板椅子的露台等。在这里，可以欣赏到马德里苍穹之中的360°壮美全景以及格兰大道上迷人的日落。值得一提的是，Le Terraza是一个精致却让人倍感轻松的地方，这里除了有可以俯瞰马德里热闹非凡街市的视角、明亮而优雅的内饰、柔和的灯光以及一系列极具艺术性的鸡尾酒外，点缀在其间的柏树和橄榄树也带来植物园的自然感受。

　　酒店共有76间客房，独特的挑高顶棚与硕大的窗户都旨在向那源自20世纪的传统致敬。作为设计酒店联盟（Design Hotels™）的一员，普林西普酒店自然在房间做足功夫，摆放了许多经典设计单品，如经典的BKF椅和著名摄影师Albert Coma的作品，这些足以让"设计粉"们激动很久。END

马德里普林西普酒店
THE PRINCIPAL HOTEL MADRID

撰　　文	Vivian Xu
资料提供	Design Hotels™

地　　点	西班牙马德里
建筑设计	The Grand Renaissance
室内设计	Principally Design
竣工时间	2015年

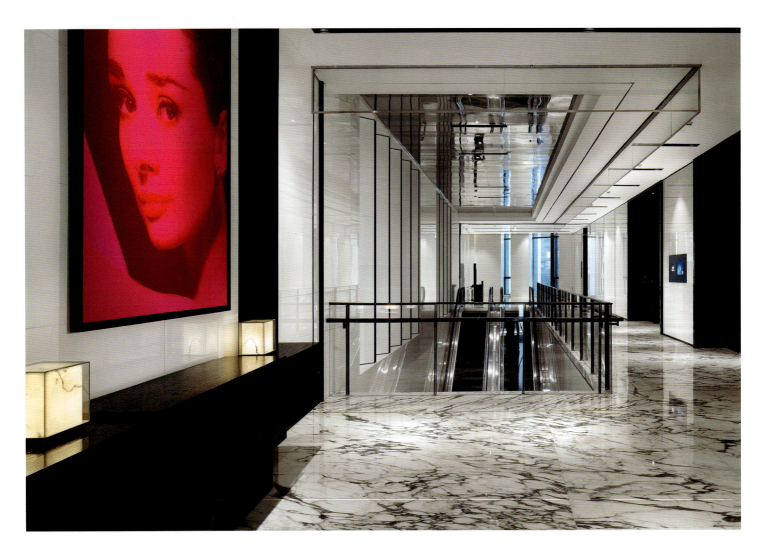

1	2
	3
	4	5

1　中餐厅
2　交通空间
3.4　大堂吧细节
5　宴会厅

主题

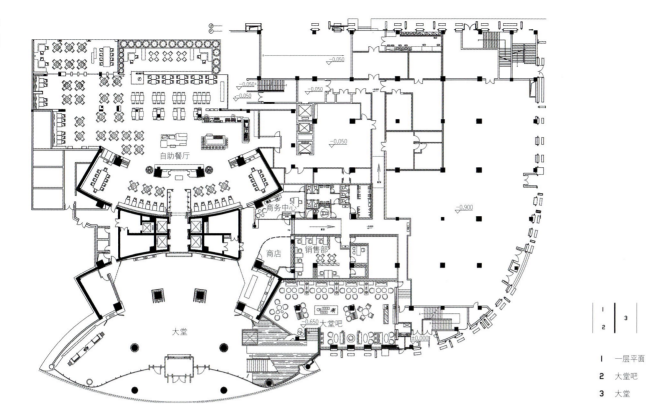

1 一层平面
2 大堂吧
3 大堂

1 前台
2 大堂
3 外立面

回应时代的多重需求——设计背景

富邦大酒店曾经是宁波历史上最高的建筑，改革开放以后，高楼大厦鳞次栉比，它渐渐地失去往日的耀眼。而今，宁波市进入蓬勃发展期，标志着其经济高速发展的高铁南站落定建成，毗邻南站的区位优势让酒店再次重燃激情。

在全球经济尚未走出萧条谷底的形势下，高端城市商务酒店营运举步维艰，萧条的大环境下如何设立一个与大众消费贴近并且冲破消费迷局的酒店产品，是富邦大酒店在改造设计中亟待解决的首要命题。

政府对南站进行全面改造的行动让南站经济圈再次活跃起来，趁此契机，富邦大酒店决定重新进行由内至外的整体改造设计。

和平年代，民众的消费日趋艺术化，因此在当下以及未来的酒店产品市场中，我们需要不断满足的是目标受众对文化艺术的精神需求。据此，经酒店方与设计方多次讨论，最后确定了艺术精品酒店的新定位，希冀打造一个以文化艺术为主轴的精品酒店。中、德、澳跨国设计师的强强联合也为酒店再次绽放光芒奠定了坚实的基础。

艺术是空间的灵魂——设计主旨

走出宁波南站北广场，一眼便能看见酒店。一览无遗的玻璃窗内，一幅巨幅素描赫然眼前，这是苏联时期列宾学院的画作，亦是设计师大学时代深受影响的艺术作品。单纯安静的眼神不为某个朝代或风格，只为传递弥足珍贵的美丽和宁静。住在这里，你就能自在地享受人文艺术。

大堂，一个黑白中的行者，时尚的外表传递东方美学的艺术精神。设计师采用留白和减法的美学原则，更多的语言退让给了空间，建筑表皮力求精炼，其间的艺术品才是空间里最美的舞者，透过艺术的展示诠释设计者的内心，述说一段纯净而富有文艺气息的设计篇章。

大堂吧着意打造一间集书房、珍品收藏室及画廊为一体的艺术空间，琳琅的艺术品及书籍装点着空间的高低远近，现代画、木雕、金属摆台、花卉……身处大堂吧，有一种被艺术洗礼的满足感。一段机缘巧合，设计师发现了废墟中的镇水兽，并将其请至大堂吧入口，宁静的眼神体现出远古和现代的时空对话、安详的体态展现出东方的精美。

自助餐厅的设计首先诠释了一个market（市场）的概念。在市场上，消费者可以零距离感触各类清新的物料和新鲜的食材，这恰恰也是自助餐厅需要传递给客人的状态。另外，设计师在餐厅入口处标牌的做法也借鉴了市场上销售者展示产品的黑板，显得轻松亲切。其次，马卡龙色的点睛作用也是设计师在该空间颇为着意的一点，缤纷的马卡龙色将视觉转化为味觉，不断刺激着人的感官，令人大快朵颐。

餐饮区，设计师更有兴趣地探索水墨精神，让黑与白的对话更为精彩，其中不乏翡翠色、南宋汝瓷的清荷色、蝴蝶兰的粉色、茶叶树的褐绿色的点缀。

会议区，设计师在一开始以构建空间的精美为设计主轴，架构为型为主，装饰为辅，后退内敛，只用少许点缀，突出书房与会议间的对话关系，使得会议区的气氛宁静而悠远。

客房区沿用朴素的几何学方式，将客房的画面如画卷般展开，最终在局部处突出艺术表现。在客房的艺术氛围构成中，通过中国传统的瓷器点缀家的感觉，特制的瓷盆、特制的瓷板画、特制的瓷器摆件，在几何学的现代主义的架构中体现出中国特色美学。END

宁波富邦精品酒店
NINGBO FUBON BOUTIQUE HOTEL

摄　　影	潘宇峰
资料提供	江苏省海岳酒店设计顾问有限公司
地　　点	宁波市海曙区马园路455号（火车南站北广场）
主持设计师	姜湘岳
参与设计师	王鹏、徐云春、赵相谊
面　　积	32 000m²
主要材料	白色微晶石、不锈钢、白色人造石、大花白石材、黑檀木饰面
竣工时间	2015年11月

1　穹顶侧边的公共区域
2　车站南北侧穹顶细部
3　客房走道
4　穹顶侧边的客房

1	4
2	
3	

1　古典而优雅的前台
2　专供住客使用的挑高 9m 的早餐厅
3　客房走道
4　大堂吧依旧延续欧洲古典风格的基调

1.2 经过6年时间段修复,东京站已恢复成初时的模样

  提起东京站,人们眼前总会浮现出那个电动扶梯遍布、出口四通八达的日本铁道起点的形象,这里是旅客和上班族的歇脚点与前往目的地的中转站。殊不知,这座由辰野金吾设计的青瓦红砖的建筑已有百年的历史,早已是当地人心中东京风情的写照,也是觥筹交错中东京夜色的象征。

  这幢文艺复兴式"赤炼瓦"红砖造建筑,从诞生第一天开始,便成为近现代东京的标志,并于2003年被日本政府指定为国家级重要文化遗产。与其他的文化遗产完全不同的是,作为日本的交通枢纽中心,近百年来,除1945年5月25日遭美军空袭被毁,临时停业过两天之外,这座车站竟然从未停止过运转。而占据这座建筑大部分面积的东京站大饭店更是日本国家重要文化财产中绝无仅有的酒店,以欧式古典为基调的精致空间,与车站建筑物的壮丽外观协调一致。

  2006年,东京站大饭店由于东京站的修复工程而停业,修复工程包括东京站内设施、东京站画廊以及东京站大饭店三部分。东京站采用对称及横长设计,宽355m,入口设于中央。其原本为三层建筑,在"第二次世界大战"的战火中,南北两侧的穹顶和房顶被烧毁,战后在物料不足的情况下应急重建为两层,而此次复原工程的重心之一就是将其恢复成三层建筑的原貌。

  2012年10月,东京站经过六年的整修复原,重新以百年前的模样展现在众人面前。这之后的第三天,东京站大饭店也宣告重新开张,全部的150间房间都位于车站的2楼至4楼。

  欧洲古典风格的客房给人一种秩序和安宁的感觉。标准客房的面积在40m²左右,相当宽敞。日本少有的两层复式结构深受众多文豪的喜爱,知名作家江户川乱步的《怪人二十面相》里的酒店就是以这里为舞台的,除此之外,松本清张、川端康成等人都曾经长期在此居住,留下佳作无数。位于皇居侧的房间也是东京站大饭店的基本房型,这个酒店与一般日本酒店的不同之处在于,它非常奢侈地保留着由上至下的空间,即使房间里的闲置面积不大,顶棚的高度也让人没有任何拘谨感。

  车站南北侧的穹顶是令人印象最为深刻的一部分,其内部虽然采用欧洲古典样式,但多数浮雕仍融入了日式装饰。南北穹顶的设计皆相同,仰望就仿佛万花筒。穹顶中间的圆形图案好似火车车轮,中央是16瓣的菊花图样,车轮周围的白色浮雕是铁线莲,四周像鸟一样的浮雕是抓着稻穗的鹫。穹顶因为呈八角形,所以使用了8个干支,表示方位。入住东京站的奇妙之处就在于,酒店沿着穹顶布局,在其侧边设置了布局独特的套房,可以让客人在房间里就享受这极为珍贵独特的体验。入住基本房型的客人依然可以享受这一特权,酒店在每个穹顶下方的位置预留了窗户与沙发,并配合详细的穹顶与酒店资料介绍,供客人揣摩,当然,在这里从窗口观看东京站来往的人流也是别样的体验。

  大楼的公共区域继承了以往的功能性,无论是宴会厅、spa,还是餐饮都一应俱全。餐饮方面一向是东京站酒店的特色,从法国料理到日本料理,共有10家餐厅可供选择。位于东京站中央最上层的 The Atrium 餐厅非常特别,是入住客人才可以使用的早餐餐厅。空间挑高9m,面积达到435m²,是酒店中最大的公共区域。餐厅内可以看到红砖部分,这是一直支撑着酒店百年历史的红砖墙壁。而在得到建筑保护方面的许可后,面对街道的屋顶全部改为了大型玻璃窗。客人可以一边沐浴着阳光,一边享用早餐,这应该是最惬意的东京早晨了。

主题

东京站大饭店
THE TOKYO STATION HOTEL

| 撰　　文 | Vivian Xu |
| 资料提供 | SLH, The Tokyo Station Hotel |

地　　点	日本东京
建筑设计	辰野金吾
室内设计	Richmond International
竣工时间	2012年

| 1 | 4 5 |
| 2 3 | 6 |

1.2 客房色调典雅而素净，与公共空间的基调形成鲜明反差
3 客房使用了很多复古的小物件，前台号码也戏虐地设置为"911"
4 泳池成为夜晚派对的重心所在
5 通往泳池的楼梯
6 客房

```
1 | 4
2 3
```

1　图书室名为"中国吧",彩绘玻璃上展现许多传统的中国元素
2.3　酒吧区的柱子都涂了红色的亮漆,光滑的材质在灯光照射下,反射出旋旎的光线
4　复古的前台以很多戏剧化元素装饰,就像电影里的画面

1. 酒吧区的顶棚是软润滑腻的钟乳石造型
2. 酒店外观仍保留着最初的奥斯曼风格，并雕刻着酒神巴克斯的脸庞
3. 内庭院里仍保留着涂鸦与装置作品

"发生在 Les Bains 的事，就让它留在 Les Bains。"对巴黎人来说，Les Bains 就是巴黎夜生活黄金时代的象征。

Les Bains 在法语中是浴室的意思，它最初就是一间公共澡堂，而它的任何一个时期，都得到了名人明星的爱戴拥护：它是巴黎的第一间澡堂，百年前，《追忆逝水年华》的作者马塞尔·普鲁斯特热衷于来此泡蒸汽浴；1978年，它变成了城中炙手可热的夜店，它让原本默默无闻的店铺设计师菲利普·斯塔克和驻店 DJ 大卫·格塔成了名人，而安迪·沃霍尔、老佛爷、让·米切尔·巴斯奎特、伊夫·圣罗兰、米克·贾格尔、约翰尼·德普和凯特·莫斯等同级别的名流常客名单超过百人，第一代超模更是一个不拉，在此流连忘返；如今，著名导演让·皮埃尔·马瑞斯（Jean-Pierre Marois）令其转身成为一间拥有39间客房的精品旅馆，并保留了夜店和酒吧，将巴黎人的夜生活方式延续。他说："以前，这里只有餐厅和俱乐部，现在，这能提供更完整的体验。"

勒斯班斯酒店位于法国的第三区，目前仍保留着最初的奥斯曼风格，并雕刻着酒神巴克斯的脸庞。门厅上仍保留着大卫·罗切林的壁画和双面钟，而英国碰撞乐队（Clash）在1983年巡演途中创作的涂鸦如今仍装饰着餐厅旁的露台。

爱马仕的御用设计师 Denis Montel 负责一层的设计，其中包括餐厅、舞池、俱乐部以及一间与舞池相连接的小泳池。酒吧区是一层空间的灵魂所在，顶棚是软润滑腻的钟乳石造型，仿佛在屋顶凝结滴落的液体，形成一个个怪诞的凸起。柱子都涂着酒红色的亮漆，光滑的材质在灯光的照射下，反射出如水面般旎旖的橘色光线，将整个吧台区都笼罩在隐约迷离的气氛里。俱乐部的设计中运用了许多中国古代人物元素，而复古的酒店前台以多种戏剧化元素进行装饰，就像是电影里的画面。

负责客房设计的是法国设计师 Tristan Auer，他在高端酒店客房的设计中非常有名。在他的打造下，客房设计与一层的夜店风截然不同，显得更为典雅而素净。客房面积从23m²到80m²不等，大理石的卫浴间、珍贵木材和定制家具都让房间尽显独特氛围。房间里配备有 Marshall 音响、地暖、Le Labo 备品等，部分客房还拥有阳台。套房外的露台上，还设置了以往只供海岛酒店独享的户外淋浴设施。

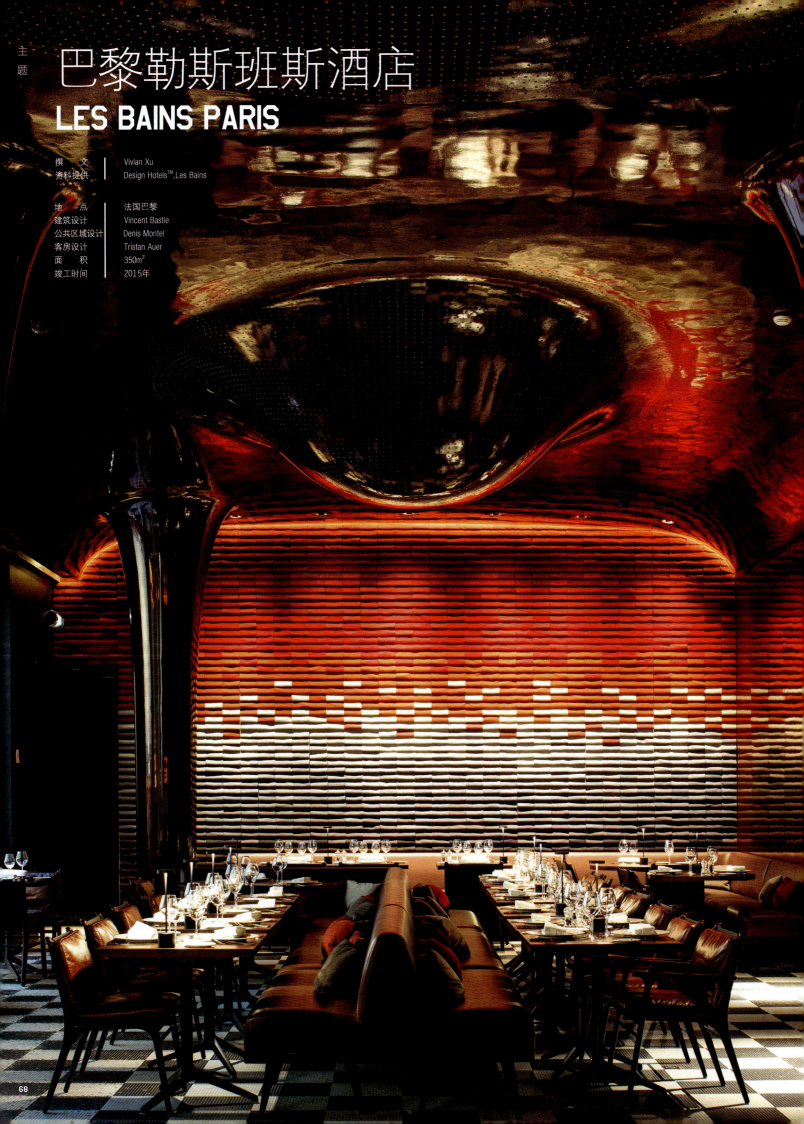

主题

巴黎勒斯班斯酒店
LES BAINS PARIS

撰　　文	Vivian Xu
资料提供	Design Hotels™, Les Bains
地　　点	法国巴黎
建筑设计	Vincent Bastie
公共区域设计	Denis Montel
客房设计	Tristan Auer
面　　积	350m²
竣工时间	2015年

1-3 注重细节的客房引人入胜

1	
2	4
3	

1　私人客厅活泼的条纹布艺沙发与温暖的壁炉交相辉映
2　清雅的会客厅有着温馨的氛围
3　Brumus 餐厅的织品依然非常特别
4　客房中的客厅也以"家"的概念来打造

1 以灰绿色森林图案的墙纸包裹的宴会厅
2 Brumus 餐厅
3 酒店外观

提及 Firmdale 集团，人们绝对不会联想到那些千篇一律的高端连锁奢华酒店，它是著名室内设计师凯特·肯普（Kit Kemp）与丈夫蒂姆·肯普（Tim Kemp）联手打造的精品酒店家族，旗下每一间分店都被纳入全球最有格调的设计酒店联盟（Design Hotels™）。该联盟成员均为独立运营，强调设计感与充满独特的建筑艺术风格。

作为一家小众酒店，Firmdale 却横扫伦敦高级酒店业，主要靠的就是凯特·肯普的古怪而非主流的室内设计。她接手的项目很多都涉及老建筑的重新翻新，在遇到难点时，她利用自己的想象力和创意，结合改造后建筑的实际需求进行再评估、再创造与再设计，融入更多高质量的艺术和设计成分，不仅不会令人感到复杂，还会产生画龙点睛、化腐朽为神奇的奇妙效果。

Firmdale 在伦敦的地位，几乎已成为小型奢华酒店的代名词。尽管夫妻俩的酒店已经开遍了伦敦，翻新后的干草市场酒店（Haymarket Hotel）却依旧令不少肯普夫妇的粉丝们趋之若鹜。有趣的是，同周边的特拉法加广场、圣詹姆斯公园甚至白金汉宫一样，干草市场酒店也是系出摄政时期传奇建筑师约翰·纳什（John Nash）之手。

一如 Firmdale 旗下其他酒店，干草市场酒店同样以极富艺术氛围的公共区域设计取胜。她设计的标志性风格是现代元素与古典精神的混合，其作品的设计元素会和旧货市场的发现物、奢华的面料、印花壁纸以及收集的简洁手工物件结合创造。鲜亮的暖黄色大堂本身几乎就是一座自成一系的迷你艺廊，在这里，可以细细品味著名雕塑家托尼·克拉格（Tony Cragg）最富盛名的不锈钢抽象雕塑以及英国画家约翰·沃屈（John Virtue）的怡人山水画作。清雅的会客艺廊则方便与若干好友共进午茶，私人客厅活泼的条纹布艺沙发与温暖的壁炉交相辉映。位于最里面的宴会厅是这层的亮点，这个长长的房间之前是用来练习射击的，现在成为宴会厅，凯特·肯普以灰绿色森林图案的墙纸包裹四周，以猎犬铜像与非洲木雕点缀，以此来彰显空间的"狩猎"前生。主打意大利菜的餐厅兼酒吧 Brumus 以铺天盖地的殷红作为整体基调，即使是街外人也会留意到这一室的红。相较诸多姐妹店，干草市场酒店最具新意的则是个长达 18m 的室内泳池，这对间仅有 50 间客房、位处伦敦黄金位置的精品规模酒店而言，实属难得。这里有灯光艺术家马丁·里奇曼（Martin Richman）的色彩变换装置作品，感觉就像是在夜店里游泳。

对凯特·肯普来说，大多数酒店采用的"门脸服务"+"私密服务"的套路对他们并不适用，这对夫妻对市场的把握是这样的："把每间客房都做得不一样，大家一定会想再回来的！"干草市场酒店的 50 间房间各有不同，每间都有特别的设计与主题，配合大面玻璃窗带来户外的光线。在软装的配置上，凯特·肯普运用她一贯的现代奢华英式风格，联合克里斯托弗·法尔（Christopher Farr）品牌一起设计了新的纺织品家具系列。"细节是一个空间引人入胜的要素"，凯特·肯普说道，"床头板的高度和形状、床帷幔的细节、软装产品的剪裁……这些细小的事情都复活了人们对于一个房间的想象。"END

伦敦干草市场酒店
HAYMARKET HOTEL LONDON

撰　文	Vivian Xu
摄　影	Simon Brown
资料提供	Firmdale Hotel, Design Hotels™
地　点	英国伦敦
建筑设计	John Nash
室内设计	Kit Kemp
竣工时间	2014年

主题

1 地下的酒吧
2-4 每间客房的设计都有各自的主题

| 1 | 2 | 4 |
| 3 | | 5 |

1.2 一层餐厅细部
3 入口处有许多保龄球造型的装置
4 一层餐厅穿插了许多民族元素
5 一层餐厅的开放式厨房

| 1 | 2 | |
| 3 | | |

1 保龄球吧
2 户外雕塑
3 庭院餐厅

坐落在伦敦心脏地带Soho区、隶属Firmdale Hotel集团的伦敦汉姆庭院酒店(Ham Yard Hotel)，是身兼旅馆业主和空间设计师的蒂姆·肯普（Tim Kemp）与凯特·肯普（Kit Kemp）夫妻档至今最具野心的作品。从外面看，酒店是座平淡无奇的现代建筑，但是内部却能不断给你惊喜。这里囊括了树荫形成的人行道及庭院、13间个性小店、时尚的餐厅与酒吧、水疗中心、剧院、保龄球馆，再加上主角——91间客房及24间酒店式公寓，形成了一个非常独特的小社区。这里的庭院绿意盎然，加上由著名艺术家Tony Cragg打造的雕塑作品，构成与城市风格截然不同的艺术空间，给人一种城市乡村的情调。

凯特·肯普相信："酒店必须是有生命的东西，而不是呆板的机构。"她所有的作品都运用当代英国式的风格。她对色彩和质感非常挑剔，将当代和古典两种风格运用自如，辅以让人印象深刻的艺术收藏，共同创造出一种独特的式样和风格。因此你不能简单地用某种既定的派别来定义她，或许人们说的"另类"就是对她最好的诠释。

一楼开放式的图书馆和酒吧令每个客人都感到亲切自在。整个接待区以白色墙壁和浅木作打底，空间色彩柔和，没有太多对比和张扬，配上色彩跳跃的几何图形组合挂画。接待台顶部的装置艺术很有趣，一根根色彩渐变的毛线用手勾成，接待台的旁边有一个非常静谧舒适的阅读休息室。一楼的餐厅则展现了凯特大胆用色又和谐统一的功力，橘色和黑色的搭配，让你食欲大增。其中穿插的民族元素，不仅不突兀，还很巧妙地融合，让空间层次更丰富，视觉感染力更强。

位于地下的私人活动场所才是酒店的"隐秘绿洲"。这里以20世纪50年代风格的保龄球馆为主要特色，附设酒吧，还有许多霓虹灯装饰。保龄球馆内的回球系统是从美国德克萨斯州进口的，球道是以结实的枫木制成，管内还配备暖手器。此外，还有一座前卫的影院，内有近200个席位，采用了亮橙色皮椅和蓝羊毛织物墙面，这里常被预定用作首映活动的场地。

客房以及公寓皆遵循同一种设计风格，但每间客房都有独立主题，没有一间完全相同的客房。设计师的审美中充满田园风情、趣味和斑斓的色彩。喜欢玩色彩游戏的她，创造性地将颜色、图案、纹理和艺术结合在一起，空间中的色彩搭配、细节处理都充分体现了时尚的酒店文化、多样的风格和潮流的乡村感觉。

主题

伦敦汉姆庭院酒店
HAM YARD HOTEL LONDON

撰　　文	立秋
摄　　影	Simon Brown
资料提供	Firmdale, Design Hotels™

地　　点	英国伦敦
建筑设计	Woods Bagot
室内设计	Kit Kemp
竣工时间	2014年

| 1 | 2 |
| | 3 |

1 客厅使用了浪漫的蓝色
2 卫生间主要使用白色与灰色
3 各种色彩有节制地展现在卧室空间中

| 1 | 4 |
| 2 | 3 | |

1 客房的基调是带来阳光与明媚的白色
2 泳池
3 洛克酒店是首家使用 Codage 备品的酒店
4 客房洗手间

| 1 | 4 |
| 2 | 3 |

1　一层餐厅
2　餐厅细部
3　吧台
4　圆形镜面的运用在该酒店中反复出现

1 莎拉标志性的蓝色在客房中的运用
2 内庭院
3 临街外观

  莎拉·乐冯（Sarah Lavoine）在法国设计界一直是个传奇。她拥有波兰贵族血统，法国著名歌手马克·莱沃因（Marc Lavoine）也拜倒在她的石榴裙下。出生于波兰的萨拉的设计之路始于巴黎，她比常人更敏锐地捕捉到"法国味"中的优雅、精致、自由与散淡，并用浓烈的设计激情和天赋的色彩表达感赢得众多声誉。

  莎拉主持设计过许多私宅、精品店和餐饮项目，其酒店处女作——巴黎洛克酒店（Le Roch Hotel&SPA）亦已于近日揭开神秘面纱。酒店位于巴黎最中心的一区，这个区域的面积虽然非常小，却集合了巴黎的浪漫精华，卢浮宫、巴黎歌剧院等都近在咫尺，每逢时装周期间，这里便会聚集众多潮人。

  她在这个区域生活了32年，她的家、精品店和工作室都在酒店附近，由她来诠释这家酒店可谓实至名归。"这里确实很像我的家，它就是我的家。"在莎拉的眼里，这家酒店就像家一样，是永恒的，"我想要创作出一个有灵魂的空间，它应该是持久耐用且美观的。"

  洛克酒店是Design Hotels™成员之一，由两座老式公寓改建而成，建筑部分由巴黎著名建筑师文森·巴士底（Vincent Bastie）加持。莎拉则用其对色彩的独特驾驭能力，在酒店里打翻了调色盘。她将巴黎的慵懒与浪漫融合进一丝不苟的设计元素中，而色彩模块的碰撞严谨到几乎没有随意的涂鸦手法。在洛克酒店中，她使用了两种颜色——蓝色与红色，蓝色是那款她最爱的带点绿的蓝，而红色则是那种深紫红的暖色调，再配合黑、白和黄等色彩以及褐色原木与自然光线，创作了一个不受时光束缚的巴黎式空间。

  整个酒店除了突出的色彩把握外，整体概念也非常出众。走进来后，你会发现一个又一个隐藏的空间，这是你走在街上不能想象到的。在这样一个小空间里，有餐厅、有酒吧、有露台、有游泳池，还有SPA等。

  暗色调的大堂由书房、餐厅和植物温室串联而成，精巧却别有洞天。餐厅部分的顶棚是透明的，隐蔽的休憩露台就在上方，而一系列莎拉钟爱的颜色构成的空间却并未因大面积铺展色彩而一泻而出，相反，有限的几种色彩演奏出了十分均衡的节奏感。黑、白、褐、蓝……交错在地面、顶棚、墙壁之间，就像是蒙德里安的画作，形成一幅有节奏、有动感的画面，赋予空间一种抽象理性与优雅感性的交融之美。

  色彩往往会构筑着与空间能最匹配的情绪与温度。在莎拉的设计中，酒店的每间客房都有着自己独特的个性，而不是打包出售的公寓，或者是依葫芦画瓢的复制品。客房的重点是能带来阳光与明媚的白色，客厅则使用了浪漫唯美的蓝与深紫红，卫浴间则全然是让人安逸放松的灰与白……这些不同的色彩相得益彰地共处一室，但被有节制地表现在了不同的空间中。房间里的每一件物品都非常实用，而且有着艺术气息。丝绒窗帘像窗外世界的相框，与深蓝色以及黑色的墙壁相呼应，随时准备好吸引入住者的视线，木地板与镜子让屋子看起来更加清新与明亮。

巴黎洛克酒店
LE ROCH HOTEL&SPA PARIS

撰　　文	Vivian Xu
资料提供	Le Roch Hotel&SPA, Design Hotels™

地　　点	法国巴黎
建筑设计	Vincent Bastie
室内设计	Sarah Lavoine
竣工时间	2016年

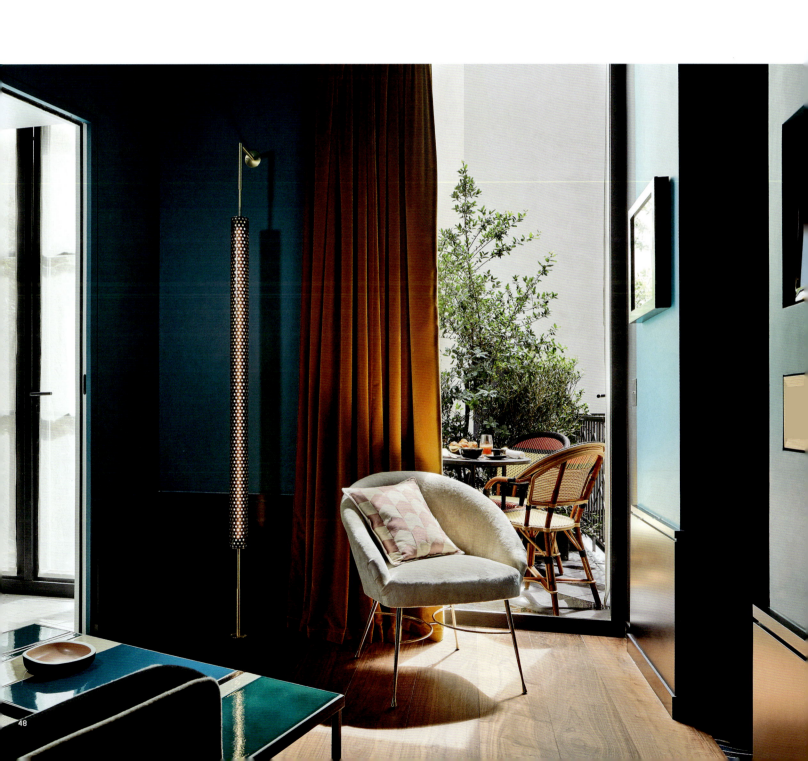

| 1 | 3 |
| 2 | 4 5 |

1.2.5　客房装饰使用了深色胡桃木或浅色橡木，营造出极其自然、舒适的氛围
3　客房均为极简风格，卫生间更是将此概念发挥到了极致
4　复古小餐车出现在套房以及餐厅等区域，成为酒店的又一个象征

1 前台
2 餐厅深色的墙面上挂满了各种肖像摄影、静物以及风景的习作
3 土黄色、芥末色与绿色的搭配非常另类，却也和谐

1 有着"新型聚集地"概念的大堂
2 入口

　　"我正在思考一种新的奢侈酒店品牌，它是真正的内在奢侈，而并非我们传统意义上认为它是奢侈的。"精品酒店的鼻祖伊恩·施拉格（Ian Schrager）说，他是第一位在1980年代提出"精品酒店"（Boutique hotel）这个概念的人，并于1984年创办纽约摩根酒店，引领了一场精品酒店的革命。

　　30年后，他携手万豪，推出了全新的精品酒店品牌——艾迪森（Edition），将赋予活力的设计、居家的舒适体验和年轻基调有机地结合起来，而伦敦艾迪森酒店则是其不可越过的旗舰店。

　　对老欧洲来说，有太多"穿着红制服，系着黄铜纽扣"的奢华酒店，伦敦艾迪森酒店的出现似乎又成为了一场革命。酒店是由5座1835年建造的豪华联排别墅组成，建筑外观仍然保留了格鲁吉亚建筑风格，1908年开始这里被用作Berners酒店，夺目的室内、华丽的大理石装饰与拱形顶都是该时期的巅峰之作。

　　改建后的酒店并不局限于原先的风格，而是兼收并蓄地全新阐释了英国与欧洲的设计，这个无法被归类的新风格空间体现出的是伊恩"新型聚集地"的概念。在伊恩眼中，大堂早已变成"酒店剧场"与"社交大堂"，他的想法是创造一个社会活动中心，这样不仅可以吸引游客，同时也能吸引当地人。这个想法被拷贝了很多次，但在当时，这样的活动只能发生在夜里。而在技术完全改变的今日，伦敦艾迪森酒店的公共空间则模糊了工作、娱乐、社交和网络之间的界限，白天完全致力于提供严肃的、类似于工作性质的功能，那些黑胡桃木的桌子上都摆放了苹果的台式电脑，甚至是许多笔记本的插座，整个酒店均覆盖了无线Wifi。

　　酒店的气氛非常有吸引力，第一次进入后，醒目的现代主义玻璃反射出豪华装饰的大厅，就好像是时间胶囊带你进入了另外一个超凡脱俗的世界。而顶部的球面镜、黑色金属家具以及落地灯等，又突然将你拉回到了21世纪。设计师适当地删减掉了一些巴洛克风格的装饰，只留下了石膏顶棚和装饰画作，中庭被蔓藤型花纹的大理石从地面到顶棚包围起来，这些大理石都是酒店原有或者修复而成的。整个大厅区域的颜色搭配也非常另类，有土黄色、绿色、芥末色等，新与旧的结合也十分和谐。

　　Berners Tavern餐厅深色的墙面上挂满了各种肖像摄影以及静物与风景的画作，订制的皮革软垫凳子、板栗马海毛长沙发和漂白橡木桌构成了用餐空间，复古风十足。两个大型订制的青铜吊灯是受到纽约中央车站的启发，缩减到了5.5m以适应餐厅的内部空间。这里能容纳140位客人同时进餐，此外餐厅还有14间私人包房。

　　与酒店的公共空间不同，所有的客房将极简主义发挥到了极致。客房装饰使用了深色胡桃木或浅色橡木，营造出极其自然、舒适的氛围，令每一间客房温馨得如同私人住宅一般。

主题
伦敦艾迪森酒店
THE LONDON EDITION

撰　　文	Vivian Xu
摄　　影	Nikolas Koenig
地　　点	英国伦敦
创意指导	Ian Schrager
室内设计	Yabu Pushelberg、I.S.C Design Studio
标识设计	Baron & Baron
灯光设计	Isometrix / Patrick Woodroffe
竣工时间	2013年

1　客房过道
2　套房入口
3　豪华大床房
4　套房浴室
5.6　套房内景

主题

1-3　巨大穹顶下的酒吧
4.6　全美首家 La Mer Spa
5　室内泳池

1-4 富丽堂皇的主会客厅

1 水晶吊灯下的公共会客厅
2 如水晶般闪耀的酒店入口
3 由巴卡拉经典玻璃制品构成的装饰墙

巴卡拉纽约旗舰酒店是喜达屋集团与法国百年传奇水晶品牌巴卡拉（Baccarat）的首次联袂之作。自1764年成立以来，巴卡拉的服务对象一直锁定在当世最具影响力的人群身上。此次酒店的开幕，其实也标志着品牌走入了新的革新阶段，即以一如往昔至臻完美的精神与更为热情的姿态来扩大品牌号召力，以期影响到更多人的生活态度，成为引领摩登生活之典范。

酒店地理位置极佳，与现代艺术博物馆一街之隔，距第五大道几步之遥。远远观望，可见酒店光辉夺目，尤其是低区外立面，仿佛被覆上了一层水晶幕帘，可谓闪耀之极！酒店内共设有114间别具风情的客房与套间，以及一间备受瞩目的法国餐厅Chevalier。该餐厅的主理人——米其林明星主厨Shea Gallante，也是一大卖点。餐厅设置在二层的大堂吧，十分吸睛，入目可见的巨大穹顶让人赞叹不已。此外，酒店内的设施还包含有一个50英尺（约15.24m）长的室内泳池、一间精英会员健身房以及全美首家La Mer Spa。

酒店所处的高层建筑物系美国明星建筑事务所SOM之作品，而室内部分则由巴黎传统风格设计公司Gilles & Boissier操刀主持。两者结合，尽显法式浪漫风情，亦展现了当代审美的睿智与独到魅力。充满戏剧性的设计元素，也可说是酒店的一大特色。步入大堂，住客即刻会被一处25英尺（约7.62m）高且放置有2000余件巴卡拉标识性玻璃制品Harcourt的陈列墙所倾倒。这一件件作品被精准的LED照明所点亮，光线在玻璃之间跳跃、旋转、舞蹈，就如同是一出在酒店大堂内上演的24小时灯光秀。除了这极具有震撼效果的陈列墙，酒店其他细节处的设计亦值得称道，就如华美的拼花木地板、柔软的编织毛毯、手工起褶的丝质墙布、精细的云母饰面顶棚及大理石墙面等，还有17盏气势宏大的枝形吊灯，实让人目不暇接、惊叹连连！而由法国著名艺术家Francois Houtin及Armand Jonckers为酒店独家定制的原创家具，也为这幕壮美华贵的"戏剧"增色不少。

闪耀、壮阔、充满震撼，这是巴卡拉酒店带给人们的深刻印象。或许，正如喜达屋集团主席Barry Sternlicht所评价的那样，几个世纪以来，水晶世家巴卡拉就如同一个最为闪耀的传奇，为人们所传颂。它始终追求卓越，从不妥协、屈从。而此次巴卡拉酒店的建成，便是旨在向品牌恒久不灭的光辉致意。它本就当如此闪耀、优雅和充满魅惑，不失功能性、趣味以及舒适感，且绝不落入俗流。END

主题

纽约巴卡拉酒店
BACCARAT HOTEL & RESIDENCE NEW YORK FLAGSHIP

译　　写	小树梨
资料提供	Baccarat Hotel & Residence New York

地　　点	纽约曼哈顿
建筑设计	SOM建筑事务所
室内设计	Gilles & Boissier事务所
竣工时间	2015年

主题

1-4 客房设计发扬了古典的精炼

1	4
2	
3	

1 珠宝盒设计风格的 Mirror Room 餐厅
2 充满伦敦绅士风格的 Scarfes Bar
3 Holborn 餐厅
4 镜面的使用贯穿整个酒店

1 入口处的黄铜格栅窗
2 大堂前台
3 文艺复兴风格的大理石楼梯

五星级历史酒店最显著的一个特点就是文艺复兴风格的主楼梯,这七层高的楼梯堪称鬼斧神工的大理石杰作。酒店两侧位于 High Holborn 的入口彼此相连,宛若一座桥横跨于酒店一层。抬头仰望,酒店上方还有一个覆盖所有楼层的椭圆形穹顶,Pavonazzo 大理石的拱形框架高达 50.6m,是当时政府允许的最高建筑高度。

以设计 Scott's、34 及 Le Caprice 等多间伦敦热门餐厅而闻名的 Martin Brudnizki,为酒店设计了一间附设户外露台的餐厅及一间型格时尚的酒吧。室内大理石墙面变身为精彩纷呈的巨幅画布,展出 Gerald 风格诙谐又引发人们热议的绘画杰作。正如 Gerald 本人所说:"这里就像是我的私人画廊,从这些墙上的作品可以一窥我的人生。"

前身为保险公司东银行大厅的 Holborn 餐厅也由 Martin Brudnizki 担纲设计,既体现了传统的英式美食餐厅风格,又完好保存了该建筑的历史风貌。令人叹为观止的水晶吊灯、以再生橡木打制的家具、古董镜、豪华红色真皮面料以及粗花呢装饰等,都为这间拥有 160 个座位的餐厅营造了轻松舒适又雅致奢华的氛围。花园露台是餐厅的户外延伸,经知名景观设计师 Luciano Giubbilei 之手改建,让客人可在华美的庭园中,悠闲品尝选用英国当季食材制作的独特美食与饮品。

酒店的奢华并没有造成客房里多余的枝蔓,设计师反而发扬了古典的简练。定制家具和大理石浴室让生活不仅停留在过去。酒店的 Grand Manor House Wing 是世界唯一一间拥有专用邮编的套房,包括六间卧室、一间衣帽间、图书馆、用膳区和数间起居室,可由私家电梯直达或从街道上的独立入口进入。此外,Garden House 套房还设有花园露台,饱览迷人的伦敦摩天大楼景观,而庄重的 Chancery House 套房则尽显优雅气质。

1　保存完好的大理石楼梯
2　伦敦瑰丽酒店是伦敦唯一附设宏伟中央庭院的酒店

由美籍华裔设计师季裕棠操刀的伦敦瑰丽酒店一直被视为全球瑰丽酒店的经典之作。这座建于爱德华时代的建筑在季裕棠标志性设计风格的翻新下，转身为一座大气而低调的现代酒店，那行云流水的奢华，堪比"唐顿庄园"的富庶与美好。

爱德华时代的主旋律就是奢华，建筑的主题是宏伟。该座建于爱德华时代的二级历史建筑，充分表现了当时歌舞升平年代的华丽，带着气吞万象的架势，临街而立。其原有建筑师 H. Percy Monckton 于 1914 年完成第一期工程，而整个共分为四期的伟大项目则历时接近 50 年。1914 年至 1989 年期间，这座宏伟的建筑物为保险公司（Pearl Assurance Company）总部，后于 2000 年重开为酒店。

作为伦敦市内唯一附设宏伟中央庭院的酒店，抵达的客人通过手工精巧的铁造大闸进入行车道和中央庭院，分布于庭院的石刻令人联想到意大利文艺复兴时期的宏伟宫殿。作为二级历史建筑，其外观和室内的深色桃木及罕有大理石被悉心保存，大堂内的大理石柱则被复修，并与全新石制及精致镶工地板互相辉映。

季裕棠出生于台湾，随后移民美国，作为顶级的室内设计师，他一向崇尚"好的设计是人与空间的契合"，这与瑰丽强调的地域感（A sense of place）不谋而合。伦敦瑰丽酒店更是完美演绎了这一精髓。在这里你能充分感受伦敦的历史、文化、人文等独特风情。公共区域、客房及会议活动空间都由华人设计师季裕堂操刀，现在看到的一切，前后共花费七年时间精心雕琢，设计师对光影、材质、结构和色彩充满灵气的理解，让整座历史建筑光彩熠熠。

进入酒店大堂，两面黄铜格栅窗令人非常震撼，这两扇特立独行的窗为整个酒店大堂带来了魔幻般的不真实感，它其实是进入室内的主入口，是前台、大堂、餐厅以及历史楼梯的前戏。穿过这两面窗后，便移步换景。

室内设计用料采用漆面材料、带有纹理的胶合木材及棱形镜面等组成丰富配搭，为室内增添沉实低调的魅力。Mirror Room 采用珠宝盒的设计风格，落地玻璃镜将这里衬托得熠熠生辉，更将传统的英式香茗提升至全新高度；而每一层楼梯间的装饰，同样是东西方的交汇，欧式家具配以东方古典气息的小摆设，让这个角落亦闪闪发光，楼梯间屋顶的镜面，同样是大堂镜面的延续。

酒店内部装修豪华，饰有古巴红木和七种不同的大理石，其中不乏珍稀品种，如 Swedish Green 大理石和 Statuary 大理石。置身酒店，就如同在参观大理石博览会。这家

主题

伦敦瑰丽酒店
ROSEWOOD HOTEL LONDON

撰　　文	徐明怡
摄　　影	Durston Saylor
资料提供	季裕棠事务所、瑰丽酒店
地　　点	英国伦敦
设　　计	季裕棠
酒吧设计	Martin Brudnizki
竣工时间	2013年

1 客房所用的基调是灰和白，但家具却在颜色上适时地产生了些许变化
2 客房的卫生间将奇普菲尔德的标志性设计风格发挥到了极致
3 客房墙面元素与摄政街外的墙体风格一致

1 蓬帕杜露台
2 蓬帕杜宴会厅
3 保留空间的套房设计细节

大理石屋顶窗　　被修复的栏杆

空中街道　　　　　　新开商店店面　Unit4 零售空间入口　原始入口　新标识系统　新开商店店面　新开商店店面　零售入口　翻新后的标识系统　零售空间入口　保留下来的大门　保留的伦敦地铁入口

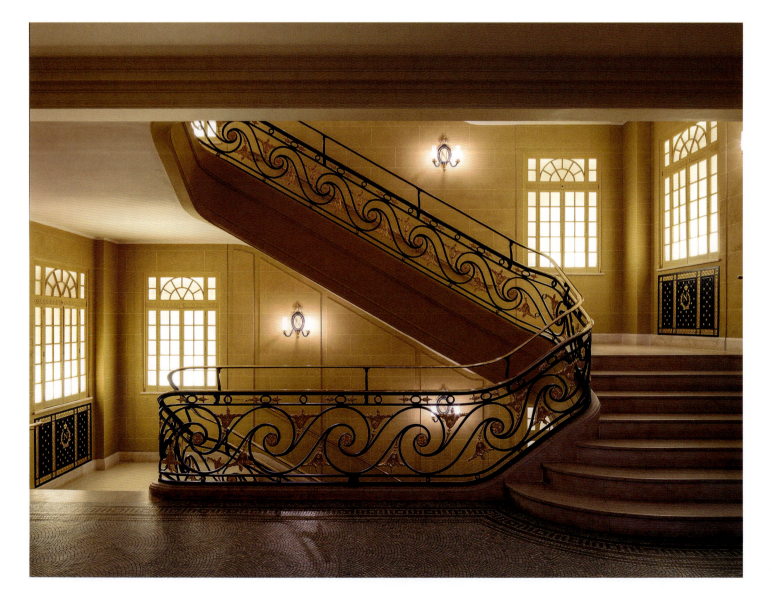

1 首层的咖啡厅使用了黄赭色大理石，与保存的门厅铺地材质一致
2 立面
3 修复完好的楼梯

房间的要求，使得设计师在安排公共空间、客房、地下水疗中心时显得尤为复杂。而摄政街上繁忙的交通以及在地块附近和地下穿行的地铁，也使得这个项目变得非常棘手。改建后的建筑保留了摄政街上的步行入口，并在边侧增加了第二个入口，供车辆上下客。

在这个项目中，将新建区域与保留建筑并存，并建立新与旧的关系是设计中的关键所在。设计师通过材料、装饰元素以及色彩等方面，对空间进行了重新的注释。酒店的公共空间包括首层、二层和三层设置的酒吧和咖啡厅，地下二层设置的一个设计灵感来源于古代澡堂的18m的游泳池。

新酒店中采用了多种多样的材料，以适应房间的功能、映衬建筑的历史。例如在首层的咖啡厅中都使用了黄赭色大理石，与保存的门厅铺地材质一致。但所使用的设计语言却不尽相同。咖啡厅隔壁新古典主义风格的餐厅得到复原，恢复了原有的夹层，作为酒店的主餐厅。一系列连续的橡木条板饰面的空间把保存的门厅与全面复原的空间连接在了一起，完成首层的全部设计。王尔德吧则是伦敦最能展现法式浮夸风格的地方了，这里不仅是王尔德邂逅最爱的地方，也是戴安娜王妃等名流的流连之处，如今的酒单上依旧有许多王尔德当年最爱的苦艾酒。

对奇普菲尔德而言，极简主义的设计往往会贴上他的个性标签，那就是秩序。他过往的许多作品都有着这种表情，有时会过于坚毅。但在皇家凯馥酒店中，随处可见的都是干净而理性的线条以及一致性的色调，为其整体空间营造了一种沉稳的宗教感。

公共空间都极具日式禅风，奇普菲尔德以仿日式拉门的大幅雾面格栅窗包裹中央天井，而原本的温度和织布地毯却起到了安抚人心的效果。新建区域的客房在打开门后，就会被巨大而排列整齐的石砖所包围，这一元素与摄政街外部的墙体风格一致。客房所用的基调是灰和白，但家具却在颜色上适时地产生了些许变化，让空间显得不那么冷清。

由于酒店所在的建筑师二级历史保护建筑，因此在保存建筑和修复室内原貌上的确需要花费一番精力。在一些保留空间的套房设计中，奇普菲尔德保留了原建筑的古典元素，但设备却非常现代，而且并没有在室内增建墙壁或隔间，而是选择以衣柜或者屏风来定义空间。其中 Dome Suite 房型以大型暗面衣柜作为浴室和客房的分界，而 Empire Suite 则以 L 型衣柜兼作屏风分隔空间，以免触碰隶属二级文物范畴的顶棚。

| 1 | 3 |
| 2 | 4 |

1 一层平面
2 酒店外观
3 入口保留了旧时的门厅
4 入口外观

　　什么样的地方，可以让王尔德、萧伯纳、大卫·鲍伊、戴安娜王妃都成为它的座上宾呢？位于伦敦市中心的皇家凯馥酒店就是这样一处神奇的所在，20世纪时，它是伦敦最星光熠熠的餐厅，但随着岁月流逝，这栋建筑也在时光中年华老去。

　　2008年，隶属于立鼎世（LHW）集团的以色列酒店集团——The Set Hotels将其以及相邻的共三栋历史建筑一并收入囊中，花费了4年的时间，完成了戏剧性的复出，变成了一座地标性的五星级酒店——皇家凯馥酒店（Café Royal）。The Set Hotels虽然规模并不大，目前旗下只有三家酒店，分别为荷兰阿姆斯特丹音乐学院酒店、英国伦敦皇家凯馥酒店和即将开幕的巴黎Lutetia酒店。但该酒店集团的每家酒店都必须由全球顶尖设计师操刀，将一些历史悠久的酒店从空间、地域、装修风格上进行重新规划，并将古典的建筑与现代的设计相结合，打造全新的奢华酒店DNA，满足客人对历史文化的追寻的同时，也享受到现代生活的舒适。

　　操刀伦敦皇家凯馥酒店的是英国著名建筑师戴维·奇普菲尔德（David Chipperfield），擅长古迹修复、新旧建筑融合的奇普菲尔德保留了原建筑法式古典的外观，并以现代建筑的手法为内部空间增添了许多现代设备与元素。与他合作的是唐纳德·应索尔事务所（Donald Insall），酒店本身和餐馆由奇普菲尔德设计，而唐纳德·应索尔事务所负责对原有的木地板、石膏墙和镜面等进行修复，将对古建的干预减到最小。

　　在新酒店的组织中，将三栋独立建筑结合在一起是件非常富有挑战性的事情，不规则的建筑平面轮廓以及整体保留历史

主题

伦敦皇家凯馥酒店
CAFÉ ROYAL HOTEL LONDON

撰　　文	徐明怡
资料提供	Café Royal hotel, David Chipperfield Architects
地　　点	英国伦敦
建筑设计	David Chipperfield Architects
古建修复	Donald Insall Associates
面　　积	25 000m²
竣工时间	2012年

1	3	
2	4	5

1　SPA等待区域
2　泳池
3-5　客房

1.2 "灯笼"之下是枯山水花园
3.5 空中大堂的四周都是餐厅和酒吧设施,东京的壮丽全景唾手可得
4 空间内使用了很多艺术家的作品

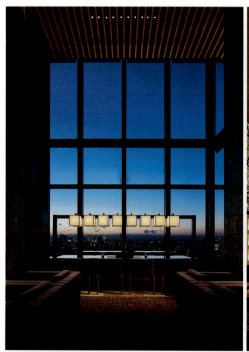

1.2 空中大堂的焦点区域：六层楼高的和纸材质的"灯笼"顶棚

在都市酒店的设计中，"高空治愈"是普遍路线。但首次将酒店开到闹市中心的安缦又怎样在这喧嚣之上展开隐居盛宴呢？

东京安缦位于丸之内商务区中新落成的大手町中央大厦（Otemachi Tower）内，这处位于金融区建筑群的位置对度假酒店出身的安缦则是先天性的限制。但设计师Kerry Hill却将日本传统的幽玄美学派上用场，巧妙地把城市的喧嚣按捺下去，以若隐若现的画面，再现无限慢活的传统日本优雅生活，并重构了一套室内空间缓解室外景观的新标准。

当电梯门在33层的空中大堂打开的瞬间，眼前的绝不仅仅是俯瞰东京的壮观，你会讶异于那高空中的日式庭院。大堂中心挑高30m，极富建筑特色地呈现了日式纸灯笼的内部构造。这个灯笼造型结构的主要材料为樟木与和纸，从大楼中心贯穿所有六个层面，令这座凌空都会的避世之所在初亮相时就笼着非一般的日本传统民宅气息。在"灯笼"之下的是酒店的内部花园，集中展示极富创意又传承日本文化的精致花道，这是一种利用枝叶和鲜花的精心编排以呈现与自然融合的严谨艺术形式。该花道置于平静水面之上，并搭配两座极富禅意的岩石花园，设计简洁，沉静心绪，将思维从日常烦扰中抽离，在宁静思考中体悟自然。

整个大堂中心的内部花园被一圈走廊所环绕，这个区域的灵感来源于日本传统的"缘侧"（Engawa）。所谓"缘侧"，就是指屋檐下的长廊，这个半明半暗、半内半外的空间为庭院与室内提供了一种极佳的衔接方式。而在东京安缦中，这个区域巧妙地将庭院和休憩座区隔，令环绕在这个和式廊道周边的餐厅、酒吧区域都可将这个中庭视为景观。

"缘侧"的设计理念依然沿袭在客房的设计中。汲取日式美学灵感的84间客房，皆可俯瞰东京壮丽全景图，面积达71㎡的豪华房，正对皇宫花园景致；入住高级房可眺望日本最高建筑——东京晴空塔；而全景套房则可从大楼拐角处俯瞰恢宏的城市全景。在客房的大幅玻璃窗下，设计师设置了非常宽大的飘窗，供人在此瞭望风景，此时，卧室是起居区域，而东京的壮丽景致则是"花园"。室内依然采用中性色调，通过实木、和纸，以及现代面料与科技感的细节，平衡了空间的传统与现代感。每间客房内还设有浸入式浴盆——风吕，带来一场深入感受日本洗浴文化核心的异域体验。

主题

主题
东京安缦
AMAN TOKYO

| 撰　文 | 立秋 |
| 资料提供 | 东京安缦 |

地　点	日本东京
设　计	Kerry Hill
竣工时间	2014年

城市酒店

撰文 | 立秋

一些别致精巧的酒店正在大都市的心脏部位跳跃,它们不仅串联起方圆百米内的各种生活方式设施,如咖啡馆、餐厅、商场、书店、影院等,还各自散发着自己的独特气质。这样的酒店一般设立在一线商务城市的中心地带,或正欣欣向荣的繁华商业艺术区域,它们都很新、很潮,更重要的是,它们可以满足你更多的选择。

在"城市酒店"的阵营中,除了传统酒店外,众多精品酒店亦在这些年形成规模与趋势,而各大酒店亦争相开始主打生活方式,开创新的产品线,如万豪的"Edition"、喜达屋的"W"等,甚至一些非酒店品牌也开始衍生出酒店,比如传奇水晶品牌巴卡拉,不过,当一个品牌站稳了脚跟后,衍生的任何一个产品都会有拥簇。

这个群体其实早已不再是若干年前无聊呆板的模样,在酒店的奢华之风开到奢靡后,人们开始对空间与设计重新挖掘,而它们的设计不仅振奋人的神经,也重新塑造了我们对"酷"和"好"的理解。邀请大牌设计师加持,这对瑰丽、柏悦、安缦等大牌酒店来说,是惯用套路,这可以让一间新开幕的酒店收获时装周大牌秀场的吸睛度。在这份酒店设计师的榜单里,包括季裕棠(Tony Chi)、凯瑞·希尔(Kerry Hill)、雅布 & 普歇尔伯格(Yabu &Pushelberg)和傅厚民等,他们纯熟老练的设计手法往往会为酒店带来更高的附加值,诚如季裕棠所说的那样,"任何设计师都可以创造出耀眼的外观,但我想做的是为建筑赋予灵魂"。

在这个号称个性解放的互联网时代,主打生活方式的酒店自然是城市酒店中的宠儿,这里其实兜售的是生活方式。"性冷淡"或是工业复古风的设计风格就像是时装行业里的高街风格,是普罗大众的选择——成本不高,还不出错。但如何经营有特色的活动亦成为酒店定义自我的方式。这些酒店在空间架构上往往更加复合多元,比如"精品酒店"之父 Ian Schrager 与万豪酒店集团开创的"Edition",这里的空间就是完全"活动"的模式,白天用于工作,晚上则用于派对。空间和功能上的无边界模糊地渗透到各个层面,最先融合的是酒店中的人群,但随着社交、娱乐、商务功能的不断增加,你会发现当地人和旅行者毫无违和感地融合在这个空间中。酒店在充当社区地标的同时也在促进,甚至帮助营造了一种文化氛围,这可能也是将看上去同质化的空间搜出平庸的唯一方式。

合肥和庄

作,堪称新中式的一个典范作品。

苏州是贝聿铭的故乡。贝聿铭在香港度过童年,10岁时全家迁往上海,几乎每年寒暑假,贝聿铭都是回苏州过的,直到1935年他离开上海去美国求学。狮子林当时是贝氏的家族产业,贝聿铭经常在里面嬉戏玩耍,在里面,我们现在还可以看到贝氏祠堂。贝氏家族是苏沪名门,诞生了"颜料大王"贝润生、"金融巨子"贝祖诒等名人。

1996年,80岁的贝聿铭应家乡政府的邀请回到苏州。80岁大寿的生日晚会安排在狮子林,晚会上,他接受苏州市政府的聘书,担任苏州城市建设高级顾问。那天晚上,贝聿铭在在族叔公贝仁元修造的的狮子林里说话看景,当场挥笔写下七个字:"云林画本旧无双"。真正接受苏州方面邀请,设计苏州博物馆任务是在2002年,5月份他开始了新馆的概念设计。当年冬天,贝聿铭带着夫人再次来到苏州博物馆实地考察。苏州市文广局领导特地安排昆剧《游园惊梦》在忠王府古戏台演出。当时天气很冷,贝老身穿深灰色西服,一直兴致勃勃。这场演出触动了贝聿铭的灵感,经过大半年时间的设计,贝老拿出了新馆设计方案。

苏州博物馆馆址为太平天国忠王李秀成王府,旁边就是苏州最杰出的园林拙政园。贝聿铭设计了一座结合本地传统建筑和园林的现代化馆舍,把新建筑、古建筑与创新山水园林三位一体展现出来。新馆与原有拙政园的建筑环境既浑然一体,相互借景、相互辉映,以中轴线及园林、庭园空间将两者结合起来,无论空间布局和城市肌理都恰到好处。

贝聿铭在新中式建筑设计上是具有先锋作用的人物,我们在讨论新中式的时候怎么也绕不开他的贡献。

说回新中式住宅,前面我提到,最早印象深刻的还是清华坊,我看成都清华坊是在2003年,2004年北京开始冒出"新中式"。"观唐"是两层的四合院别墅,还有新北京四合院。这股风气颇受建筑界支持,我见当年有周榕、马国馨、郑时龄这些建筑家、建筑评论家纷纷著文或者出席各种论坛盛赞"新中式"。

我是在那年在深圳提出了万科深圳的"第五园"的,并且还为这个项目写了一本《骨子里的中国情结》的书,一时畅销,那个项目也卖得很好。"第五园"我是始作俑者,因此在这里就不多说了。我注意的还是清华坊的开发人涂志明,还有和他几乎是同时推进新中式风格住宅的"厚土机构"的林少洲。他是万科公司区域负责人,2002年在安徽推出第一个中式项目"和庄",是传统的徽派住宅。一个在成都,一个在安徽,为何都不在我们觉得最应该出现优秀新中式的北京、上海、广州呢?其实我看也就是一种偶然,并没有战略的安排。我曾经在广东中山的清华坊见过涂志明先生,他说就是喜欢,后来人们说他走的是"农村包围城市路线",似乎他自己并没有这个概念。

林少洲对北京这个文化沉淀最深厚的地方却不是最早出现新中式的城市的奇怪现象谈了自己的看法,他说大概因为三方面的原因:第一,在北京操作中式建筑成本太高;第二,因为中式建筑占地面积大;第三,北京的信息量太大,潮流转换太快,过于浮躁,而且北京强调的不是民居文化,故宫才是北京最伟大的建筑,民居是弱势主题。

没有想到从2004年转到现在,新中式在北京反成了主流风气,北京、上海的大开发商要跑到四川去学习、考察,还要请涂志明、林少洲这些最早探索新中式的人来北京、上海亲临指导。记得2006年在北京靠近国际机场一片6 000亩土地上,我曾劝说大家不妨做一个新中式项目试试,因为我做过的万科"第五园"已经成功了,但是没有人听得进去,反而做了一个法国风格的小镇。而今年去看,最高级的住宅尽是新中式的,其中也就包括中粮的瑞府项目了。

我们学辩证法,有一条规律叫做"否定之否定",说事物总是螺旋形发展。新中式在北京,不也正是应证了这个说法吗?

苏州西山怡园

材质上多选用地域色彩浓厚的灰砖，形成雄浑、宏大的气势；空间结构上则是尽可能多地设计庭院空间"。而提到的南方园林派，说法则是"造园为主轴的设计，多以苏州园林为主要传承对象，亭、台、楼、阁、轩等也多仿造苏州园林样式。景观营造手法借鉴园林中常见的景观处理方法，如借景、漏景、对景、隔景等。整体建筑形象可用'粉墙黛瓦'来形容，如同中国水墨画，淡丽清雅"。

中国古建筑的构造、形态、装饰体现的是礼制思想，注重等级体现，形制、色彩、规模、结构、部件等都有严格规定。学者认为这种做法"在一定程度上完善了建筑形态，但是也同时限制了建筑的发展"，因此传统的中式住宅没有办法适应现代人的生活方式。新中式住宅必然要用西方现代建筑的空间布局和舒适性、功能性设计为主线，辅助以中式的形式、庭院、园林。框架是西的，灵魂是中的。

新中式建筑有什么可以归纳的基本要素呢？我想第一个就是现代室内空间及中式外观的结合，也就是说功能上、舒适性上是西方现代建筑的，而建筑形态、院落布局、装饰元素、家具和软装走中式的方向，是一种融合。大体上可以说框架是现代的，辅助元素是中式的。

新中式府宅成为风气与时尚，在国内时间不长。我总是听到有人问，"哪一个项目是最早的新中式？"事实上难以有明确的答案。有人说我在万科参与做的"深圳第五园"属于全国最早的新中式之一，但在那个项目以前，我已经看到有一些新中式的探索，只是未必太成功而已。有人说，从新中式住宅的比较大范围的探索算，大概开始于2000年之后不久。

"新中式"据说是从四川和安徽起步的。我当年在成都看见的"成都清华坊"，大概建成于2003年前后，开发商也都不是什么大人物，比如四川的涂志明、安徽的林少洲，他们就很执着中式风格。不过真正追根溯源，还是得找到更早的设计典范，那就是贝聿铭的香山饭店。

"文化大革命"结束之后，最早在中国探索现代建筑和中式风格有机结合的还属贝聿铭先生，他设计的"香山饭店"是属于"文化大革命"后最早的探索作品。整座饭店凭借山势，高低错落，蜿蜒曲折，院落相间，内有十八处景观，山石、湖水、花草、树木，与白墙灰瓦式的主体建筑相映成趣。这个建筑无论如何，对于中国建筑师最早的新中式设计有相当的启发作用。

贝聿铭对香山饭店并不满意，因此完工之后他从来没有去过，隔了很多年之后，他在设计苏州博物馆的时候做了更加完善的工

漫说新中式住宅兴起的过程

撰 文 | 王受之

新中式之所以在改革开放之后会再次兴起，是和中国人的民族生活习惯、传统审美观有密切关系的。传统的中国居住建筑因为木构、低层，难以成为工业化和后工业化时代的主要建筑形式，故逐步被淘汰。何况，属于北方系统的传统住宅四合院需要相当的占地面积，而属于南方的天井围合院落（四水归堂）则在采光、通风等方面无法满足现代生活要求。改革初期，人们对西方建筑、现代建筑有一种久违的羡慕，因此有接近20多年，所谓"欧陆风格"占据绝对上风，一时之间，大江南北全是清一色的简陋的所谓新古典折中建筑，颇为难堪。

到了20世纪90年代中期以后，开始有极少数开发商提出要试着做一些中式传统居住建筑。他们知道不能照搬四合院或"四水归堂"，但却要把现代生活与传统建筑的精粹做到恰到好处的地步，的确困难。90年代后期，我当时应原本属于万科的"成都银都花园"的老总邀请，去为他们策划这个项目。傍晚在街头吃饭，看见街对面一溜水的黛瓦粉墙、栉比鳞次的马头墙式联排住宅，是前后两重院子。住宅摆在中部的布局，叫做"成都清华坊"，当然占地比较多，但移植古树、营造院落，颇有感觉。我很注意这个开发商的作品，他们后来在广州、中山又各做了一个项目，均叫同一个名称，是我感觉比较舒适、结合得不错的新中式项目。

中国传统的建筑主张"天人合一、浑然一体"，讲究内敛、围合、稳定、安全和归属感。而西方建筑讲究功能至上、简练以及纯粹审美感，讲究现代材料和现代结构的彻底表达，讲究宽敞、开放、明亮、张扬。这和现代人的生活方式结合，却未必完全符合中国人的传统审美观。因此，要设计新中式，估计得把两者的长处结合起来做才行。

中式需要有庭院、天井，而西式生活则习惯有更加隐蔽的地下室，这些元素的运用都不是简单中西添加可以解决的。外庭院、下沉庭院、内游廊这些新的设计手法就是在这个过程中逐步产生出来的，它们赋予新中式住宅一种更自然、更现代和更具生命力的品相。

现在谈新中式的建筑流派恐怕还为时方早。我看有人做了一个笼统的总结：简单来分，新中式有两大派系——北方的合院派和南方的园林派。我看未必准确，因为用地情况的限制，北方的合院有时候可以在南方建造，而南方的园林也可以用在北方住宅中，因为现在人工调节气候方面能力高，室内均有空调，因此设计的弹性就大多了。如果从审美角度来看，可以这样笼统分划："北方的合院派建筑在外观上采用了四合院的灰色坡屋顶、筒子瓦及一定高度的墙院围合方式；

苏州西山恬园

CONTENTS
VOL. 60

视点	漫说新中式住宅兴起的过程	王受之	4
主题	城市酒店		7
	东京安缦		8
	伦敦皇家凯馥酒店		16
	伦敦瑰丽酒店		26
	纽约巴卡拉酒店		34
	伦敦艾迪森酒店		42
	巴黎洛克酒店		48
	伦敦汉姆庭院酒店		56
	伦敦干草市场酒店		62
	巴黎勒斯班斯酒店		68
	东京站大饭店		74
	宁波富邦精品酒店		80
	马德里普林西普酒店		86
	马德里乌索尔水疗酒店		92
解读	浙江音乐学院		98
	蒲蒲兰绘本馆上海高岛屋店		116
论坛	HYID 泓叶简易照度计算法	叶铮	126
人物	陈彬：每一步路都不会是白走的		142
实录	瑰丝·陈花园		150
	保利 WeDo 教育机构		156
谈艺	Normann Copenhagen 的温馨之家		162
专栏	我闻到了西方建筑界腐朽的气息	闵向	166
	想象的怀旧——海螺巷	陈卫新	168
	吃在同济之：饥与饱之间	高蓓	170
纪行	东京，安缦在此转身	刘宗亚	172
事件	11 个人的远方 2016 上海家纺展国际家居流行趋势概念展区		178
	米兰国际家具（上海）展览会 11 月开幕		180

室内设计师.60
INTERIOR DESIGNER

编委会主任　崔愷
编委会副主任　胡永旭

学术顾问　周家斌

编委会委员
王明贤　王琼　王澍　叶铮　吕品晶　刘家琨　吴长福
余平　沈立东　沈雷　汤桦　张雷　孟建民　陈耀光　郑曙旸
姜峰　赵毓玲　钱强　高超一　崔华峰　登琨艳　谢江

海外编委
方海　方振宁　陆宇星　周静敏　黄晓江

主编　徐纺
艺术顾问　陈飞波

责任编辑　徐明怡　朱笑黎　郑紫嫣
美术编辑　陈瑶

图书在版编目(CIP)数据

室内设计师.60, 城市酒店 /《室内设计师》编委
会编. — 北京：中国建筑工业出版社，2016.10
 ISBN 978-7-112-19861-0

Ⅰ.①室… Ⅱ.①室… Ⅲ.①室内装饰设计 – 丛刊②
饭店 – 室内装饰设计 – 世界 Ⅳ.① TU238-55 ② TU247.4

中国版本图书馆 CIP 数据核字 (2016) 第 222965 号

室内设计师　60
城市酒店
《室内设计师》编委会　编
电子邮箱：ider2006@qq.com
微信公众号：Interior_Designers

中国建筑工业出版社出版、发行（北京西郊百万庄）
各地新华书店、建筑书店 经销
上海雅昌艺术印刷有限公司 制版、印刷

开本：965×1270 毫米　1/16　印张：11½　字数：460 千字
2016 年 10 月第一版　2016 年 10 月第一次印刷
定价：40.00 元
ISBN 978-7-112-19861-0
（29394）
版权所有　翻印必究
如有印装质量问题，可寄本社退换
（邮政编码 100037）